U0265085

Unity 2017 虚拟现实开发标准教程

Unity公司　主编
邵伟　编著

人民邮电出版社
北京

图书在版编目（CIP）数据

Unity 2017虚拟现实开发标准教程 / Unity公司主编；邵伟编著. -- 北京 : 人民邮电出版社, 2019.9
ISBN 978-7-115-50758-7

Ⅰ. ①U… Ⅱ. ①U… ②邵… Ⅲ. ①游戏程序－程序设计－教材 Ⅳ. ①TP317.6

中国版本图书馆CIP数据核字(2019)第031896号

内容提要

Unity 是一款虚拟现实开发软件，功能强大，操作简单，界面友好。使用 Unity 可以轻松实现各种虚拟现实素材的整合，如材质、UI、光照、模型、贴图、动画特效、音频等，结合 Unity 完美的引擎和友好的程序开发平台，可以很容易制作出适合各种平台发布的虚拟现实应用产品。本书共设计了 20 章内容，包含虚拟现实基础知识、Unity 软件编辑器基础知识、材质技术、UI 技术、光照技术、动画/电影内容创作技术、滤镜效果技术、音频技术、主流硬件平台设备介绍，以及 Unity 虚拟现实开发参考案例、开发流程、注意原则、全景视频技术和在各硬件平台上的开发示范案例和项目性能优化等。在本书的第 20 章还剖析了一个目前使用较广的地产室内项目，以便读者能综合书中所学知识，实际应用在具体项目中。

本书案例丰富，技术实用，讲解清晰，适合对 Unity 和虚拟现实开发感兴趣的读者学习使用，也适合相关专业和院校作为虚拟现实开发相关课程的教材。

◆ 主　　编　Unity 公司
　编　　著　邵　伟
　责任编辑　郭发明
　责任印制　陈　犇

◆ 人民邮电出版社出版发行　　北京市丰台区成寿寺路 11 号
　邮编　100164　　电子邮件　315@ptpress.com.cn
　网址　http://www.ptpress.com.cn
　雅迪云印（天津）科技有限公司印刷

◆ 开本：787×1092　1/16
　印张：19　　　　2019 年 9 月第 1 版
　字数：420 千字　　2019 年 9 月天津第 1 次印刷

定价：108.00 元

读者服务热线：(010)81055296　印装质量热线：(010)81055316
反盗版热线：(010)81055315
广告经营许可证：京东工商广登字 20170147 号

序 言

Unity 成立已经 15 年，在中国开展业务也有 7 年多了。Unity 的宗旨在于实现开发大众化，让人人都能够有机会成为开发者。在这 15 年间，Unity 从游戏引擎成长为一个创作平台，跨越了游戏、汽车、制造业、广告、VR/AR、影视动画、人工智能等多个领域。

在如今全球 TOP1000 的游戏中 ,45% 使用了 Unity 创作。在新创作推出的游戏中有超过 50% 使用了 Unity 创作，甚至每 10 款顶级 iOS 和 Android 游戏中就有 7 款是采用 Unity 制作的。Unity 在 VR 方面也处于领先位置，2/3 以上的 VR/AR 内容是基于 Unity 引擎打造而成的。使用 Unity 创作的 VR/AR 内容可以在绝大部分设备上运行良好，无论是 Microsoft HoloLens，还是 HTC Vive 或者 Oculus Rift，任何你所能见到的硬件设备上都能很好兼容。目前，Unity 无可比拟的跨平台性能，可以支持超过 25 个以上的全世界最常用的开发平台。Unity 的注册使用用户已经上千万，全球范围内都遍布了 Unity 的开发者，Unity 创作的成功作品数不胜数，如《炉石传说》《纪念碑谷》《王者荣耀》《旅行青蛙》《奥日与黑暗森林》《茶杯头》《Pokémon Go》等，现在使用 Unity 制作的游戏和体验已经覆盖了全球 30 亿台设备，并且其在过去一年的安装量已经超过 290 亿次。

Unity 处于 3D 实时计算的技术变革创新前沿，在汽车行业、建筑行业、零售行业、医疗行业、教育、影视动画等行业，Unity 带给这些领域的改变无时无刻不在进行中。中国 Unity 是全球唯一拥有独立研发团队的分公司，伴随着中国市场不断开发与深耕，Unity 在中国已经拥有完善的业务体系，形成了包括技术支持、软件销售、教育业务、资源商店、行业解决方案、广告服务以及多种专业服务为一体的战略级平台。

我们期望 Unity 授权出版的图书能够把更多的专业见解和行业技术，通过具有实战性的例子来详细展示给大家。我们的目标是让更多的开发者、设计师了解和熟悉 Unity 公司产品的强大功能和友好的体验，创造梦想、成就非凡，激发和释放完美创意。

希望你能喜欢这本书。了解更多关于 Unity 的信息，请登录我们的网站：https://unity.cn/，并给我们提出您的宝贵意见。

Unity 全球副总裁兼大中华区总经理 张俊波

目录

第 3 章 Unity 在 VR 中的材质技术

第 4 章 Unity 在 VR 中的 UI 技术

第 5 章 Unity 在 VR 中的光照技术

第 6 章 动画 / 电影内容创作技术：Timeline

第1章

虚拟现实基础知识

1.1 什么是虚拟现实

虚拟现实，英文名称为 Virtual Reality，简称 VR。虚拟现实技术是一种可以创建和体验虚拟世界的计算机仿真系统，它利用计算机生成三维模拟环境，使用户可以沉浸到该环境中，实时地对虚拟环境进行各种角度的观察，并能够与场景中的元素进行交互。该技术集成了计算机图形、计算机仿真、人工智能、感应、显示及网络并行处理等技术的最新发展成果，是一种由计算机技术辅助生成的高技术模拟系统。

1.2 虚拟现实的发展历史

虚拟现实的历史可以追溯到 20 世纪 50 年代，概念来自于 Stanley G. Weinbaum 的科幻小说 *Pygmalion's Spectacles*。这部小说被认为是探讨虚拟现实的第一部科幻作品，简短的故事中详细地描述了包括以嗅觉、触觉和全息护目镜为基础的虚拟现实系统。

1962 年，美国电影放映员莫尔顿 · 海利（Morton Heilig）发明了一个可以模拟视觉和听觉等感觉的装置，将其命名为 Sensorama。这是一个一人高的机械装置，使用者需要坐在座位上，将头伸入一个类似于早期照相机的幕布中，在里面使用者可以从三面环绕的屏幕上看到事先准备好的短片，如图 1-1 所示。

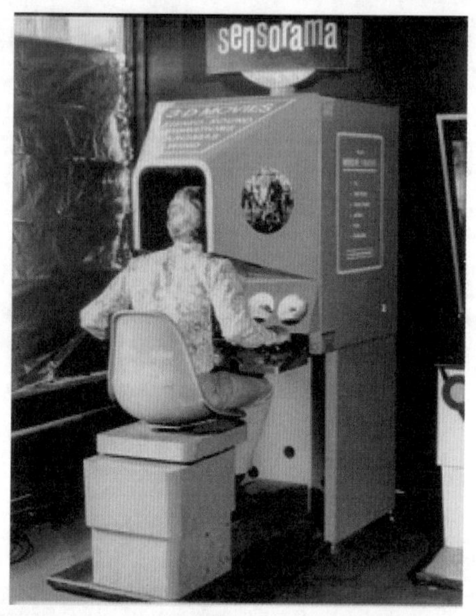

图 1-1 Sensorama

1968 年，Ivan Sutherland 开发了首款计算机驱动的头戴式显示器，以及响应头部位置的位置追踪系统，它被公认为是第一款真正意义上的虚拟现实设备，如图 1-2 所示。因为技术限制，这款 VR 头盔的体积相当庞大，也非常沉重，因此需要从天花板上引下一根支撑杆来将其固定住才能供人使用，所以它也被嘲笑为“达摩克利斯之剑”。

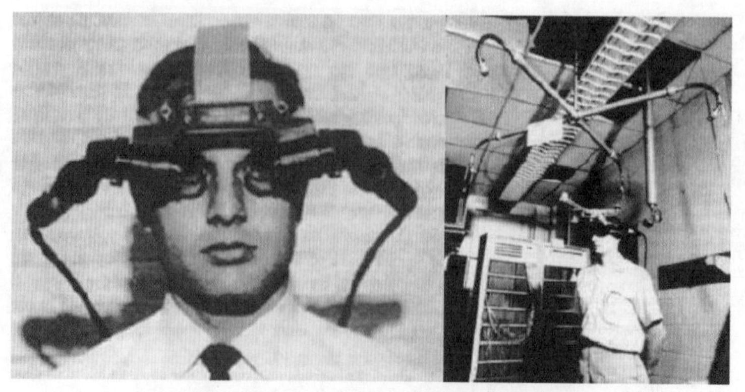

图 1-2 首款计算机驱动的头戴式显示器

1989 年，Jaron Lanier 首次从技术角度提出了 Virtual Reality（VR）的概念，虚拟现实因此广为人知，它开始吸引媒体的报导，人们也逐渐意识到它的潜力。Jaron Lanier 被认为是“虚拟现实之父”。

20 世纪 90 年代，消费级别的 VR 设备开始出现，其中包括首款消费级 VR Virtuality 1000cs 和首款头戴式 VR 设备 Sega VR。

在虚拟现实技术早期发展中，设备笨重复杂且价格昂贵，因此仅用于相关的技术研究领域，并没有形成能真正交付到消费者手上的产品。

1.3　虚拟现实的现状

2012 年，Oculus Rift（Development Kit 1）登录 Kickstarter 众筹网站，筹资 250 万美元。2014 年 3 月，Facebook 以 20 亿美元收购 Oculus，随着技术的不断成熟，VR 商业化进程在全球范围内得到加速发展。2015 年 3 月，在巴塞罗那世界移动通信大会举行期间，HTC 与 VALVE 合作推出了 HTC VIVE，并在 2016 年 2 月 29 日面向全球 24 个国家和地区销售消费者版。

自 2015 年以来，各大公司纷纷在 VR 行业布局，HTC、谷歌、苹果、亚马逊、微软、索尼和三星等公司纷纷成立了 VR/AR 部门，并发布了相对成熟的消费级 VR 设备。其中，主机 VR 市场以 HTC VIVE、Oculus Rift 为代表，移动 VR 市场以三星 Gear VR、谷歌 Daydream 为代表。据统计，在 2016 年，已经有 200 多家公司在开发 VR 相关产品，VR 作为一个计算平台，逐渐渗透到各个行业，切实解决了相关行业存在的问题。VR 技术在游戏娱乐、房产家装、广告营销、建筑设计、机械工程、安全消防、医疗康复、教育培训等领域均有非常广泛的应用场景。同时，资本也加速进入 VR 领域，使得整个行业进入加速发展时期。

但是要看到，目前 VR 行业尚处于发展的初期，相对于比较成熟的移动互联网行业，生态系统还亟待完善和发展。当前影响 VR 行业发展的因素主要表现在以下三个方面。

（1）价格因素。由于成本较高，当前面向终端消费者的 VR 硬件价格也普遍较高。主机 VR 为了提供高品质的 VR 表现，消费者除了购买硬件本身以外，还需要一台性能较高计算机；基于智能手机的移动 VR 方案也需要相对高端的手机支持才能获得比较高品质的 VR 体验。加之 VR 内容比较匮乏，当前 VR 硬件价格与消费者需求并不十分匹配。

（2）移动性和便携性。当前能够提供高品质 VR 内容体验的 VR 设备多集中在主机 VR 方案，它们都拥有高分辨率和高刷新率的屏幕，这就需要巨大而稳定的数据吞吐量，所以这些高端头戴式显示设备（头显）多有线缆连接，虽然有精确的定位系统，使得体验者能够在一定范围内移动，但是设备的连接方式和位置追踪的技术方案都决定了体验者只能在有限的范围内移动。移动 VR 方案虽然能够提供一定的便携性，但是算力有限，不能提供理想的内容品质。

（3）内容。鉴于当前 VR 硬件市场存量较小，并且学习 VR 技术有一定门槛，VR 开发者相比于其他 IT 行业技术人员数量较少。VR 内容从策划到发布之间的周期较长，而从其他平台移植内容也不是简单地切换导出平台，需要根据 VR 平台的交互特性重新设计内容。

1.4 虚拟现实的未来

图 1-3 为 Unity CEO John Riccitiello 在 Vision VR/AR Summit 2017 Keynote 上分享的 VR 发展预测，其中黄色直线为大众及市场分析预期的 VR 技术市场发展进度，白色曲线为实际 VR 技术市场发展趋势，从图表中可以看到，VR 技术在发展初期普遍低于预期，但是在后期会超出市场预期，同时我们也看到，VR 技术在发展早期接近于线性增长，而在后期会呈现指数型增长。VR 将成为一个巨大的全球市场。

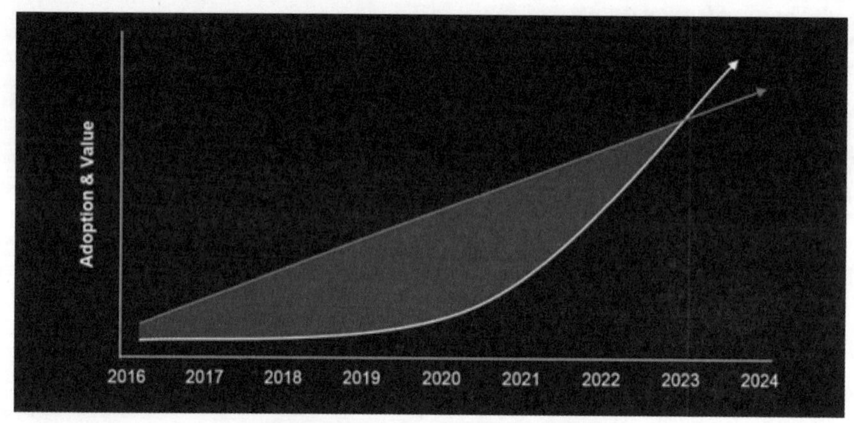

图 1-3 VR 行业未来发展预测

尽管面临诸多挑战，但我们能够看到，各大巨头纷纷参与到 VR 行业中来，随着产业链的逐渐成熟，VR 面临的问题终究会得到解决。首先，VR 硬件符合摩尔定律，未来硬件规格会越来越高，逐渐达到理想的标准，价格也会随之趋向合理；其次，随着 5G 技术、人工智能技术的成熟，云端实时渲染 VR 内容将成为可能。硬件方面，设备逐渐趋向于移动化，我们看到 VR 一体机正在逐渐崛起，此类设备不依赖 PC 或手机，拥有独立的计算单元，通过计算机视觉技术实现自身定位，相较主机 VR，拥有良好的移动性，相较智能手机 VR，可以呈现更好的内容品质；内容层面，随着 Unity 等内容制作引擎的迭代，VR 内容制作者会越来越方便地制作出高品质的 VR 内容，更多的从业者会加入进来，更多的优质内容也会随之产生。总之，VR 技术正处于行业发展的初期，VR 行业最终会迎来繁荣，现在正是为未来做好充足技术积累的最好时期。

1.5 虚拟现实技术基础知识

1.5.1 虚拟现实技术原理

虚拟现实技术通过计算单元（计算机、手机等）塑造一个三维环境，呈现在两块屏幕上，屏幕一般由头显承载，用户通过焦距透镜观看内容，达到沉浸式的 VR 体验。

1.5.2　虚拟现实常见术语

- 延时和帧率

延时越低，用户体验的流畅度越高。需要注意的是，虽然硬件表明了其设备的刷新率，但是整个 VR 体验的流畅度还要由软件决定，不同的代码优化程度、场景内容的多少，都决定了最终应用程序的帧率。所以在 VR 内容制作过程中，总是要本着性能优化的原则进行。

- 6DoF 和 3DoF

DoF（DegreesOf Freedom）是物体在三维空间中的运动自由度，主要分为两种类型：旋转的自由度和移动的自由度。在 VR 情境下，自由度体现在设备的移动和旋转信息方面。追踪技术不同，设备所能提供的自由度也不同。3DoF 的 VR 设备仅能提供 3 个轴向（x、y、z）上的旋转信息，6DoF 的 VR 设备除能提供 3 个轴向上的旋转信息外，还能提供 3 个轴向上的位置信息。Oculus Rift、HTC VIVE 的头显和手柄控制器均为 6DoF 设备，而 Cardboard、Gear VR、Oculus Go 的头显和手柄为 3DoF 设备，体验者可以自由观看 360 度空间展示的内容，而当设备移动位置时，VR 内容并不会响应其移动。

- Inside-Out 和 Outside-In

对于 6DoF 的运动追踪技术，目前存在两种实现方案，分别是由外而内（Outside-In）的位置追踪、由内而外（Inside-Out）的位置追踪。对于前者，一般是使用固定的基站（如 HTC VIVE 的 Lighthouse）对追踪范围内的设备进行定位。这种方式的优势是定位精确，定位延时低；其劣势是受限于追踪空间，用户只能在有限的范围内移动。同时，对于存在多台设备的情况，容易造成追踪信号干扰。对于后者，一般使用头显前置的一个或多个摄像头，通过计算机图形学算法，如即时定位与地图构建（SLAM）技术，结合头显内部的惯性测量单元（IMU）实现用户的位置追踪。这种方式的优势是不受空间约束，体验者可以在更大范围内移动，多台设备亦能顺畅追踪，不受干扰；其劣势是图形计算受环境光线和环境内容影响较大，在某些情况下会定位不精确，视野出现“漂移”的情况，对于超出摄像机视野的手柄，会出现“冻结”现象，只有待重新进入摄像机视野后才会正常跟踪。

- 惯性测量单元（IMU）

惯性测量单元一般包括陀螺仪、加速度计、磁力计等一系列传感器，用来测量被跟踪设备在三个维度（x、y、z）上的旋转、速度等指标，以此计算物体在三维空间中的姿态，是实现 VR 体验的关键部件。惯性测量单元将测量数据反馈给计算单元，计算单元根据这些数据将相应的画面内容呈现在头显的屏幕上。

1.5.3　体验虚拟现实过程中会遇到的挑战

- 晕动症

基于人体的生理结构，眼睛负责接收环境信息，反馈给负责感受运动的前庭系统，当人眼看到的运动过程与前庭系统感受的不一致时，体验者就会感到不适，即会产生晕动症，类似于晕车晕船的体验。这种情况在快速运动的 VR 场景中容易出现，尤其是快速上升或下降的境况。

除此之外，在应用程序层面，这主要受屏幕刷新率的影响，帧率越低的 VR 内容，越容易引起晕动症，所以在不改变硬件条件的情况下，尽可能地优化应用程序性能，以达到比较理想的帧率。

- 纱窗效应

当前主流 VR 头显的屏幕分辨率一般在 2K，少数能够达到 4K 及以上，要达到视网膜级别的分辨率，需要至少 8K 分辨率的屏幕。分辨率越高，显卡数据吞吐量也越高。图 1-4 所示为显示的是因分辨率不足造成人眼可以明显觉察出的纱窗效应。

图 1-4　纱窗效应

- 安全性

在 VR 体验过程中，体验者完全沉浸在虚拟环境中，对于现实环境缺乏足够的视觉感知，体验区域内的障碍物容易阻碍体验者的移动，激烈的动作如躲闪、跳跃等更增加了受伤的概率。多数 VR 硬件设备都配有手柄控制器，在一些需要频繁交互的 VR 环境中，运动幅度较大或移动速度过快时，体验者还容易误伤他人，损坏设备。所以在体验之前，务必将手柄上的腕带佩戴至手腕，以防设备脱落；保证周围环境空旷无阻挡；尽量保持坐姿体验；必要时需要有专人辅助体验，以保障安全；在公共场合例如地铁、广场等处，尽量不要使用 VR 设备。

1.5.4　虚拟现实（VR）与增强现实（AR）的区别

增强现实（Augmented Reality，简称 AR ）是将虚拟事物叠加到现实世界显示的技术，虚拟内容与现实环境能够产生交互；而在虚拟现实中，体验者则完全沉浸在数字化的虚拟环境中。

目前多数 AR 内容的承载设备是智能手机和头戴式眼镜，头戴式 AR 设备中比较有代表性的是 Microsoft HoloLens、Meta。开发 AR 应用程序的工具主要有 iOS ARKit、Google AR-Core、Vuforia 等，Unity 对这些工具均有良好的支持。图 1-5 所示是使用 Vuforia 开发的 AR 应用。

图 1-5　使用 Vuforia 开发的 AR 应用

第 2 章

Unity 编辑器基础知识

2.1 Unity 产品介绍

2.1.1 Unity 简介

Unity 是当前业界领先的 VR/AR 内容制作工具，是大多数 VR/AR 创作者首选的开发工具，官方网站页面如图 2-1 所示。世界上超过 60% 的 VR/AR 内容由 Unity 制作完成，例如 Valve 公司出品的 VR 游戏 The Lab 和 Google 出品的 VR 绘画应用 Tilt Brush，均由 Unity 制作完成。Unity 为制作优质 VR 内容提供了一系列先进的解决方案，无论是 VR、AR 还是 MR，都可以依靠 Unity 高度优化的渲染管线以及编辑器的快速迭代功能，使 VR 需求得以完美实现。基于跨平台的优势，Unity 对目前市面上几乎所有主流 VR 硬件平台，如 Oculus Rift、Steam VR / Vive、Playstation VR、Gear VR、Microsoft MR 和 Google Daydream 等，均有原生支持。

图 2-1　Unity 官方网站页面

图 2-2 是 Unity 目前支持的市场上的主流 VR 硬件平台，图中设备依次为：Oculus Rift、Google Cardboard、HTC Vive、Sony PlayStation VR、Samsung Gear VR、Microsoft Hololens、Google Daydream。

图 2-2　Unity 支持目前市场上主流 VR 硬件平台

2.1.2　获取 Unity

读者可以通过官方网站获取 Unity 的最新版本，Unity 个人版提供所有功能供用户免费试用，本书也将使用个人版进行所有内容的演示。

Unity 编辑器目前提供两大桌面平台安装版本，分别是 Windows 和 Mac，网站会根据系统检测，自动提供相应平台的下载页面，如图 2-3 所示。

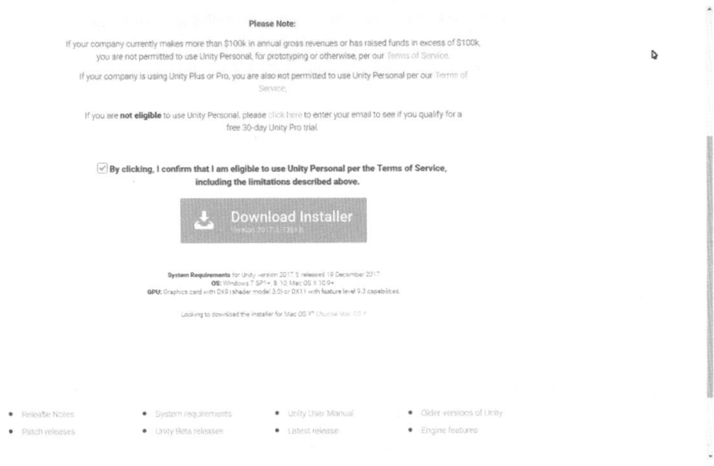

图 2-3　Unity 下载页面

Unity 提供两种下载安装方式。一种方式是先下载体积相对小巧（约 770KB）的下载助手（Download Assistant），由下载助手完成相关组件的下载和安装，读者可以在安装过程中选择安装需要的组件，如图 2-4 所示。

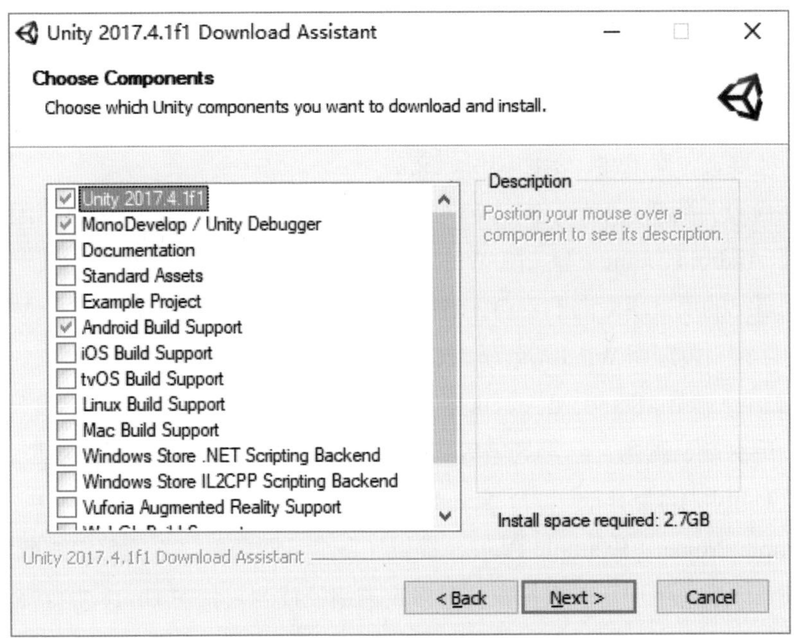

图 2-4　Unity 安装组件的选择

另一种方式是分别独立下载相关组件完成安装，可在 Unity 下载页面（图 2-3）中点击 Release Notes 项，页面跳转到 Unity 发行说明，如图 2-5 所示，上半部分列出了 Windows 和 Mac 平台下 Unity 的相关组件（注意只有较新版本的发行说明页面会列出附加组件的下载，例如 2017.2、2018.1 等）。

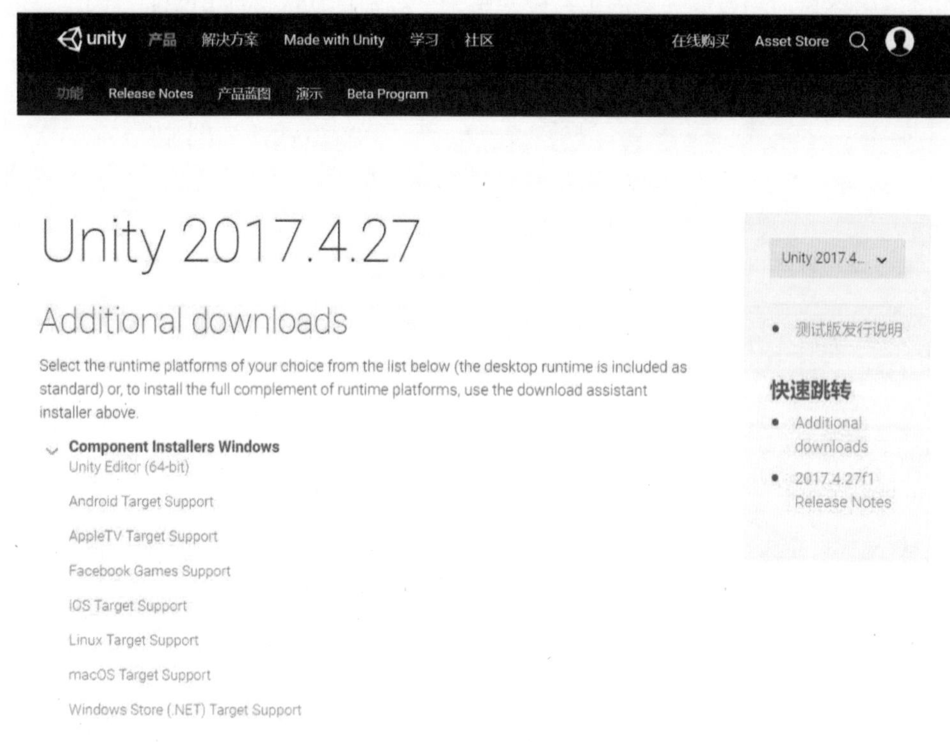

图 2-5　Unity 发行说明页面

1. Unity 编辑器组件

无论使用哪种下载安装方式，Unity 都提供了除编辑器之外的组件下载，这其中包括各平台支持组件、标准资源库组件、示例项目、文档等。

（1）各平台支持组件。Unity 支持针对多种平台的内容制作，包括但不限于 Windows、macOS、iOS、Android、Linux 等。除 Windows 和 macOS 平台支持组件内置到编辑器以外，用户可以根据自己的项目所面向的平台，选择安装相应平台的支持组件。对于 VR 内容，根据不同的 VR 硬件，一般选择 Windows、macOS、iOS、Android 等平台。

（2）Standard Assets。Standard Assets 是 Unity 提供的一套标准资源库，包含一系列的模型、粒子特效、物理材质、脚本、示例场景等，方便内容制作者快速搭建程序原型，也可以通过示例场景进行 Unity 内容制作的学习。Standard Assets 亦可从 Unity 应用商店中下载。

（3）Example Project。Example Project 提供了多个示例场景，方便用户进行学习，快速上手。安装此项目以后，用户可以根据安装时设定的路径找到它，在 Unity 中打开。对于 VR 开发者来说，Unity 还提供了 VR 相关的示例项目（VR Samples）以供学习，如图 2-6 所示。此项目也可以在 Unity 应用商店中下载。

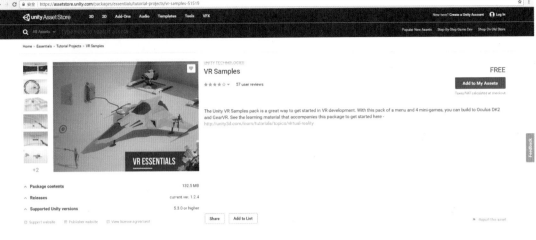

图 2-6　VR Samples

（4）Documentation。Documentation 是 Unity 的离线文档，包括使用手册和脚本参考，会随着 Unity 版本的更新而相应更新。相对于在线文档，此文档存储在本地磁盘，用户可以快速查找和学习 Unity 的所有功能。Unity 文档如图 2-7 所示。

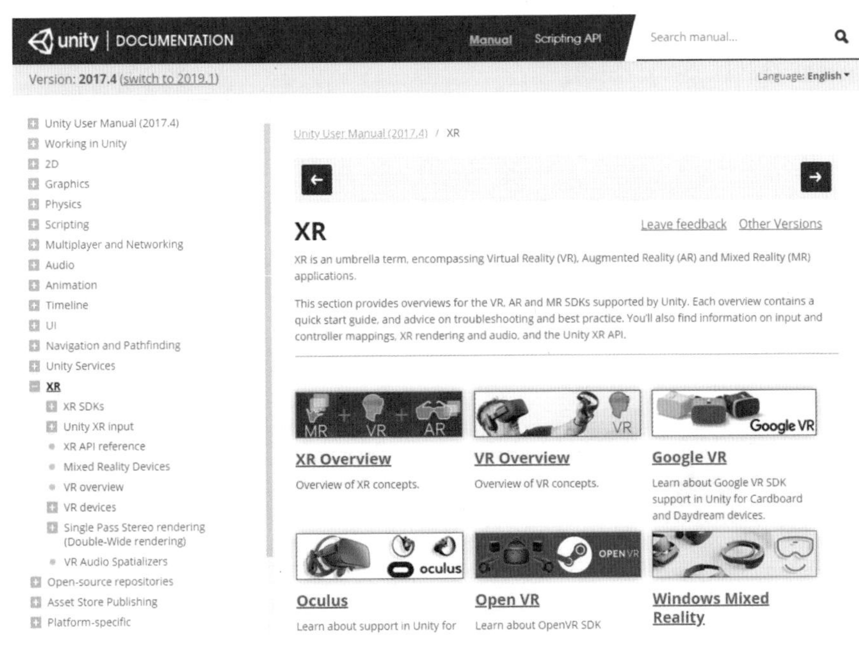

图 2-7　Unity 文档

2. 发行说明

对于 Unity 每次新版本的更新，包括正式版、测试（Beta）版和补丁（Patch）版，Unity 都会发布相应版本的发行说明（Release Notes），如图 2-8 所示。

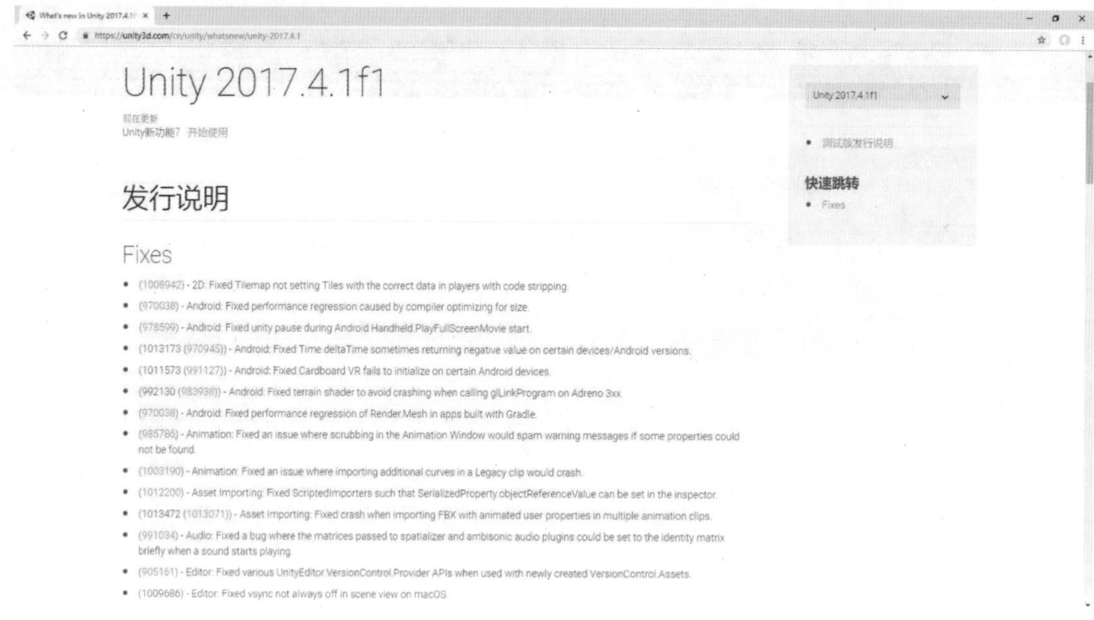

图 2-8　Unity 发行说明

在发行说明中，Unity 会列出该本的新特性、改进、API 变更、已知存在的问题等，方便用户根据自己的项目情况进行相应的更新。在选择或升级 Unity 版本之前，建议阅读相对应的发行说明。

2.2　Unity 编辑器学习页

当 Unity 安装完毕，双击图标打开 Unity，弹出欢迎页面。如果之前没有创建过任何项目，Unity 会展示学习（Learn）标签页，用户可以通过此页面提供的资源进行学习。该页面为用户提供了 4 类资源，如图 2-9 左侧导航栏所示。

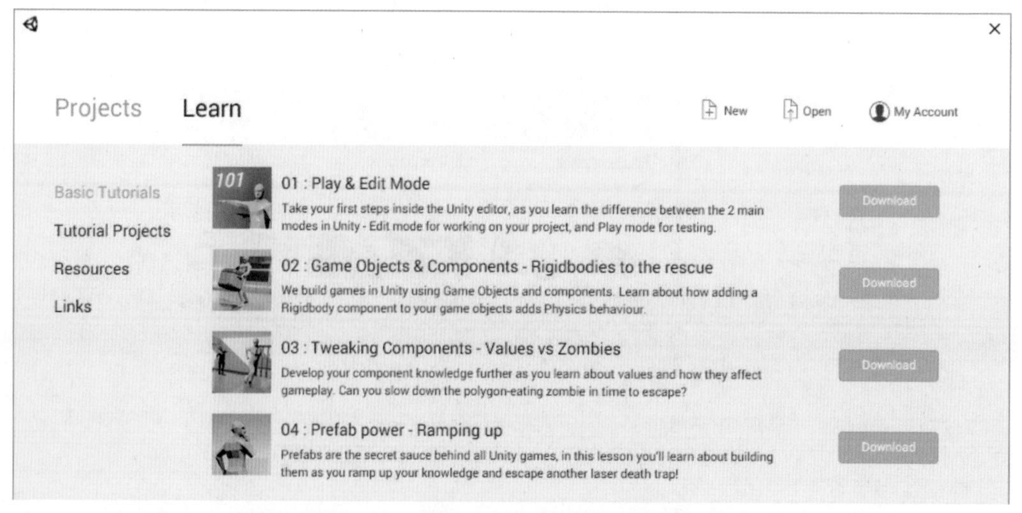

图 2-9　Unity 编辑器学习页

- 在 Basic Tutorials 部分，初学者在编辑器里以可用交互的方式对 Unity 相关的基础操作进行学习，借助 UI 面板的引导和介绍，用户在提示下完成切换模式、对象 / 组件认知和编辑器基本操作等知识，以最快的速度迈出使用 Unity 的第一步，如图 2-10 所示。

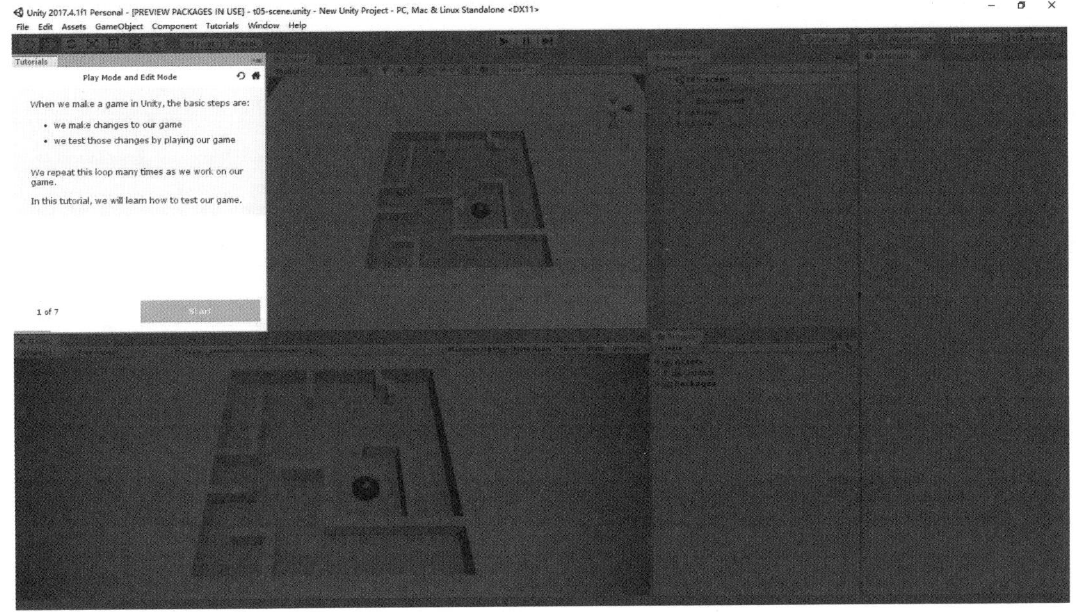

图 2-10　Basic Tutorials

• 在 Tutorial Projects 部分，列出了 Unity 提供的完整实例项目，用户可以点击每个项目对应的下载（Download）按钮，将项目下载到本地，导入 Unity 中进行学习。这些项目都有对应的视频或文字教学，用户可访问官方教程下载页面，找到对应项目的教学资料，进行学习，如图 2-11 所示。

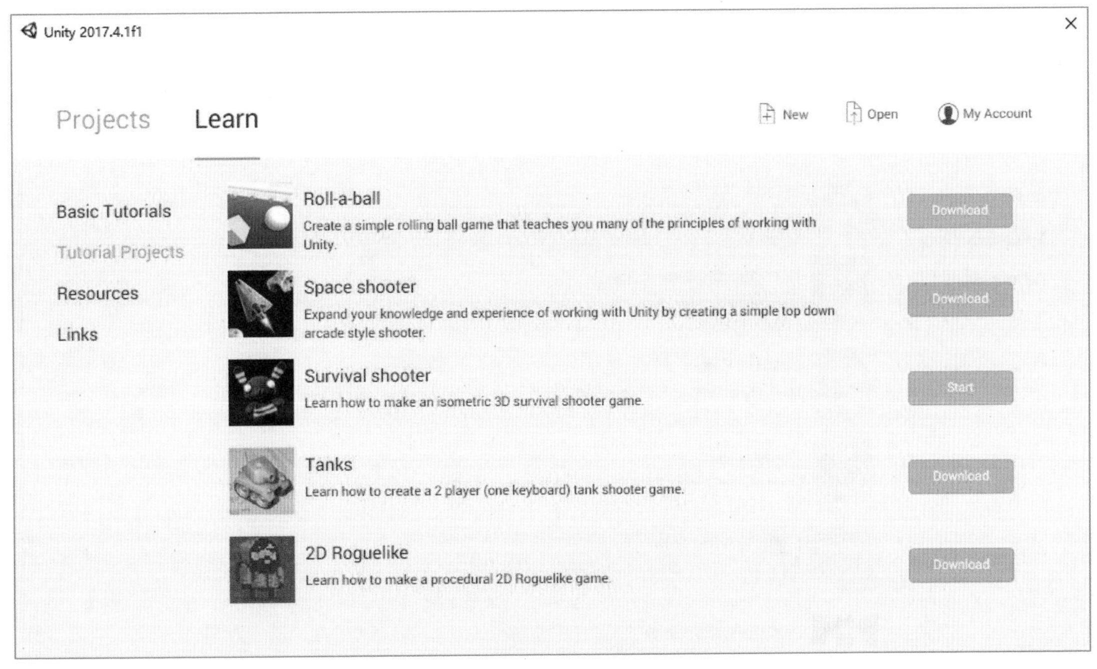

图 2-11　Tutorial Projects

• 在 Resources 部分，列出了一系列资源包，包含粒子特效、3D 模型、模板项目等资源，用户可以下载导入 Unity 中进行使用，这些资源包同样可以在 Unity Asset Sotre 中的 Unity 官方频道中找到，如图 2-12 所示。

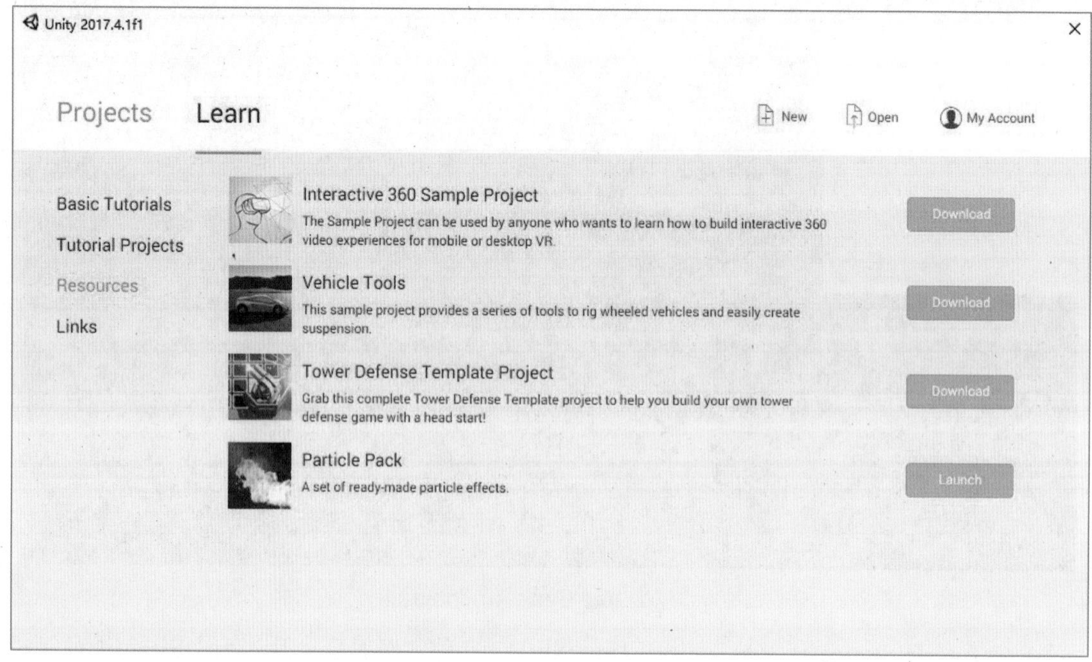

图 2-12　Resources

• 在 Links 部分，列出了一系列学习资源链接，用户可以点击 Read More 跳转到相应页面进行学习，如图 2-13 所示。

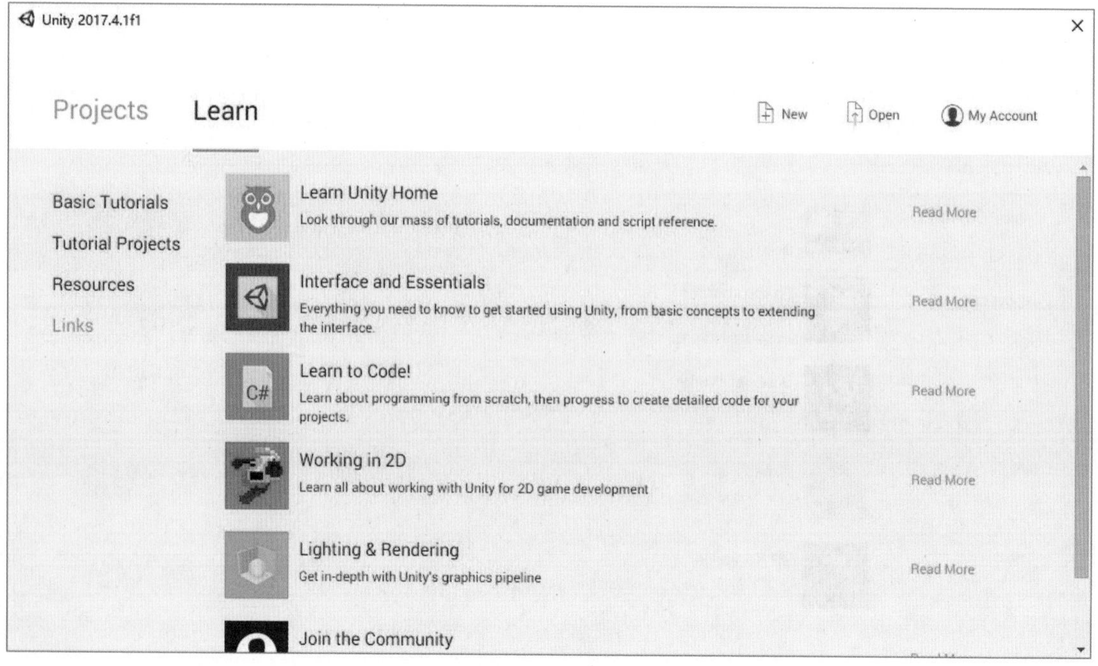

图 2-13　Links

2.3 视图

在使用 Unity 编辑器进行应用程序开发前，需要对其各个窗口面板有一定的了解。Unity 具有灵活的窗口布局，图 2-14 所示为打开编辑器后的默认布局，常用视图名称如图中所示。本节将介绍这些基本视图的功能及相关操作。

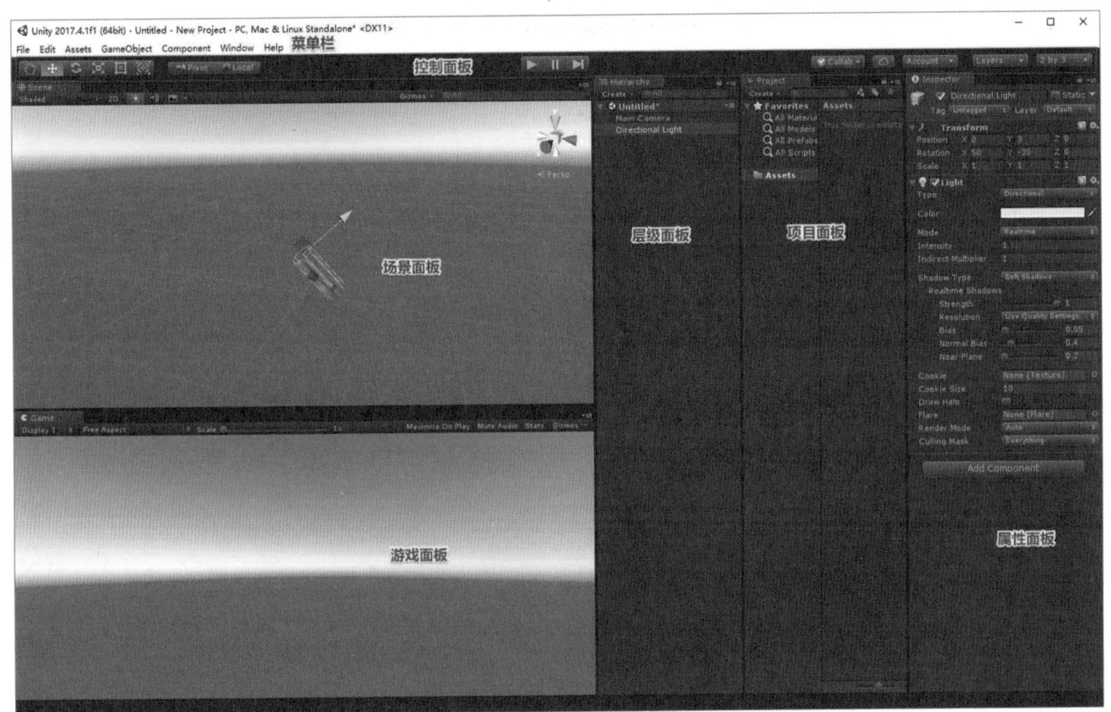

图 2-14 Unity 编辑器界面

2.3.1 项目（Project）面板

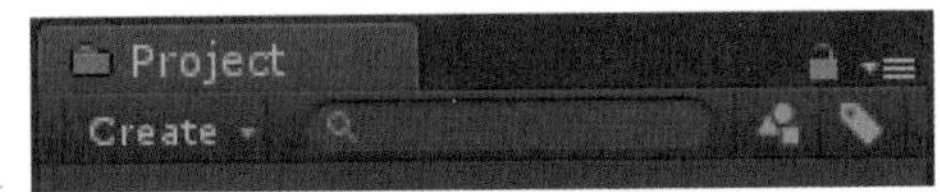

图 2-15 项目面板

在 Project 面板中，可以进行项目资源的管理，包括创建、查找、导入、导出、查看等，其面板如图 2-15 所示。对于一般资源，如模型、贴图、音频等，将其直接拖入项目面板中即可完成资源的导入。点击项目面板左上角的 Create 按钮，可以在下拉列表中选择要创建的资源，例如 C# 脚本、材质等资源。使用搜索框可以快速查找需要的资源，其右侧的两个按钮用于设定搜索条件，可以分别按选定的类型和标签（Label）进行搜索。

在 Unity 开发过程中，常用到第三方提供的工具插件，如各 VR 平台提供的开发工具、粒子特效、模型素材等。对于插件的导入，在项目面板中单击鼠标右键选择 Import > Custom Package 命令，选择需要导入的插件即可。在 Unity Asset Store 中下载或购买的工具，需要在 Unity 编辑器中打开 Asset Store 面板，在目标插件的详情页中，点击右侧 Import 按钮导入即可。

2.3.2 场景（Scene）面板

在场景面板中可以对应用程序的场景进行可视化编辑，对游戏对象进行选择、移动、旋转、缩放等操作。开发者可使用按钮或快捷键切换操作类型。在控制面板的左上角，有 6 个为一组的控制按钮，分别对应场景中的 6 种常用操作，如图 2-16 所示。

图 2-16 控制工具

各按钮名称和功能介绍如下。

• Hand Tool：对 Scene 视图内容进行平移，快捷键为 Q。

• Move Tool：对选定的游戏对象进行移动，快捷键为 W。

• Rotate Tool：对选定的游戏对象进行旋转，快捷键为 E。

• Scale Tool：对选定的游戏对象进行缩放，快捷键为 R。

• Rect Tool：控制选定的游戏对象在二维平面的位置和大小，快捷键为 T，常用在对 2D UI 元素进行控制。对于三维游戏对象，随着视口的旋转，该工具所能变换的二维平面也随之改变。

• Transform Tool：该工具综合了移动、旋转、缩放 3 种操作，快捷键为 Y。后 5 种工具使用示范如图 2-17 所示。

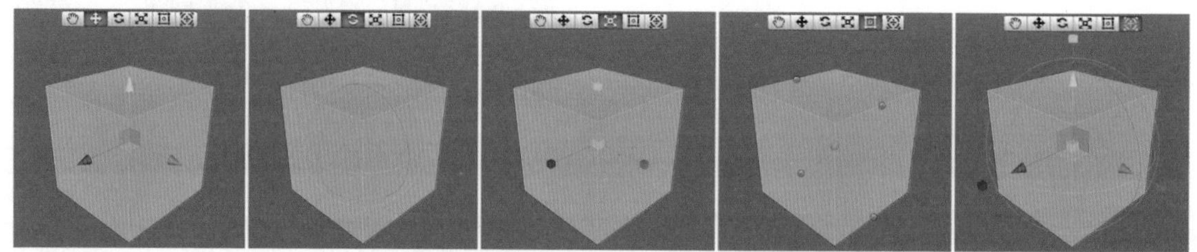

图 2-17 使用控制工具对游戏对象进行操作

2.3.3 游戏（Game）面板

游戏面板用于呈现场景中的摄像机（Camera）组件渲染的内容。点击控制面板上的 Play 按钮即可启动应用程序，在游戏面板中实时预览场景内容，再次点击，应用程序停止运行。基于 VR 平台的硬件特性，应用程序多在头显中进行预览，虽然某些 VR 开发工具提供在游戏视图中的模拟调试，但在此情境下，游戏视图更大的作用是查看程序性能。点击游戏面板右上角的 Stats 按钮，打开状态视图，此视图展示应用程序在运行时各项性能指标，包括批处理、模型面数、帧率、网络状态等，开发者可据此简要查看应用程序的性能表现，如图 2-18 所示。

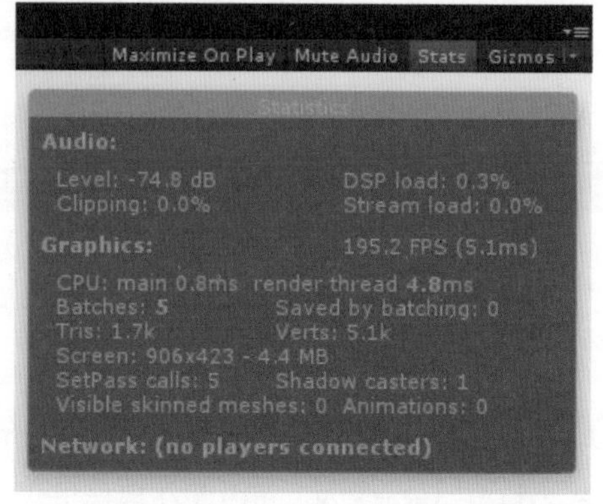

图 2-18 在游戏面板中查看应用程序性能

2.3.4 属性（Inspector）面板

在属性面板中，可显示选择的游戏对象或资源的参数。此外，Unity 基于组件的思想，任何新建的脚本、材质等资源，均可拖入选定游戏对象的属性面板中。如图 2-19 所示，在游戏对象 Player 上挂载了共计 5 个组件。挂载到游戏对象上的组件可以认为是一个类的实例，面板中组件的参数，对应类实例的公共属性，都可以在脚本中进行引用，在程序运行时动态改变。在脚本中获取组件的引用，需使用 GetComponent () 方法，如下列代码片段所示：

```
BoxCollider collider = GetComponent<BoxCollider>();
collider.isTrigger = true;
```

图 2-19 游戏对象 Player 在属性面板上显示的挂载组件

2.3.5 层级（Hierarchy）面板

层级面板以树形结构显示场景中的所有游戏对象以及它们的层次关系，如图 2-20 所示。点击左上角的 Create 按钮，在弹出的下拉列表中可以快速创建游戏对象，使用层级面板顶部的搜索框，可以快速查找所需要的游戏对象，点击搜索框左侧图标，亦可选择查找类型。

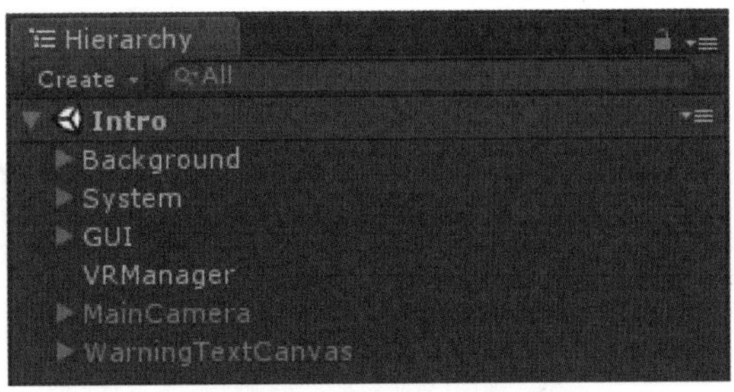

图 2-20 层级面板

除对游戏对象进行基本操作外，通过拖拽节点，可以设置游戏对象之间的包含关系。对于 UI 元素，通过调节节点的上下层关系，可以确定它们之间的深度关系，即显示层级。

2.4 Unity 开发的常用工具

Unity 作为一款优秀的游戏引擎，已经具备了资源整合与管理的绝大部分功能，但是 VR

内容的制作开发是一套综合的工作流程，所以在整个工作环节中，还需要借助一些工具来使开发工作更加高效，团队配合更加稳定。本节将介绍在使用 Unity 开发 VR 内容的工作流程中常用的工具。

2.4.1 Visual Studio

Visual Studio 是微软旗下的软件开发工具包。目前包括 3 种版本：社区版（Community）、专业版（Professional ）和 企业版（Enterprise），其中社区版供学生、开源组织和个人开发人员免费使用，如图 2-21 所示。

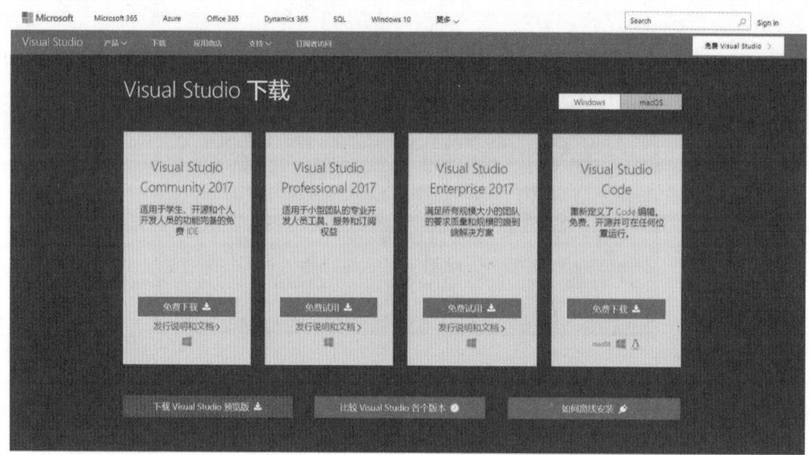

图 2-21 Visual Studio 官方下载主页

随着 Unity 中 .NET 4.6 脚本运行库的升级，Unity 开始支持 C#6.0 及其更高版本的众多新功能，而之前随 Unity 一同发行的 MonoDevelop 并不支持 C#6.0 的新功能，所以在未来版本的 Unity（2018.1 起）中将停止对 MonoDevelop 的支持，故 Visual Studio 是我们推荐的 Unity 脚本 IDE（集成开发环境）。

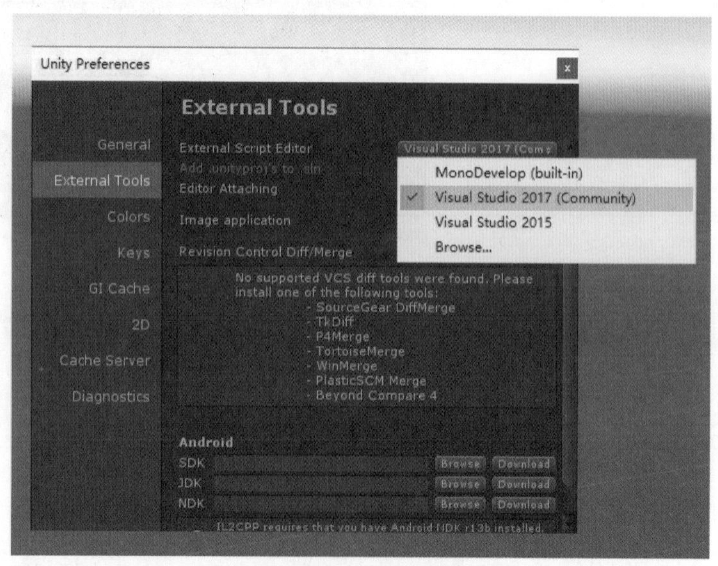

图 2-22 指定 Unity 外部代码编辑器为 Visual Studio

Mac 用户可下载 Visual Studio for Mac，Windows 用户可下载 Visual Studio 2017 Community，进行 VR 内容的开发。

在 Unity 中，用户可通过菜单栏 Editor > Preferences > External Tools > External Script Editor 选择指定 Visual Studio 2017（Community）为默认脚本编辑器，如图 2-22 所示。初次安装，可点击 Browse... 定位到 Visual Studio

安装目录，选 IDE 执行文件即可。

在 Project 面板中，双击脚本即可打开 Visual Studio 进行脚本的编写。

- 使用 Visual Studio 调试程序

Visual Studio 2017 预制了 Unity 代码调试工具，可以非常方便地设定断点，无缝地与 Unity 结合进行代码调试，以快速定位问题，如图 2-23 所示。

图 2-23　在 Visual Studio 中启动调试

用户在代码中设置断点，点击附加到 Unity 按钮，然后在 Unity 中启动项目，当运行到断点处的逻辑时，Visual Studio 会将程序挂起，继而在代码编辑器中切换到调试状态。用户通过观察编辑器展示的该处所有对象的状态信息，即可快速定位问题，如图 2-24 所示。

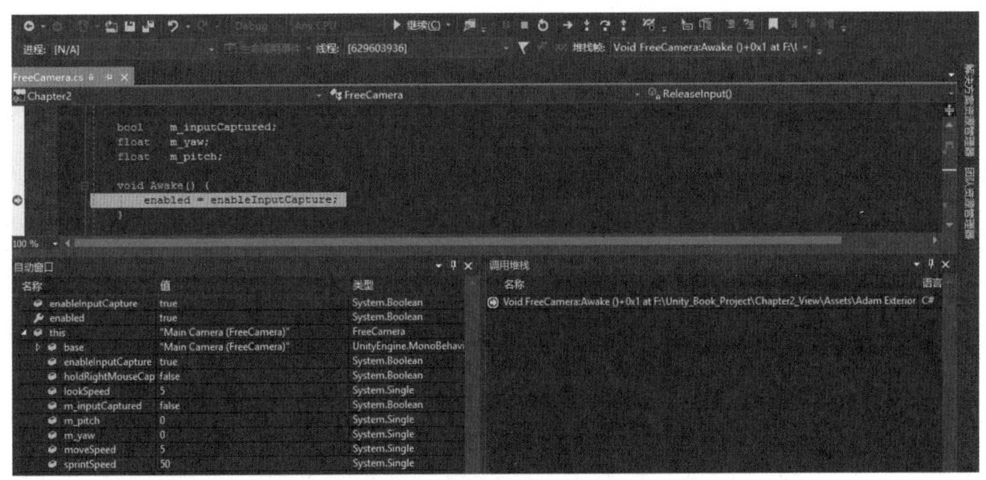

图 2-24　Visual Studio 断点调试

同时，Visual Studio 2017 提供对 Unity 的智能语法高亮、自动完成功能，对于选定的方法、属性、事件等均有相应的注释说明，方便开发者快速进行代码的编写，如图 2-25 所示。

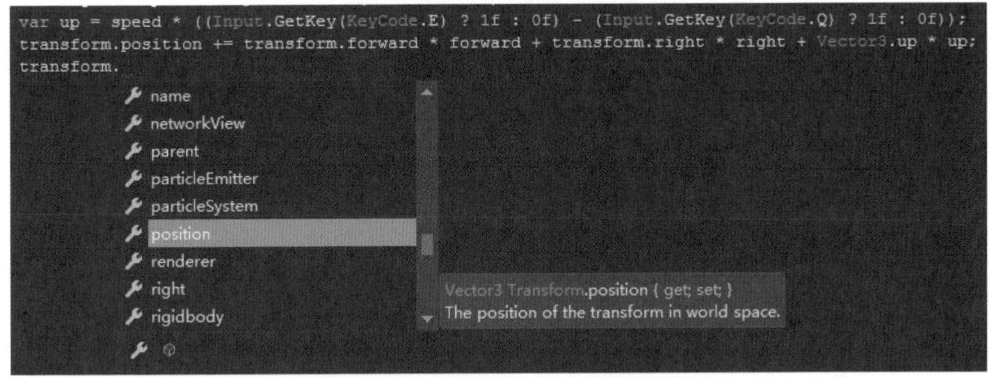

图 2-25　Visual Studio 智能语法高亮

另外，在 VS 编辑器中，可以通过帮助（Help）> Unity API 引用，或快捷键 Ctrl+Alt+M，Ctrl+H，快速查看脚本在 Unity 文档中的说明，如图 2-26 所示。

图 2-26 快速查看 Unity API 引用

2.4.2 Visual Studio Code

VIsual Studio Code（以下简称 VS Code）是一款跨平台轻量级的代码编辑器，该工具开源免费，可运行用于 Windows、MacOS 和 Linux 平台，如图 2-27 所示。

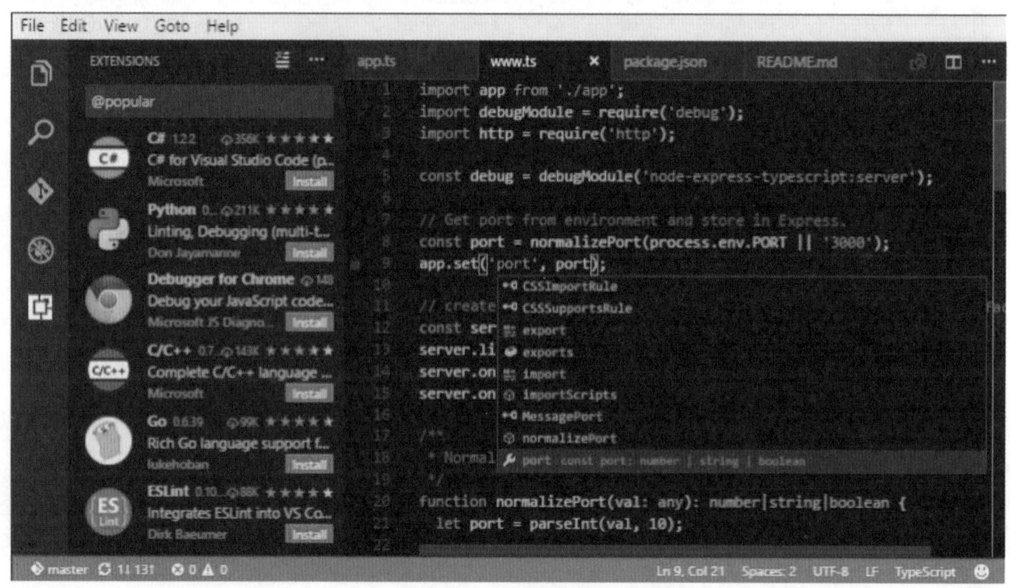

图 2-27 Visual Studio Code

要使用 VS Code 作为 Unity 默认代码编辑器，可参见上节关于将 Visual Studio 设置为默认代码编辑器的方法，在 External Script Editor 列表中选择 Visual Studio Code 即可，如图 2-28 所示。

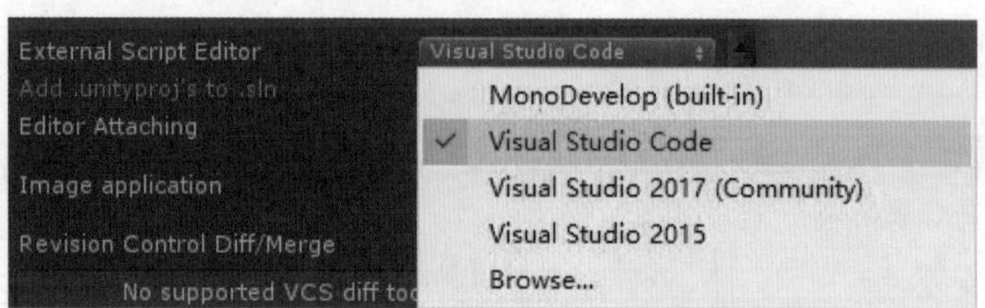

图 2-28 将 VS Code 作为 Unity 默认代码编辑器

VS Code 支持多种编程语言，要使用 VS Code 进行 Unity 项目开发并使其支持 C# 语法高亮和代码提示，需要安装 C# 扩展，点击 VS Code 左侧边栏中的扩展按钮，打开扩展视图，在搜索框中输入 C#，在搜索结果中选择如图 2-29 所示的扩展安装即可。

图 2-29 使 VS Code 支持 C# 语法高亮和代码提示

- 使用 VS Code 调试程序

在 VS Code 中进行应用程序调试，需要安装 Debugger for Unity 扩展，在扩展视图中搜索 Debugger for Unity 即可找到该扩展并进行安装，如图 2-30 所示。

点击左侧边栏中的 Debug 按钮，切换至调试视图，此视图中将显示调试过程中的相关信息。若初次使用 VS Code 进行调试，点击视图右上角的齿轮按钮，在下拉列表中选择 Unity Debugger 后，点击绿色箭头即可启动调试，如图 2-31 所示。

图 2-30 在 VS Code 中安装调试插件 Debugger for Unity

图 2-31 在 VS Code 中进行代码调试

返回 Unity，启动应用程序，当程序运行到断点处时返回 VS Code 进行调试查看，在调试视图的变量栏中，可以查看断点处的变量状态，如图 2-32 所示。

通过编辑器顶部的调试控件控制调试进程，如图 2-33 所示。

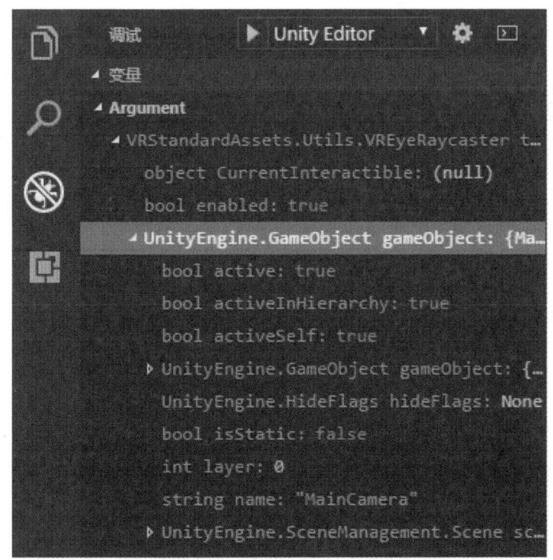

图 2-32 VS Code 中的调试信息

图 2-33 VS Code 调试控件

2.4.3 Git

Git 是一款开源免费的分布式版本控制工具，可访问其官网下载和安装，如图 2-34 所示。不同于其他集中式版本控制工具（如 SVN、CVS 等），Git 采用分布式管理方式，不需要部署服务器端软件就可以对项目进行版本控制，每个开发者都可以拥有全部开发历史的本地副本。同时，对于每一次提交，Git 只关心文件的整体性是否改变，而不是文件内容的不同，然后将其作为一次快照存储在仓库中。

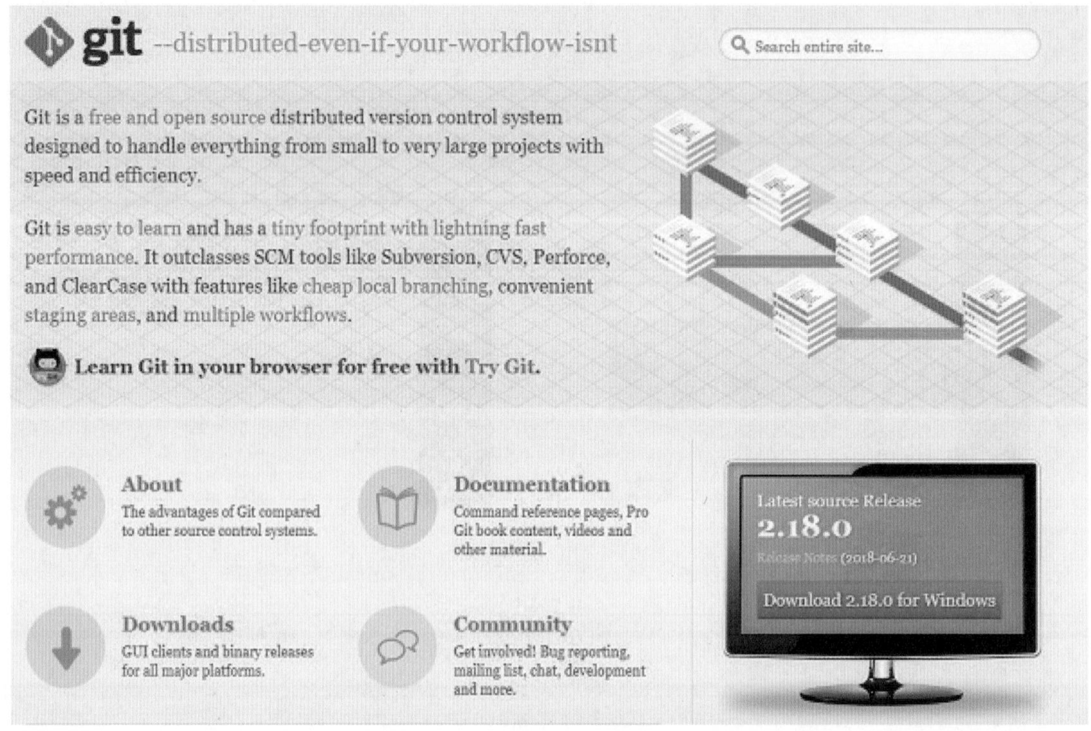

图 2-34　Git 官方下载页面

对于 Unity 项目，并不需要将所有文件都纳入 Git 版本管理，例如 Unity 项目中 Library 文件夹下的所有文件。在 Git 中，可制定忽略规则，将不需要进行版本管理的文件过滤。忽略规则存放在一个名为 .gitignore 的文件中，其中列出了需要被忽略的文件类型匹配信息，在使用时，只需将该文件放置在项目的根目录下即可。本书提供了针对 Unity 项目的忽略规则，可在随书资源本章目录下获取。

Sourcetree 是一款带有图形界面的 Git 工具，可以非常直观地执行 Git 相关命令，查看版本管理进程，如图 2-35 所示。可在其官网进行下载。

分布式版本控制意味着开发者不只在本地拥有仓库，同时可以将仓库上传至服务器以进行团队协作开发。GitHub 是提供 Git 仓库托管的社会化编程社区，也是世界上最大的代码存放网站和开源社区，目前已被微软收购。

同时，GitHub 还为 Unity 开发者提供了一个免费的插件 —— GitHub for Unity，如图 2-36 所示。该工具是一款帮助开发者在 Unity 编辑器中进行 Git 基本操作，进行版本控制的免费插件，能够使开发者和设计师在 Unity 中进行高效的团队协作。

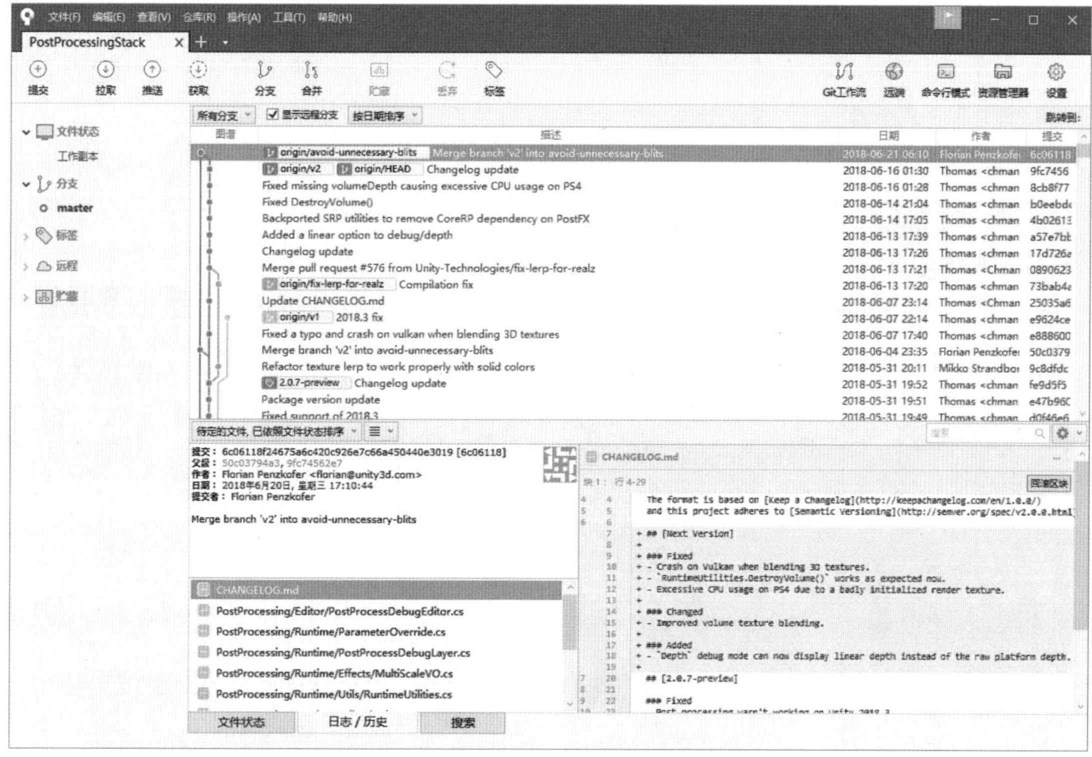

图 2-35 Sourcetree 用户界面（Windows 版）

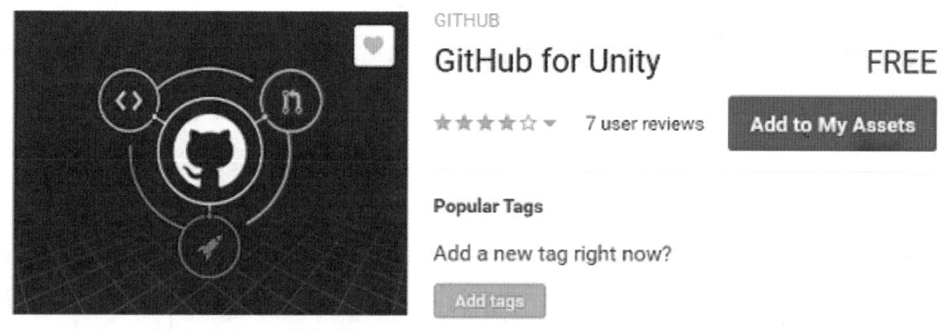

图 2-36 GitHub for Unity

延伸阅读

（1）Scott Chacon. Pro Git. Apress, 2009.

（2）大塚弘记 . Github 入门与实践 . 人民邮电出版社 , 2015.

2.4.4 Unity Collaborate

Unity Collaborate 是 Unity 提供的一项基于云服务的项目托管服务，作为 Unity Team 服务的一部分，适合小团队保存、共享及同步 Unity 项目，无论用户在什么地方以及在项目中是什么角色，都可以方便地为项目的工作进度贡献力量。相较于 Git，Collaborate 服务界面操作集成于 Unity 编辑器中，并由 Unity 提供云服务，如图 2-37 所示。

在新建或现有项目中，用户可以单击图 2-37 中“1”处的 Collab 按钮，开启 Unity Collaborate 服务。 对于新建的项目，开启 Collaborate 服务时，会将项目自动上传到云端，对于已经存在的项目，开启 Collaborate 服务时，需要手动上传项目，如图 2-38 所示。

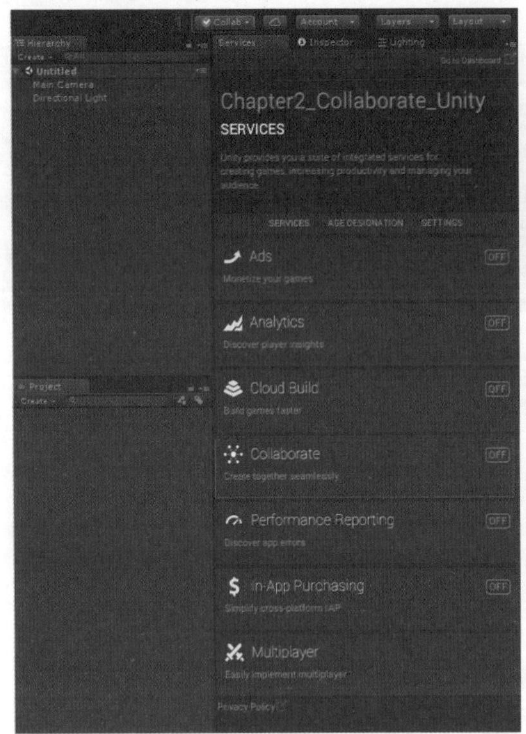

图 2-37 启动 Unity Collaborate 服务

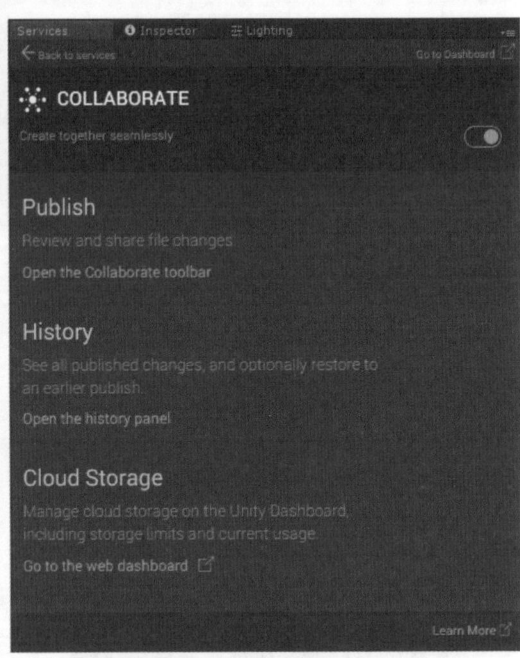

图 2-38 Collaborate 控制面板

通过菜单栏 Window > Services 开启 Unity 服务面板，点击 Collaborate，亦可开启服务，同时打开 Collaborate 控制面板。用户可以点击 Open the Collaborate toolbar，打开 Collaborate 工具栏，如图 2-39 所示。

在工具栏上，用户可以点击图 2-39 中“1”处的按钮，邀请小组成员加入项目。此时在浏览器中打开 Unity Dashboard，在图 2-40 中“1”处的文本框中，用户可以输入任意注册了 Unity ID 的用户名，将其加入项目中。

图 2-39 Collaborate 工具栏

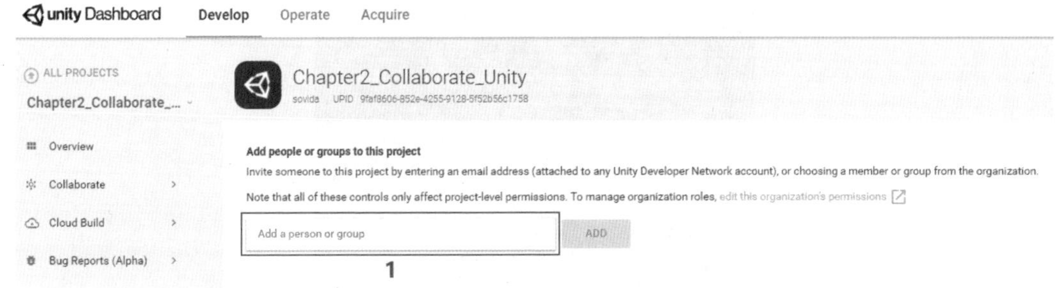

图 2-40　Collaborate Dashboard

Collaborate 会根据项目资源的变动，在 Project 面板中的资源右上角显示相应的标识，如添加、修改、删除等，如图 2-41 所示。

在项目达到一定进度时，用户可以点击 Collab 按钮提交项目进度。在文本框中输入必要的发布信息，以方便团队其他成员进行更新，点击 Publish now! 按钮即可将项目改动提交到云端，如图 2-42 所示。

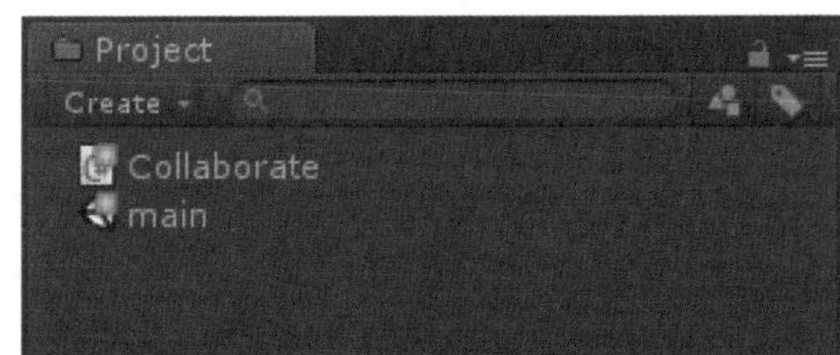

图 2-41　纳入 Collaborate 服务的资源

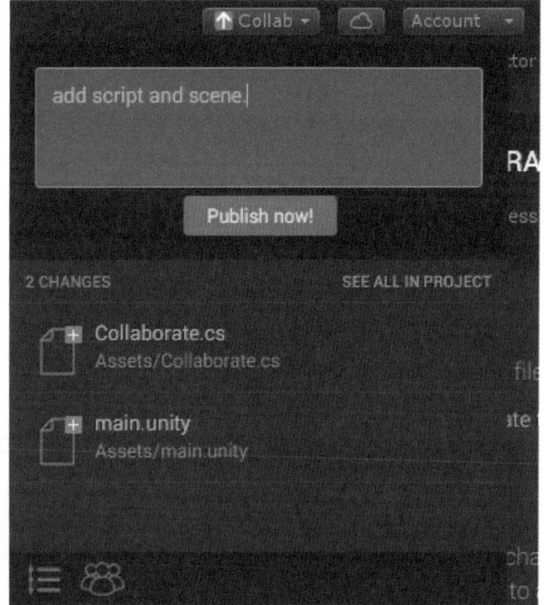

图 2-42　Collaborate 将项目进度提交到云端

用户可以在 Services 面板的 Collaborate 选项中点击 Open the history panel，在 Collab History 进度提交历史面板中查看项目变动的历史记录，如图 2-43 所示。在历史记录中，用户可以选择某个提交节点，点击 Restore 按钮，恢复到彼时的工作状态，此时用户所属项目的本地文件将被历史版本中的文件替换。用户可在恢复后的版本中进行资源的修改，并再次提交给项目组成员。

我们建议，无论是个人独立开发 VR 内容，还是团队配合开发，都可以使用 Unity Collaborate 将项目纳入版本管理。

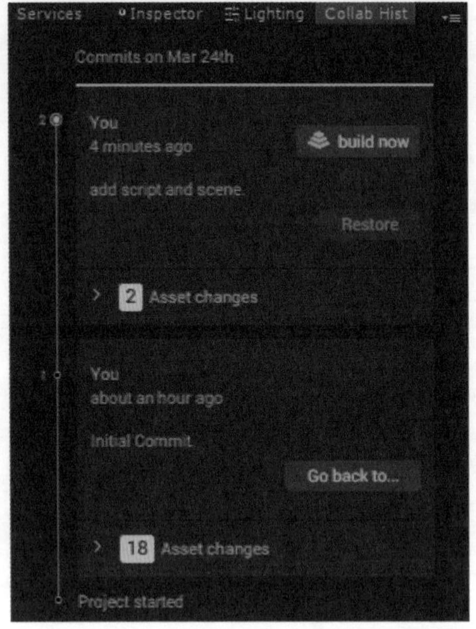

图 2-43　Collaborate 进度提交历史面板

2.5　Unity 脚本基础

2.5.1　概述

Unity 脚本是进行 VR 交互开发的重要组成部分，可以使用 C# 和 JavaScript 两种脚本进行开发。我们推荐使用 C# 进行 Unity 应用程序的开发，这并不是因为 C# 优于任何其他语言，而是考虑到从开源项目、教程、资源等方面来看，使用 C# 的项目规模都占据绝对的比例。本书也将使用 C# 介绍交互开发方面的内容。

继承了 MonoBehaviour 类的脚本在 Unity 中被认为是组件，可以挂载到游戏对象（GameObject）上。用户可以在 Unity 的 Project 面板中，点击鼠标右键，选择 Create > C# Script，新建一个 C# 脚本。根据此脚本在项目中要完成的任务，为其指定一个有实际意义的命名，此时，该脚本的文件名即为脚本中类的名称。切忌对脚本随意命名，因为随着项目规模的增加，没有意义的脚本命名会给团队、个人带来不必要的项目管理成本。

2.5.2　Unity 事件函数执行顺序

新建一个脚本，双击即可使用已经指定的默认代码编辑器（如 Visual Studio 等）将其打开。对于新建的 C# 脚本，Unity 为用户预先写入了初始内容，代码清单如下：

```
using System.Collections;
using System.Collections.Generic;
using UnityEngine;

public class FirstUnityScript : MonoBehaviour {
```

```
    // Use this for initialization
    void Start () {

    }

    // Update is called once per frame
    void Update () {

    }
}
```

这些内容包括：

• 必要的包的引入，代码第 1~3 行。

• 设置该类继承自 MonoBehaviour，代码第 5 行。

• 定义两个函数 Start () 和 Update ()，分别对应了 Unity 脚本生命周期中的 Start 和 Update 阶段。

在 Unity 脚本中，像 Start 和 Update 这样的函数会在脚本执行时按预定顺序执行，图 2-44 总结了在脚本生命周期中各事件函数的执行顺序。

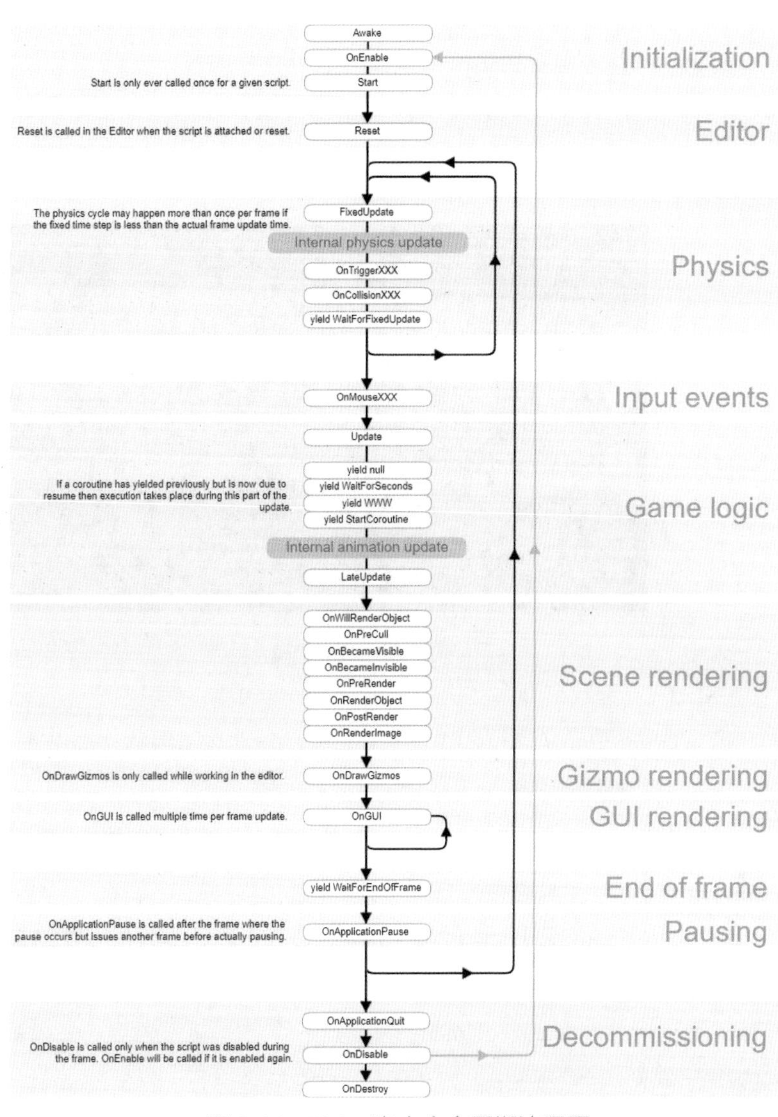

图 2-44 Unity 脚本生命周期流程图

下面我们将对几个比较重要的事件函数进行介绍。

• Awake：该函数先于 Start 函数，在游戏对象实例化后即执行。需要注意的是，如果游戏对象初始被设置为不可见，则该函数需要在其被设置为可见后执行。

• OnEnable：该函数在脚本实例被设置为可用时执行。与 Awake 函数不同的是，OnEnable 函数在每次脚本实例被设置为可用后都会执行一次。对于两者的区别，可编写如下代码测试：

```
using UnityEngine;

public class ShowFuncOrder : MonoBehaviour
{
    void Awake()
    {
        Debug.Log("Awake 函数被调用 ");
    }
    void OnEnable()
    {
        Debug.Log("OnEnable 函数被调用 ");
    }
}
```

将脚本挂载到场景中的任意游戏对象上，在程序运行后，Awake 与 OnEnable 函数各执行一次，此时选中挂载了该脚本组件的游戏对象，在属性面板中多次设置该脚本组件的可用属性，此时只有 OnEnable 函数对应执行，如图 2-45 所示。

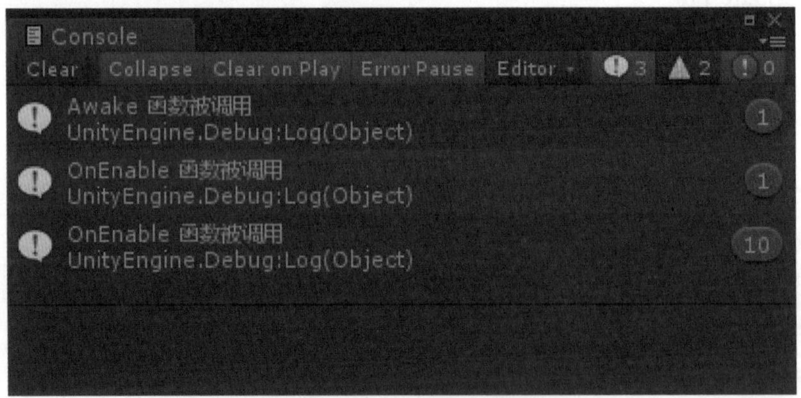

图 2-45　Awake 与 OnEnable 函数执行对比

• Start：该函数在脚本实例启用后，下一帧更新之前执行。

• OnTriggerEnter / Stay / Exit：3 个函数分别在碰撞体（Collider）进入、停留、离开触发器（Trigger）时执行。

• OnCollisionEnter / Stay / Exit：3 个函数分别在碰撞体进入、停留、离开另一个碰撞体时执行。

• Update / LateUpdate / FixedUpdate / ：Update 函数在每帧执行一次，LateUpdate 函数在每帧更新后执行，其中 Update 函数与 LateUpdate 函数的执行频率受应用程序实际帧率影响，与帧率呈正相关。而 FixedUpdate 函数则不受实际帧率影响——当帧率较低时，有可能在一帧之内执行多次；当帧率较高时，可能两帧也未必执行一次。这是因为 FixedUpdate 的执行每次时间间隔（Time.deltaTime）都相同，可编写如下代码测试：

```
using UnityEngine;

public class ShowUpdateTime : MonoBehaviour
{
    void Update()
    {
        Debug.Log("Update 函数调用，时间间隔为：" + Time.deltaTime);
    }

    void FixedUpdate()
    {
        Debug.Log("FixedUpdate 函数调用，时间间隔为：" + Time.deltaTime);
    }
}
```

将脚本挂载到场景中的任意游戏对象上，点击 Unity 编辑器的 Play 按钮，启动程序，此时在 Console 面板中可见如图 2-46 所示的输出信息。在本例中，FixedUpdate 函数每次执行时间为 0.02，而 Update 函数的执行时间会随帧率的变化而不同。

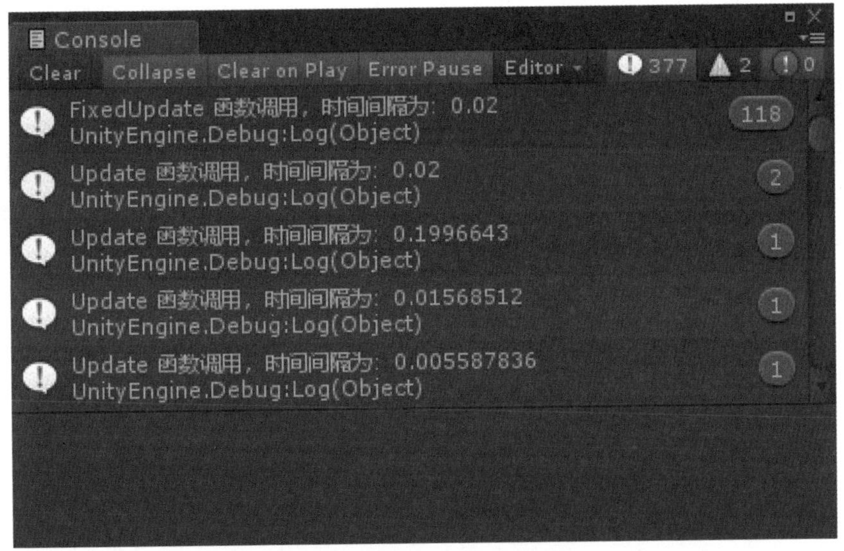

图 2-46　Update 函数与 FixedUpdate 函数执行频率的对比

• OnDestroy：该函数在被销毁时执行，通常是在被执行了 Destroy () 方法后，在该对象所存在的最后一帧更新完毕之后执行。

2.5.3　Unity 事件系统

Unity 基于事件对 VR 设备的交互输入进行响应，例如手柄控制器的某个按键被按下、指针点击按钮、手指在触摸屏上的缩放等。Unity 的事件系统（Event System）根据外部输入设备的行为向目标对象发送事件。事件系统使用相关组件协同完成事件的发送，其中比较重要的是输入模块和射线投射器。

- 输入模块（Input Modules）

Unity 中的输入模块类组件主要包括 Standalone Input Module、Touch Input Module，用于实现事件系统的运行逻辑，包括处理投射器提供的用户输入、管理事件状态、发送事件到指定对象。其中 Standalone Input Module 用于处理鼠标、键盘这样的外部输入，Touch Input Module 用于处理触摸屏的输入。需要注意的是，在某一刻只能激活事件系统中的一种输入模块。

- 射线投射器（Raycaster）

Unity 使用射线投射机制实现对游戏对象的选择，射线投射类组件包括 Graphic Raycaster、Physics 2D Raycaster、Physics Raycaster，用于确定指针所指向的对象。其中 Graphic Raycaster 用于在 UI 元素间进行射线投射，Physics 2D Raycaster 用于 在 2D 应用中进行射线投射，而 Physics Raycaster 则用于在 3D 对象间进行射线投射。Input Module 根据各种射线投射器提供的信息确定输入设备所选择的对象。

Unity 的 UI 系统是应用事件系统的典型，在 Canvas 上挂载了 Graphics Raycaster 组件，如图 2-47 所示，而在 场景中的 Event System 游戏对象上则挂载了 Standalone Input Module。同样，在诸多 VR 平台提供的 SDK 中，如 Google VR SDK for Unity 等，一般也基于 Unity 的事件系统 ，自定义该平台的事件系统，以实现符合平台特性的交互事件处理功能。

图 2-47　Canvas 上挂载的 Graphic Raycaster 组件

第 3 章

Unity在 VR 中的材质技术

3.1 基于物理的渲染理论（PBR）

高品质的 VR 内容，除了具备良好的交互体验外，精良的模型材质也是其重要的组成部分，这通常决定了用户对 VR 内容的第一印象——用户佩戴头显设备之后，首先会观察场景内容，然后才使用控制器与场景内容进行交互。对于注重真实效果表现的 VR 内容，写实级别的材质是塑造沉浸式环境的关键之一。

由于现实世界中光线的波粒二象性，不同材质的模型在光线影响下会有不同的表现。基于物理的渲染（Physically Based Rendering，简称 PBR）是一套先进的材质表现方案，它在本质上是一种能够准确表现光线与物体表面相互作用的光影渲染算法，它能够使模型材质对于光线做出准确的反应，还原真实世界的物体表现。PBR 建立了一套统一且高效的工作流程，已逐渐成为游戏行业的标准，只需为模型准备相关物理维度的贴图，材质即可在不同光照条件下对光线做出准确反映。如图 3-1 所示，模型使用了同一套材质，但是在四种不同的光照条件下，依然准确地反映出其真实的物理表现。

图 3-1 基于物理的渲染理论制作的材质表现

PBR 着色器基于能量守恒定律，使用双向反射分布函数（Bidirectional Reflectance Distribution Function，简称 BRDF）对材质进行描述。虽然其背后有众多几何术语和复杂的理论支撑，但是设计师不需要对 PBR 理论进行过于深入的了解即可塑造出真实的材质效果，因为 PBR 建立了一套标准且高效的材质制作流程。设计师可以完全基于材质在现实世界中的物理属性进行材质制作，而不用仅凭主观直觉，物体表面的反射和高光表现由着色器根据提供的贴图信息呈现。

Unity 引入了 PBR 材质系统，使用 Standard Shader（标准着色器）可以塑造接近于物理真实的材质表现，尤其在实时渲染环境下。我们将在本章了解到 Unity 的材质系统以及材质的制作流程。

Unity 能够很好地呈现 PBR 材质（图 3-2），对于相应的材质贴图创作工具，目前业界比较主流的软件包括 Substance Designer/Painter、Marmoset Toolbag、Quixel Suite 等。

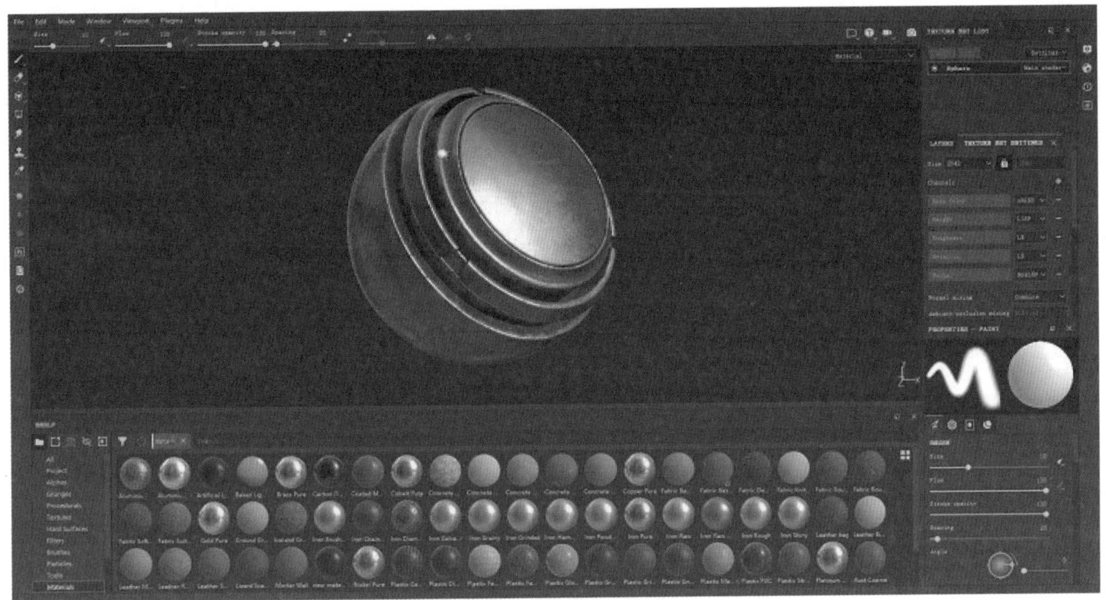

图 3-2 Substance Painter

Unity 同样对这些创作工具提供了很好的支持，例如使用 Substance in Unity 工具能够实现 Substance 与 Unity 工作流程的无缝衔接，如图 3-3 所示。

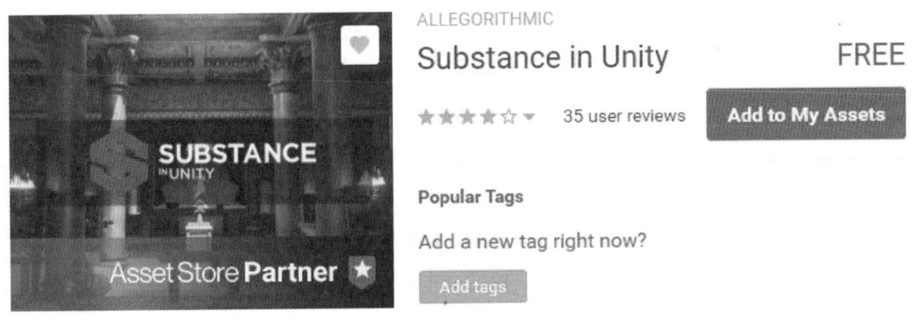

图 3-3 Substance in Unity 工具（注：该工具仅限于在 Unity 2017.3 及以上版本中使用）

需要注意的是，本章仅讨论在 VR 环境中需要表现物理真实的材质技术，而 VR 内容题材并不仅限于此，艺术化的材质表现不在本章的讨论范围之中。

3.1.1 PBR / PBS 概述

基于物理的渲染理论，根据情景，可以称之为 PBR（Physically Based Rendering），也可以称之为 PBS（Physically Based Shading）。通常情况下，PBS 用于材质着色概念中进行描述，而 PBR 多在光照和渲染方面进行讨论，但总体来说都是用于描述物理真实的思想。

3.1.2 PBR 主要贴图类型

在 PBR 着色器中用到的贴图，本质上都是数据，用于描述材质在不同物理维度的信息。很多材质制作软件（如 Substance）也将这些贴图理解为通道。

1. Normal Map

Normal Map 即法线贴图，该类贴图用于模拟物体表面的凹凸细节，通过 RGB 颜色通道来标记法线的方向，其 R、G、B 三个通道的数据，分别对应物体表面法线 X、Y、Z 轴的坐标。法线贴图通常是指切线空间法线贴图，它会使多边形的曲面法线弯曲，就像光线从另一个方向进入，如图 3-4 所示。在 CG 行业中，借助法线贴图可以用低模（Low Poly）展示高模（High Poly）的细节。

图 3-4　Normal Map

2. Albedo Map

Albedo Map 用于描述材质表面的基础颜色，可以是单一颜色，但多数情况下是纹理贴图。Albedo 贴图不能包含任何光影信息，尤其在实时渲染的场景中。如图 3-5 所示，左侧为材质的 Albedo 通道在模型上的表现，右侧为 Albedo 贴图。

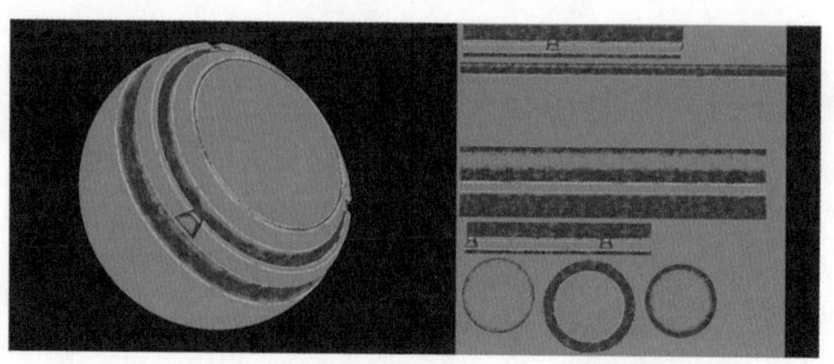

图 3-5　Albedo Map

3. Roughness Map

Roughness Map 用于描述由于物体表面的不规则引起的光线的散射程度。PBR 引入了微表面理论，物体表面越光滑，光线散射程度越一致，更接近镜面反射；表面越粗糙，光线散射程度越随机。该类贴图为灰度图，黑色（0）表示表面绝对光滑，白色（1 或 255）表示粗糙程度最大，介于之间的灰色，其数值表示不同程度的粗糙 / 光滑度。如图 3-6 所示，左侧为材质的 Roughness 通道在模型上的表现，右侧为 Roughness 贴图。

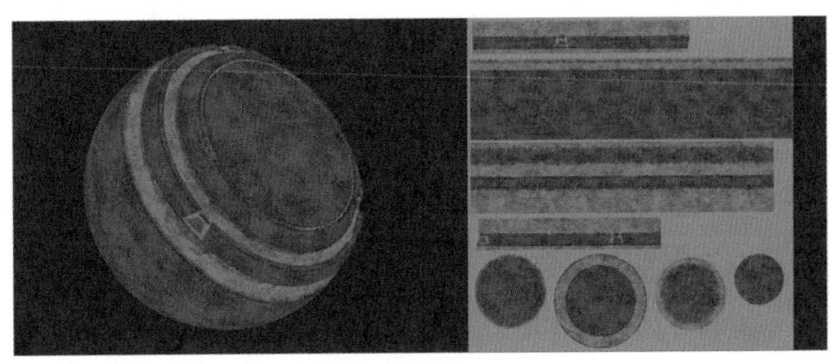

图 3-6　Roughness Map

Roughness 贴图是塑造细节的关键，在 VR 环境中，可以使用 Roughness 贴图来塑造接近现实的材质表现，即使是表面为纯色的物体。

4. Specular Map

Specular Map 定义金属的反射率或非金属的 F0 值。该类贴图是 RGB 模式的图像，在 Specular/ Glossiness 贴图制作流程中使用。如图 3-7 所示，左侧为材质的 Specular 通道在模型上的表现，右侧为 Specular 贴图。

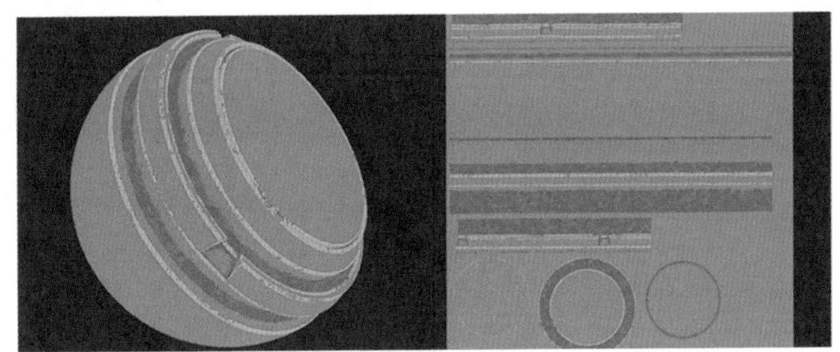

图 3-7　Specula Map

5. Metallic Map

Metallic 贴图用于定义在模型的每个位置上材质是否为金属属性。该类贴图为灰度图，图像上每个像素的灰度值非 0 即 1，0 表示此处为非金属，1 表示此处为金属。如图 3-8 所示，左侧为材质的 Metallic 通道在模型上的表现，右侧为 Metallic 贴图。

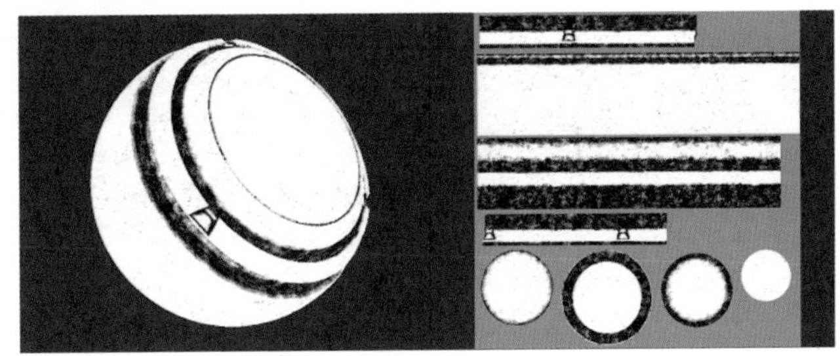

图 3-8　Metallic Map

6. Ambient Occlusion Map

Ambient Occlusion（简称 AO）是环境中模型与模型之间相交或靠近时由于遮挡漫反射光

线所呈现出的阴影效果，AO 贴图能够增强空间的层次感，加强和改善模型表面的明暗对比。如图 3-9 所示，左侧为材质的 AO 通道在模型上的表现，右侧为 AO 贴图。

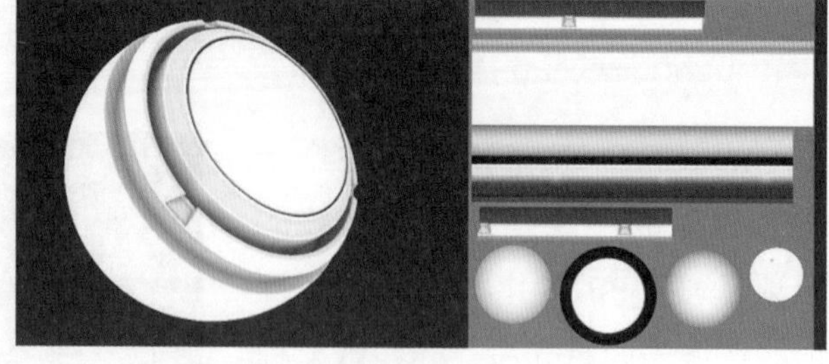

图 3-9　Ambient Occlusion Map

3.2　Unity 材质基础知识

3.2.1　概述

Unity 内建标准着色器，支持 PBS 光照模型，使用 Unity 的标准着色器即可构建真实的 PBR 材质，如图 3-10 所示。通过观察 Unity 标准着色器的参数，可以发现，在 Main Maps 栏中，着色器所需要的贴图多数对应 PBR 材质贴图类型。

在 Rendering Mode 属性中，可以选择是否使用透明度以及如何使用透明度，Unity 的标准着色器提供了四种可以选择的渲染模式，如下。

• Opaque：不使用透明度，适用于常见不透明物体。

• Cutout：该模式只有完全透明和不透明两种效果，适合呈现镂空材质，如树叶、网格等。

• Transparent：该模式使用贴图提供的 Alpha 通道信息，展示相应的透明程度，同时呈现设定的反射和高光属性，适合呈现玻璃、塑料等透明材质。

• Fade：该模式同样使用贴图提供的 Alpha 通道信息，与 Transparent 模式的区别在于，反射和高光受透明度影响，与透明度值呈正相关。

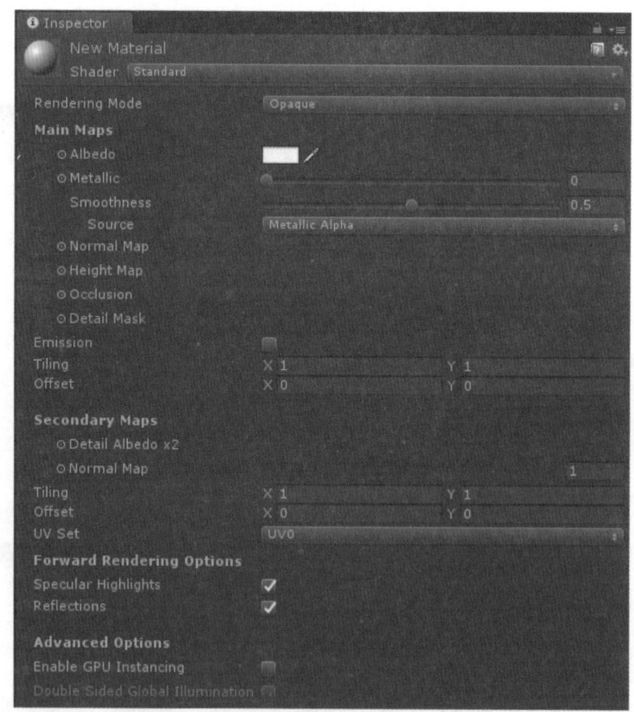

图 3-10　Unity Standard Shader

3.2.2　Standard Shader

在 Unity 2017.2 以后的版本中，提供了三种不同的标准着色器，分别为 Standard 、Standard（Roughness setup）、Standard（Specular setup），如图 3-11 所示。

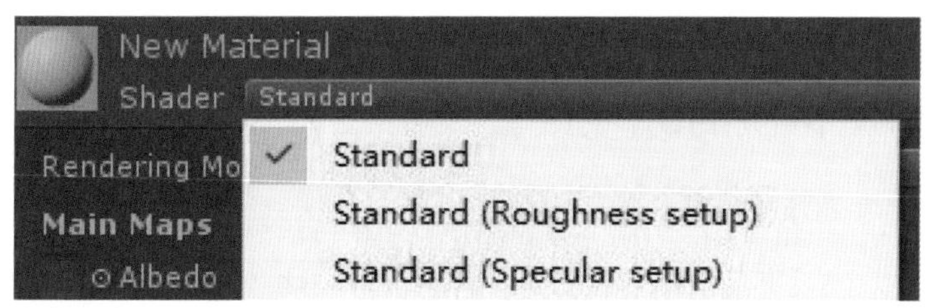

图 3-11 三种标准着色器

着色器的选择主要取决于使用的 PBR 材质制作流程。PBR 材质的制作流程分为两种，一种是 Metallic（也称 Metallic/Roughness）材质制作流程，另一种是 Specular（也称 Specular/Glossiness）材质制作流程。在 Metallic 材质制作流程中，金属的反射率值和非金属的反射颜色值都被放置在基础颜色（Albedo 或 Base Color）贴图中，通过 Metallic 贴图区分金属与非金属；在 Specular 材质制作流程中，金属的反射率值和非金属的 F0 反射率值被放置在 Specular 贴图中。

Standard（Roughness setup）着色器是 Unity 2017.2 新添加的着色器，与 Standard 着色器的区别在于：在该着色器中，Roughness 贴图通道被单独分离出来，可以直接进行指定；而在 Standard 着色器中，Roughness 信息需要被放置在 Metallic 或 Albedo 贴图的 Alpha 通道中供着色器使用。所以，我们可以将 Standard 与 Standard（Roughness setup）作为 Metallic/Roughness 材质制作流程使用，将 Standard（Specular）着色器当作 Specular/Glossiness 材质制作流程使用。

使用上述任何一种材质制作流程均能真实表现大多数常见材质类型。如图 3-12 所示，上方使用 Metallic 工作流程，下方使用 Specular 工作流程。在图中可以看到，两种不同的材质制作流程最终呈现出的材质效果相同，不同的只是提供给着色器的贴图以及描述物理真实的角度。

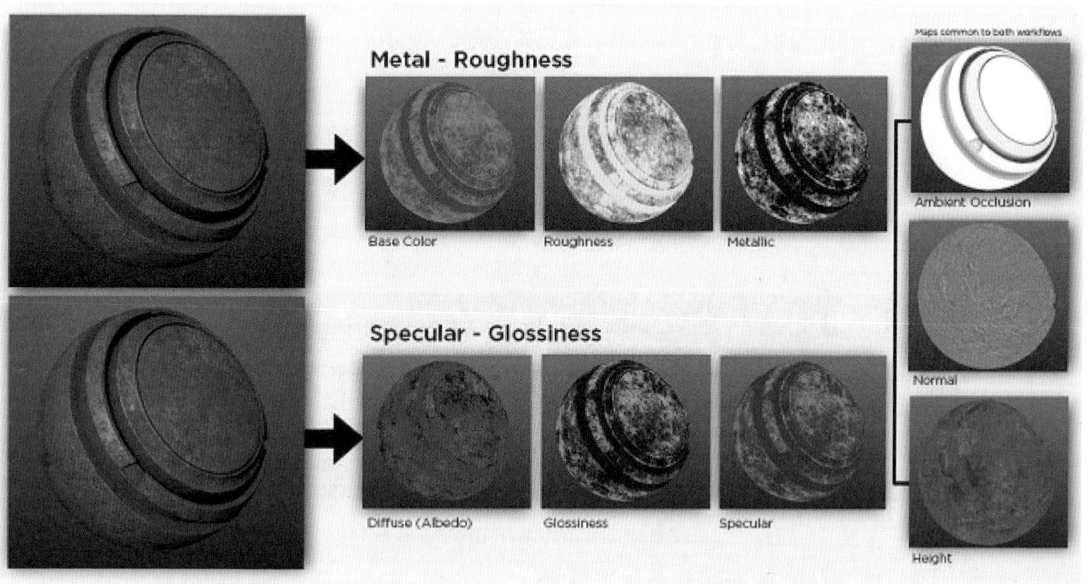

图 3-12 Metallic/Roughness 与 Specular/Glossiness 材质制作流程对比

3.3 使用 PBR 材质的环境设置

3.3.1 色彩空间（Color Space）：Linear 与 Gamma

色彩空间的选择决定了 Unity 在光照计算中对颜色进行混合以及从纹理读取数值时所采用的算法，这对表现材质的真实性具有重要影响。色彩空间一般分为 Linear 与 Gamma 两种，为使 PBR 材质具有准确的光照表现，需要将色彩空间设置为 Linear，即线性空间。

使用线性空间的优势是，随着场景中光照强度的增加，材质颜色的亮度会对应呈线性增加；而使用 Gamma 色彩空间的项目，材质的亮度在此过程中会快速变亮，最终呈现过度曝光的效果，从而影响材质的真实度表现。两者的效果如图 3-13 所示。

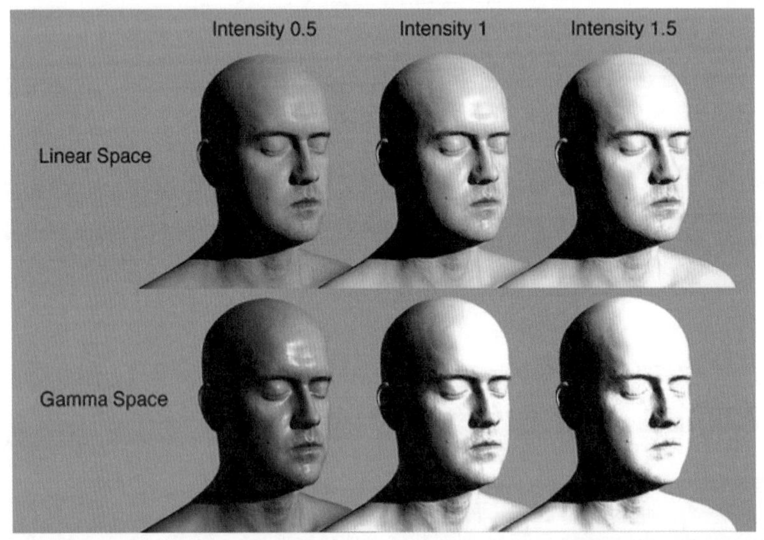

图 3-13 分别使用 Linear 与 Gamma 色彩空间的材质在不同光照强度下的表现

另外，使用线性空间使着色器在对纹理进行采样时不需要对色彩中间调进行 Gamma 校正，这样能够保证颜色计算的准确性，从而在最终显示输出时保持材质整体的真实性。

要将 Unity 项目的色彩空间设置为 Linear，可以选择 Edit > Project Settings > Player，在 Player Settings 面板中的 Other Settings 栏中设置 Color Space 属性为 Linear，如图 3-14 所示。

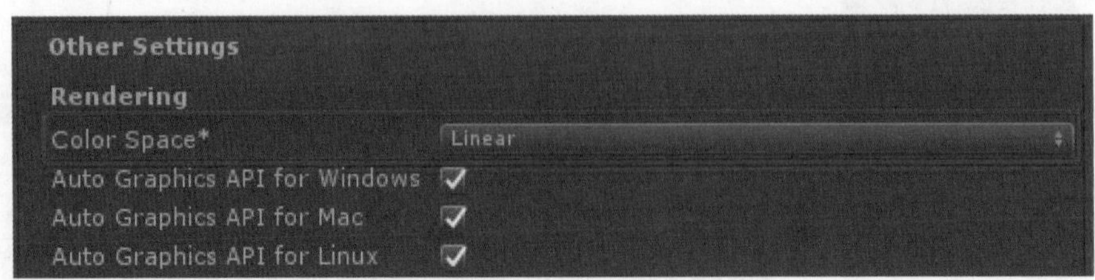

图 3-14 设置 Unity 项目的色彩空间

需要注意的是，某些移动或主机硬件平台并不支持线性空间，所以在选择色彩空间时，需要确认目标平台是否支持该色彩空间。

3.3.2 开启摄像机 HDR模式

传统的图像渲染方式将单个像素中包含的红、绿、蓝色信息用 0~1（或 0~255）之间的数值表示，其中 0 代表没有信息，1（或 255）表示该色值所呈现的最大强度。但是这种模式表现的色彩范围并不能完全呈现现实世界中所有的颜色。

动态范围（Dynamic Range）模式定义场景中的摄像机处理高光或暗部颜色的方式。默认情况下，Unity 场景中的摄像机使用低动态范围（LDR）模式渲染场景，使用 HDR 模式，颜色值将以更高的精度存储，可以在较高的亮度范围内保持尽量多的细节。所以在线性色彩空间下，建议将摄像机设置为 HDR 模式，以便在处理非常明亮的颜色时保持呈现的准确性。

要开启摄像机的 HDR 模式，选择场景中的主摄像机，在其属性面板中勾选 Allow HDR 属性即可，如图 3-15 所示。

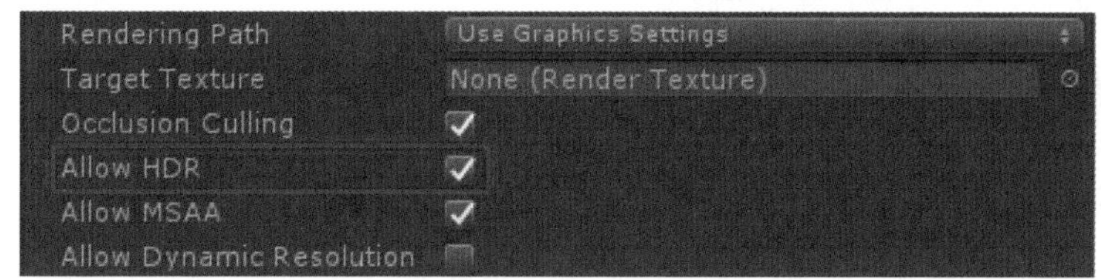

图 3-15 开启摄像机的 HDR 模式

同样，在某些移动硬件平台中也不支持 HDR 模式，在使用多重抗锯齿（MSAA）技术时，在正向渲染（Forward Rendering）模式中也不被支持。

3.4 Look Dev 和 PBR Material Validator 工具

3.4.1 Look Dev

Look Dev 是 Unity 编辑器中用于查看资源在不同光照环境中表现的工具，设计师可以查看材质表现的准确度，如图 3-16 所示。

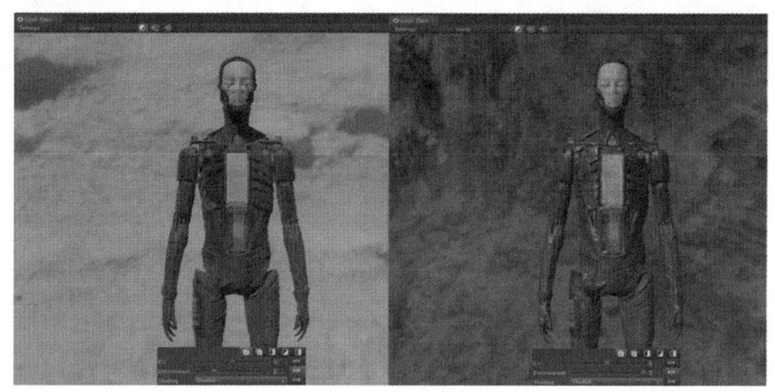

图 3-16 在 Look Dev 窗口中查看相同材质在不同光照环境下的表现

选择 Window > Experimental > Look Dev 命令，即可打开该工具窗口。在使用之前，需要对 Unity 编辑器环境进行设置。首先将渲染路径设置为延迟渲染，选择场景中的主摄像机，将 Camera 组件的 Rendering Path 设置为 Deferred；然后需要设置色彩空间为线性，具体步骤可参考上节内容。

使用 Look Dev 查看资源表现，只需将设计的预制体拖至该工具面板上即可。Look Dev 使用基于图像照明（Image-Based Lighting ）的渲染技术提供场景照明，光照信息由高动态范围图像（High Dynamic Range Image，即 HDRI）提供，环境贴图文件后缀名一般为 .hdr 或 .exr。Unity 中提供了一个免费的 HDRI 资源包，在 Asset Store 中搜索"Unity HDRI Pack"即可下载导入项目中，如图 3-17 所示。

图 3-17 Unity HDRI Pack

将 HDRI 文件导入 Unity 编辑器中以后，在其属性面板中进行相关设置：保持 Texture Type 为默认（Default），将 Texture Shape 设置为 Cube，将 Convolution Type 设置为 Specular（Glossy Reflection），如图 3-18 所示。

图 3-18 HDRI 设置

将设置完毕的 HDRI 贴图拖入 Look Dev 窗口，即可在 HDRI 贴图提供的光照环境下查看资源表现。同时该 HDRI 资源被自动保存到 Look Dev 工具的 HDRI 库中，点击 Look Dev 窗口右上角的 HDRI View，即可在 HDRI 视图中查看所有 HDRI 环境贴图，如图 3-19 所示。在后续的测试中，只需将 HDRI 视图中的环境贴图拖入 Look Dev 窗口中进行切换即可。

使用 Look Dev 的控制面板能够在分屏模式中同步观察当前资源在不同光照环境下的表现，如图 3-20 所示。

图 3-19 Look Dev 工具的 HDRI 视图

图 3-20 使用控制面板在分屏模式下查看资源表现

3.4.2 PBR Material Validator

如前所述，PBR 中的贴图是材质在不同物理维度的数据，所以贴图提供的数据必须在合理的数值范围，超出范围的像素值会影响真实的材质表现。PBR 材质校验工具（PBR Material Validator）是 Unity 场景视图中的一种绘制模式，使用该工具能够确保材质贴图中的像素值在 PBR 着色器推荐的参考范围内，对于贴图中超出参考值范围的像素，校验工具会在场景中会以不同的颜色进行显示。如图 3-21 所示，其中红色表示该处像素明度值低于最小参考值；蓝色表示该处像素明度高于最大参考值；黄色表示该处像素不是纯金属，要对该项进行校验，需要在验证工具中勾选 Check Pure Metals 选项。

图 3-21 PBR 材质校验工具

在场景（Scene）视图中点击左上角的绘制模式（Draw Mode）下拉列表，如图 3-22 所示，在 Material Validation 栏中选择验证模式即可。

图 3-22 场景视图中的绘制模式下拉列表

需要注意的是，校验工具仅在线性色彩空间中使用。

第 4 章

Unity 在 VR 中的 UI 技术

4.1 UGUI 系统简介

自 Unity 4.6 以来，Unity 编辑器内置的 UI 系统在易用性和兼容性方面得到了显著的提升，加入了更加强大的事件系统，这主要表现在以下几个方面。

- 添加 UI 元素

在层级面板中右键选择 Create > UI，即可选择添加相应的 UI 元素。Unity 会根据 UI 元素树形结构的排列顺序，自上而下依次进行渲染，调整节点顺序即可决定 UI 元素的呈现深度。例如在图 4-1 中，WhiteLogo 节点放置在 BlackLogo 节点顶部，所以 WhiteLogo 将先于 BlackLogo 呈现，体现在场景中，WhiteLogo 位于 BlackLogo 底层。

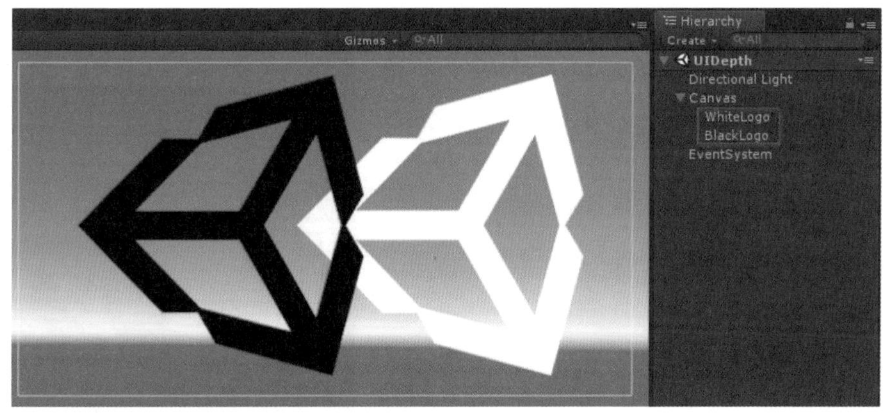

图 4-1　节点顺序对 UI 深度的影响

- Rect Transform 组件

每一个 UI 元素均具备 Rect Transform 组件，通过调节组件参数，可以改变UI元素的位置、进行缩放、旋转等操作，相当于 3D 游戏对象的 Transform 组件，如图 4-2 所示。

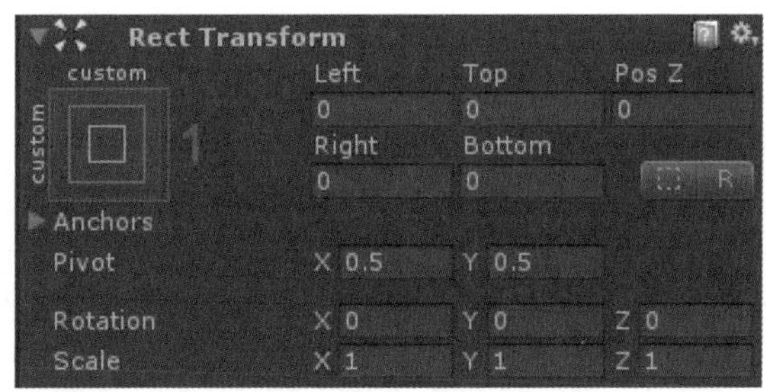

图 4-2　Rect Transform 组件

工具栏中的 Rect Tool 是针对 UI 元素进行可视化调节的工具。如图 4-3 左侧所示，快捷键为 T，选择该工具以后，场景中的 UI 元素即呈现其 Rect Transform 组件的外观。如图 4-3 右侧所示，拖动白色线框或其四角的圆点即可进行 UI 元素的缩放，当鼠标位于圆点外侧附近呈现旋转标识后，可对 UI 元素进行旋转，在此调节过程中，UI 元素将绕其中心点（Pivot）进行缩放或旋转，蓝色圆圈是 UI 元素的中心点所在。图中的四个三角形是 UI 元素的锚点

（Anchor），其作用设定 UI 元素与其父容器的相对位置关系，当父容器的缩放发生变化时，据此对 UI 元素进行重新定位。

图 4-3　Rect Tool 与其调节效果

同时，在 Unity 中还可以对锚点和中心点的位置进行快速预设（图 4-4）。点击 Rect Transform 组件左上角的方框区域，如图 4-2 中 1 处所示，弹出锚点预设视图。在此视图中，可以选择常见的位置预设，如左上角、右下角等，按下 Shift 键，可同时对中心点进行设置。

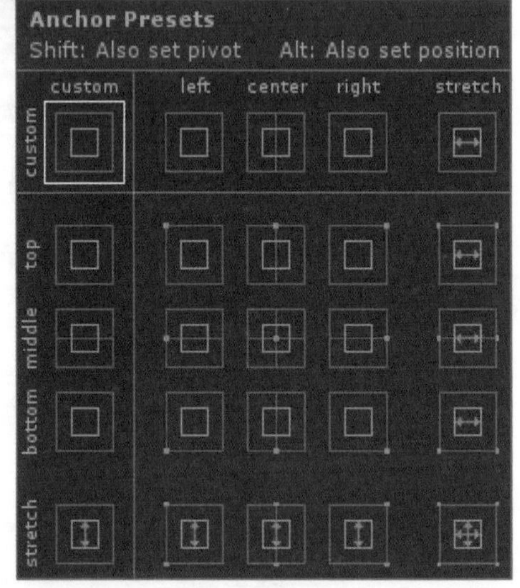

图 4-4　UI 元素的锚点设置

- Canvas 游戏对象

Canvas 游戏对象主要包含 Canvas、Canvas Scaler、Graphic Raycaster 三种组件，其中，Canvas 和 Canvas Scaler 组件用于渲染 Canvas 中的 UI 元素，例如常见的界面控件——按钮、下拉列表、文本等，通过一系列布局组件（如 Horizontal Layout Group 和 Vertical Layout Group 组件等）对布局进行管理；Graphic Raycaster 组件检测是否有元素被射线击中，从而确定当前与输入设备进行交互的元素，如图 4-5 所示。

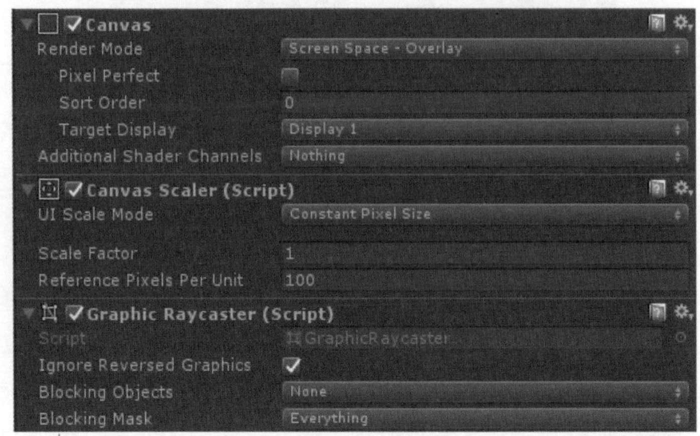

图 4-5　Canvas

Canvas 组件有三种渲染模式，可在 Canvas 组件的 Render Mode 属性中设置，分别为 Screen Space – Overlay 、Screen Space – Camera 和 World Space。前两种模式基于屏幕呈现，适用于 PC、移动平台的 UI 渲染，在这两种模式下，不需要考虑 UI 在三维空间中的坐标和大小。而在 VR 情境下，则需要使用 World Space 模式对 UI 元素进行呈现。同时，VR 场景中需要更加清晰的 UI 呈现，通过调节 Canvas Scaler 组件的 Scale Factor 属性，可提高 UI 界面的分辨率。

- Event System 游戏对象

该游戏对象上挂载了 Event System 和 Standalone Input Module 组件，与 Canvas 游戏对象上的 Graphic Raycaster 组件共同实现了 Unity 的 UI 事件系统。Event System 组件用于管理各模块之间的通信，各种输入模块（Input Module）用于配置和定制事件系统逻辑，如图 4-6 所示。

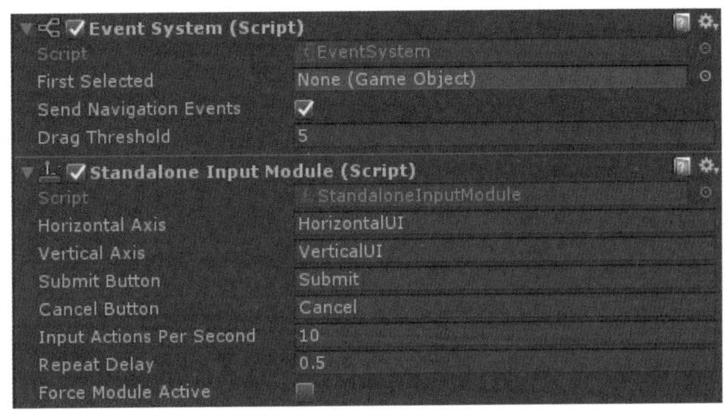

图 4-6　Event System

当初次添加 UI 元素时，Unity 将自动在场景中添加 Canvas 和 Eevent System 两个游戏对象。需要注意的是，同一个场景中可以存在多个 Canvas ，在 VR 中，多个 Canvas 能够很好地组织场景中的界面逻辑，但场景中只需存在一个 Event System 组件即可。

- 交互事件处理

UI 不仅呈现信息，还需要响应用户的交互。Unity 为 UI 元素常用的事件（如 Button 的点击事件，Slider 的数值变化事件等）提供了可以直接配置处理方法的界面，如图 4-7 所示，当事件发生时，执行指定的处理方法。

图 4-7　UI 元素的事件处理

对于事件处理的配置，选择需要配置处理方法的 UI 元素，在其组件属性面板中，找到类似图 4-7 所示的位置，执行如下操作。

（1）点击”+” 按钮，切换为如图 4-8 所示的视图，点击图中 1 处，选择事件处理的执行环境，默认情况在程序运行时调用处理函数或设置相关属性，若需要在 Unity 编辑状态下运行，可选择 Editor And Runtime 选项。

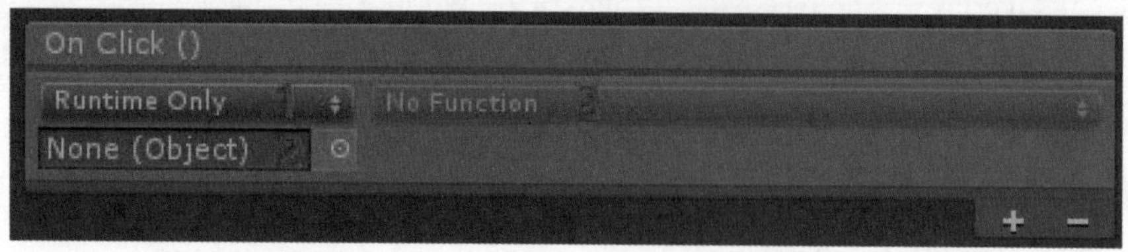

图 4-8　Button 组件的 On Click 事件处理

（2）在图中 2 处，选择需要改变属性或挂载了事件处理脚本的游戏对象。

（3）在选定对象以后，图中 3 处的列表将随之更新，其中包含了挂载在对象上的所有组件，包括脚本。点击此控件可选择相关的属性或方法，若需要为选择的属性或方法设定参数，可在随后出现的控件中为其指定。

- 通过脚本实现 UI 事件处理

除在 Unity 编辑器中配置 UI 元素的事件处理以外，还可通过脚本对相关交互事件进行监听，当事件发生时，执行事件处理函数。要在脚本中访问 UI 组件，需要引用 UnityEngine.UI 命名空间。以下代码实现了监听并处理 Button 组件的点击事件。

```
using UnityEngine;
using UnityEngine.UI;
publi cclass UIExample : MonoBehaviour
{
private Button myBtn;

void Start()
    {
        myBtn = GetComponent<Button>();
        myBtn.onClick.AddListener(OnBtnClick);
    }

private void OnBtnClick()
    {
        Debug.Log("按钮被点击！");
    }
}
```

4.2　VR 中的 UI

4.2.1　World Space UI

VR 中的 UI 交互如图 4-9 所示。非 VR 项目中的 UI 通常指的是屏幕（如 PC 或移动设备）上的二维图像，UI 元素被渲染在基于屏幕（Screen Space）的 Canvas 组件上。但是在 VR 中，屏幕的概念不复存在，体验者看到的 UI 元素与 3D 空间元素一样，被放置在可见的合理范围内，此时 Unity 中的 UI 将基于世界空间坐标（World Space）进行设计。

图 4-9 VR 中的 UI 交互

将一个 Unity UI 容器转换为世界空间坐标系，可执行以下操作。

（1）新建一个 Unity 项目，命名为 UIDemo。

（2）在 Hierarchy 面板中，右键选择命令 UI > Canvas，命名为 DefaultCanvas。

（3）选择游戏对象 DefaultCanvas，在其 Canvas 组件中，将 Render Mode 属性设置为 World Space，此时 DefaultCanvas 将不再基于屏幕进行渲染，而是成为一个三维空间中的元素。

（4）在 Rect Transform 组件中，点击右上角的齿轮按钮，选择 Reset 命令，重置该组件；修改 Scale 属性为（0.003，0.003，0.003），该属性可随具体场景要求进行修改，根据具体需求调整其尺寸和旋转属性。

（5）为了更清晰地显示 DefaultCanvas 内的 UI 元素，设置 Canvas Scaler 组件的 Dynamic Pixel Per Unit 属性值为 3，数值越高，则界面越清晰。如图 4-10 所示，Canvas 容器内放置了一个 Text 控件，左右图片为该属性设置前后的比较。

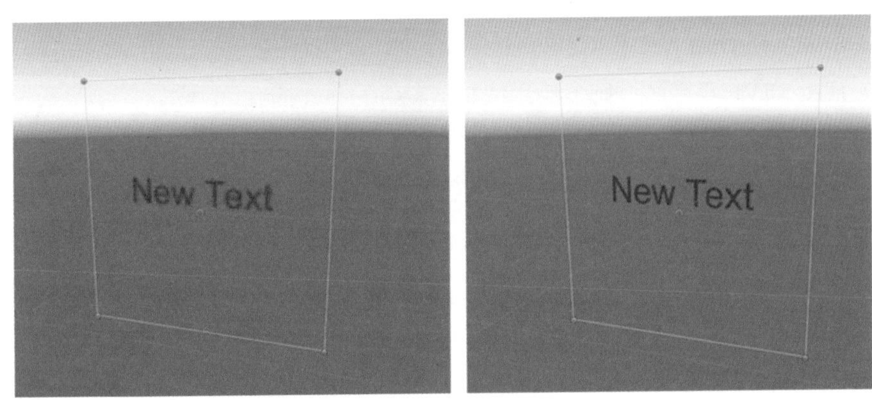

图 4-10 Dynamic Pixel Per Unit 属性值分别为 1 和 3 时的 UI 表现

以上步骤实现了 UI 从屏幕空间坐标系向世界空间坐标系的转换，后续界面的设计制作与典型的 UGUI 操作相同。

转换为世界空间坐标系的 UI 容器可作为任意游戏对象的子物体并随之移动，如图 4-11 所示。

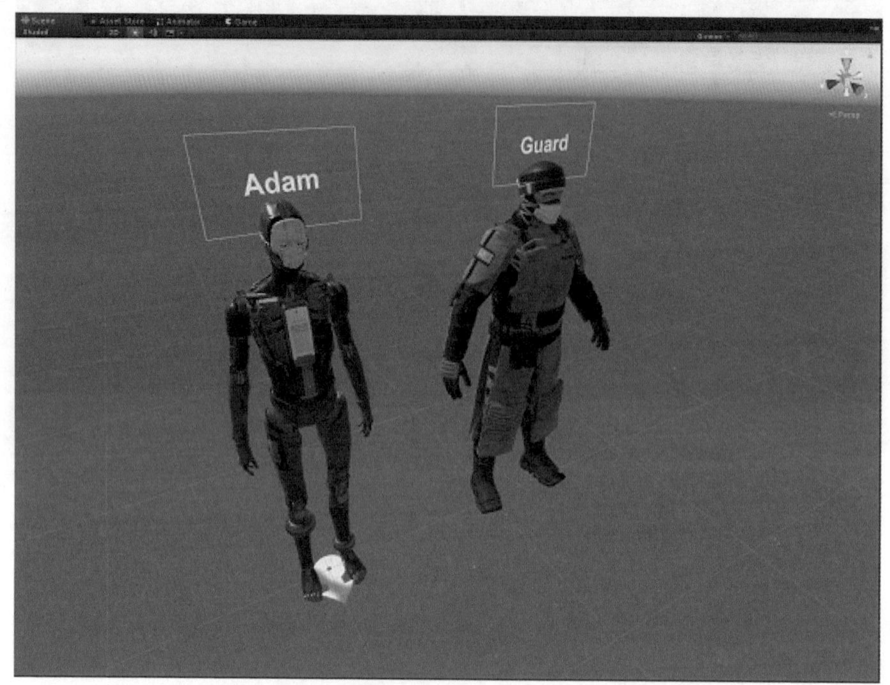

图 4-11　世界坐标系中的 UI

4.2.2　VR 中的 UI 交互

在 VR 环境中，交互的实现基于 Unity 的事件系统，Event System 是贯穿交互事件的核心，由输入模块（Input Module）和射线发射器（Raycaster）协同响应外部输入设备。关于 Unity 的事件系统，可以参见本书第 2 章关于 Unity 事件系统的介绍。

VR 与 UI 的交互方式多为指针或控制器与 UI 元素进行接触，根据相应输入事件模拟鼠标交互行为。例如，在 Gear VR 和 Cardboard 平台中，使用跟随头部运动的准星进行 UI 元素的选择；而在 HTC VIVE 平台中，则多使用控制器发射的激光指针。

不同的硬件平台，实现交互的方式各不相同。不过受益于 UGUI 的可扩展性，各 VR 平台的 SDK 一般是通过对 Event System 中相关组件的继承，构建出自己的事件系统。例如在使用 Google VR SDK for Unity 插件进行 Cardboard 应用程序开发时，使用 Gvr Pointer Input Module 组件代替 Standalone Input Module 组件，使用 Gvr Pointer Graphic Raycaster 组件代替 Graphic Raycaster。在后面的章节中，我们将针对不同的 VR 硬件平台提供的 SDK，分别介绍在各自框架内 UI 的交互方式和原理。

需要注意的是，VR 中的 UI 设计，并不是简单地将 2D 图形放置到 3D 空间，更多的是结合 VR 平台的硬件交互特性，考虑更符合用户使用习惯的交互方式。

第 5 章

Unity 在 VR 中的光照技术

5.1 Unity 2017 的光照系统概述

在现实世界中，光线不仅通过直接照射在物体上被人眼感知，还会通过物体表面进行二次反射，从而影响到其他物体的光照表现。前者通常称为直接光照，后者称为间接光照。在仅有直接光照的 Unity 场景中，物体在光照影响下没有层次和细节，在 VR 环境中带给体验者的直观感受便是缺乏真实感。间接光照能够使虚拟场景看起来更加真实，所以在 VR 环境中，间接光照的构建是塑造真实光照环境的关键。

在本章中，我们将介绍 Unity 中的全局光照技术。

5.2 主要光照管理工具

5.2.1 Lighting 面板

Lighting 面板是设置 Unity 全局照明的主要工具，选择 Window > Lighting > Settings 命令即可打开 Lighting 面板，如图 5-1 所示。顶部包含三个标签页，其中 Scene 标签页对整个场景的光照参数进行设置和优化，适用于整个场景，而不是单个游戏对象；在 Global Maps 标签页中可以查看光照系统在不同的光照模式下生成的贴图，如光照贴图、Shadowmask 贴图、直接光照贴图等；在 Object Maps 标签页中可以预览当前单个选中物体的全局光照贴图，包括 Shadowmask 贴图。

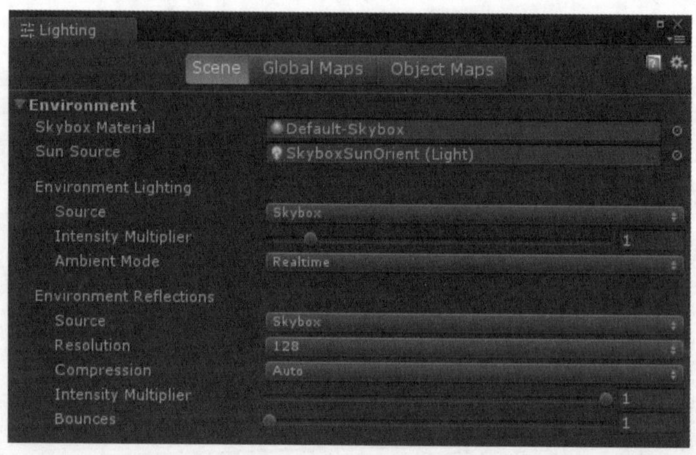

图 5-1 Lighting 面板

在默认情况下，Unity 将自动计算光照信息，场景内容每次改动都将启动工作流程，当场景改动比较频繁时，该工作方式会影响工作流畅度，取消勾选 Auto Generate 选项，待场景内容布置完毕后，可手动点击 Generate Lighting 按钮，Unity 将根据场景中所有光源组件的参数设置，对场景光照信息进行预计算。需要注意的是，在此之前需要先保存场景。

要使场景中的物体受全局光照影响，首先需要将其标记为静态。关于此操作，可以在游戏对象的属性面板右上角点击箭头按钮，在下拉列表中选择 Lightmap Static，也可以在其 Mesh Renderer 组件中勾选 Lightmap Static 属性，如图 5-2 所示。

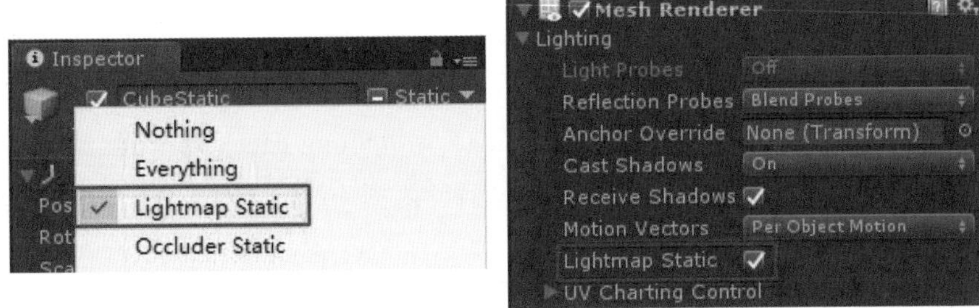

图 5-2 设置游戏对象为静态

5.2.2 Light Explorer

在 Light Explorer 窗口中可以对场景中的所有灯光组件进行集中查看和管理，选择 Window > Lighting > Light Explorer 命令即可打开 Light Explorer 窗口。使用窗口顶部的标签控件可以对各组件进行分类查看，包括场景中的光源、反射探头、灯光探头、静态发光资源（如发光材质）等。在各标签页中，可以对各组件的常用参数进行设置，单击各列表选项，对象将在 Hierarchy 或 Project 面板中高亮显示，如图 5-3 所示。

Light Explorer

Lights | Reflection Probes | Light Probes | Static Emissives

Lock Selection

Name	On	Type	Mode	Color	Intensity	Indirect Multiplier	Shadow Type
HologramLights	✓	Spot	Baked		2.5	1	No Shadows
HologramLights	✓	Spot	Baked		2.5	1	No Shadows
CharacterLight	✓	Spot	Realtime		2	1	Soft Shadows
HologramLights	✓	Spot	Baked		2.5	1	No Shadows
DoorLight02	✓	Point	Baked		2.5	1	Soft Shadows
HologramLights	✓	Spot	Baked		2.5	1	No Shadows
PointLight	✓	Point	Baked		2.5	1	Soft Shadows
PointLight	✓	Point	Baked		3	5	Soft Shadows
HologramLights	✓	Spot	Baked		2.5	1	No Shadows
HologramLights	✓	Spot	Baked		2.5	1	No Shadows
HologramLights	✓	Spot	Baked		2.5	1	No Shadows
HologramLights	✓	Spot	Baked		2.5	1	No Shadows
PointLight	✓	Point	Baked		3	1	Soft Shadows
PointLight	✓	Point	Baked		2.5	2	No Shadows
PointLight	✓	Point	Baked		8	1	No Shadows
DoorLight01	✓	Spot	Baked		2.5	1	Hard Shadows
GateLight	✓	Point	Baked		2.5	5	No Shadows

图 5-3 Light Explorer

5.3 全局照明（Global Illumination）

全局照明系统是一套综合计算直接光照和间接光照对场景影响的算法，在 Unity 中，可以使用烘焙光照贴图（Bake Lightmapper）和实时全局照明预计算两种技术来预计算全局照明。

烘焙全局照明技术针对静态光照环境和物体，将光照信息存储在一张贴图中；实时全局照明预计算不只计算，还针对光线可能的反射方向进行预先计算，例如昼夜循环的场景。Unity 对全局光照的预计算分为预计算实时全局光照和烘焙全局照明两种技术。默认情况下，Unity 中的灯光组件（如平行光、点光源等）都被设置为实时模式，场景中通常存在多个光源，并且这两种技术可以结合使用来创建逼真的场景照明。

全局光照预计算的产物，对于实时光照来说，是 lighting data，对于静态烘焙来说，是光照贴图。表 5-1 列出了 Unity 实时照明和两种全局照明预计算技术对于光照信息的呈现形式。

表 5-1 Unity 照明技术对光照信息的呈现形式

	仅实时照明	预计算实时全局照明	烘焙全局照明
灯光类型	实时（Realtime）	实时（Realtime）	烘焙（Baked）
光照贴图计算引擎	无	Enlighten	Enligten 或 Progressive
直接光照信息（动态物体）	实时计算	实时计算	无
直接光照信息（静态物体）	实时计算	实时计算	烘焙在光照贴图中
间接光照信息（动态物体）	无	无	无
间接光照信息（静态物体）	无	预计算	烘焙在光照贴图中

Unity 在场景视图中提供了多种可视化的全局照明绘制模式，方便从不同方面查看全局照明对场景的影响，如图 5-4 所示。

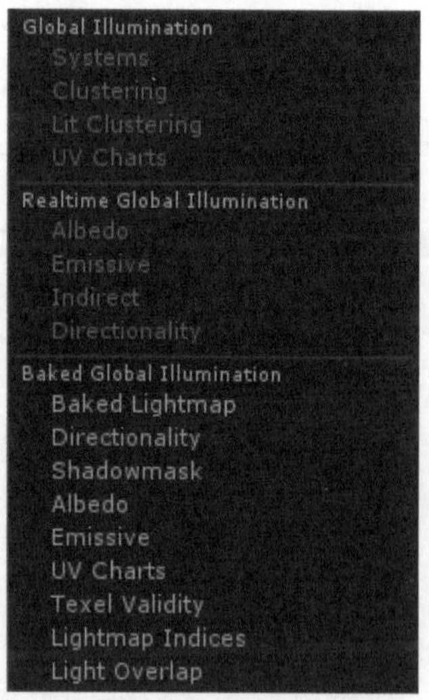

图 5-4 在 Scene 面板中可以查看的全局照明绘制模式

5.4 光照模式（Lighting Modes）

灯光组件是光照系统的核心，Unity 通过灯光组件的参数结合场景中的物体对光照信息进行计算，而组件的光照模式决定了光照信息的计算方式。灯光组件选择何种光照模式，在 Lighting 窗口中均有与其相对应的参数设置，如图 5-5 所示。

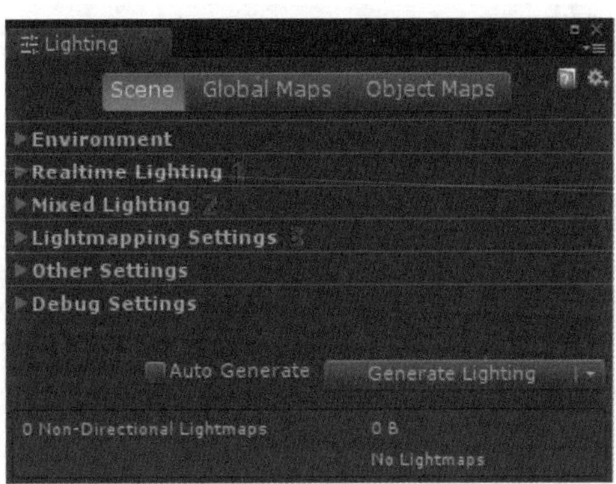

图 5-5 灯光组件的各光照模式在 Lighting 窗口对应的相关设置

选择 Realtime 模式，则在程序运行期间，光照信息将在每一帧进行计算，同时，可通过脚本动态修改灯光组件的属性，如亮度、颜色等；选择 Mixed 模式，即该光源是混合光源，这种模式的光源兼具实时光源和场景中的动态和静态游戏对象；选择 Baked 模式，将不能影响场景中的静态物体，在这种情况下，若要使用动态物体，需要使用灯光探头（Light Probe）。

场景中可以同时存在以上三种模式的灯光组件。调节 Realtime Lighting 栏中的参数时，将计算光照模式为 Realtime 的灯光组件；调节 Mixed Lighting 栏中的参数时，将计算光照模式为 Mixed 的灯光组件；调节 Lightmapping Settings 栏中的参数，将计算光照模式为 Baked 的灯光组件。

5.4.1 实时模式和实时全局照明

选择 Realtime 模式，即实时光源，此时该光源仅为场景提供直接光照，并且运行时每一帧都进行光照计算并更新场景。使用实时光照的限制是，引擎不会对光线的二次反射进行计算，即不会影响物体的间接光照表现，此时需要使用预计算的全局照明对间接光照进行构建。在 Lighting 窗口的 Realtime Lighting 栏中，勾选 Realtime Global Illumination（Realtime GI，实时全局照明），如图 5-6 所示，点击 Generate Lighting 按钮，Unity 即对该实时光源进行全局光照预计算。

图 5-6 开启实时全局照明

构建完毕之后，被实时光源照射的物体就有了间接光照信息。因为呈现过程需要大量的实时计算，所以不建议在移动 VR 平台使用该技术。

使用实时全局照明的场景经过预计算后，在程序运行时，随着光源参数（如强度、位置、旋转）的改变，光照表现能够实时呈现真实的全局光照效果，可以应用在昼夜循环的场景，光影随着灯光参数的变化相应呈现良好的全局光照表现。同时它带来的代价是对于系统资源的消耗，需要在每一帧都进行光照计算，所以在 VR 平台中，尽量减少对实时光源的使用，尤其是在资源有限的移动 VR 平台中，如图 5-7 所示。

图 5-7　查看实时全局照明的预计算效果

Unity 将计算全局实时照明数据存储为照明数据（Lighting Data）文件，目前该数据仅可被 Unity 编辑器访问，不能在应用程序运行时动态载入，如图 5-8 所示。

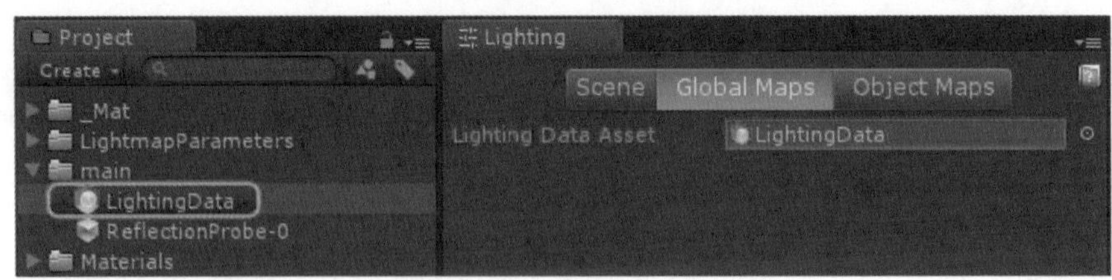

图 5-8　Lighting Data

5.4.2　混合模式和混合照明（Mixed Lighting）

光照模式设置为 Mixed 的光源组件，兼具实时光源和烘焙光源的属性，动态物体在预计算后可投射混着模式灯光的阴影，如图 5-9 所示。

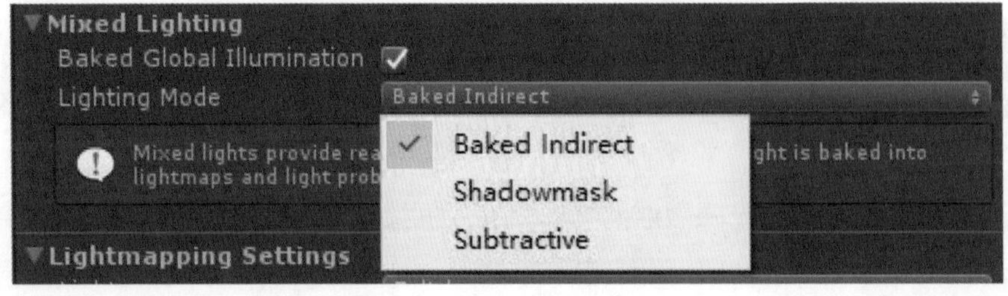

图 5-9　Mixed Lighting

- Baked Indirect 模式

Unity 仅对光源的间接光照信息进行预计算。

- Shadowmask 模式

使用 Shadowmask 模式，Unity 会预计算投射在静态物体上的阴影，并将这些信息存储在一张 RGBA 模式的阴影贴图中，如图 5-10 所示。贴图最多能够记录四盏灯光产生的阴影，并分别存储在对应的四个通道中。超过四盏以后的灯光，则灯光产生的阴影将被烘焙到光照贴图中。

要使用 Shadowmask 模式进行光照预计算，首先将 Lighting Mode 设置为 Shadowmask，然后选择 Edit > Project Settings > Quality，打开 Quality Settings 窗口，在 Shadow 栏中将 Shadowmask Mode 设置为 Shadowmask，如图 5-11 所示。

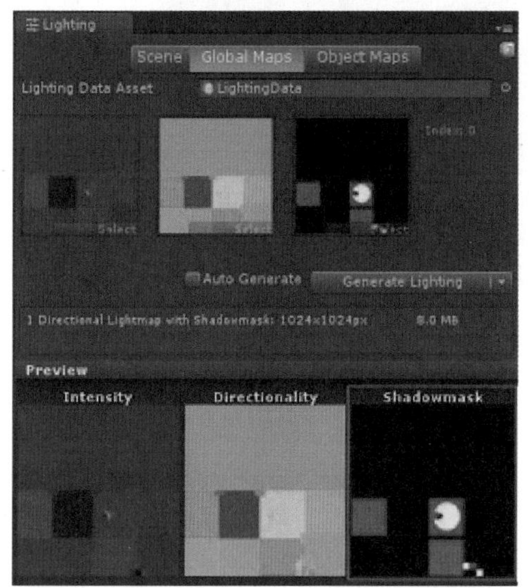

图 5-10　Shadowmask 模式下烘焙出的阴影贴图

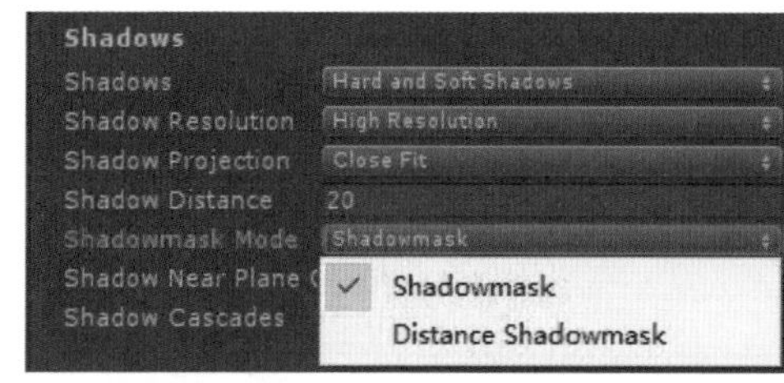

图 5-11　在 Quality Settings 窗口中设置 Shadowmask Mode

将该属性设置为 Distance Shadowmask，会使用 Distance Shadowmask 模式进行光照信息预计算。Distance Shadowmask 是 Shadowmask 的另外一种模式，与 Shadowmask 模式不同的是，动态物体能够通过光照探头接收静态物体投射的阴影，静态物体能够接收到品质比较高的阴影。

- Subtractive 模式

混合模式的光源为静态物体提供直接光照和间接光照信息，动态物体接收实时灯光的直接光照，并产生实时阴影。表 5-2 列出了三种混合照明模式下对于光照信息（直接光照、间接光照、阴影）的呈现方式。

表 5-2　三种混合照明模式下对于光照信息的表现方式

光照模式	直接光照呈现方式	间接光照呈现方式	阴影呈现方式
Baked Indirect	实时呈现	烘焙在光照贴图中	实时呈现
Shadowmask	实时呈现	烘焙在光照贴图中	使用 Shadowmask 阴影贴图呈现
Subtractive	动态物体实时呈现；静态物体烘焙在光照贴图中	烘焙在光照贴图中	只能投射一盏实时光源的阴影

5.4.3　Baked 模式和烘焙光照贴图（Baked Lightmaps）

若将灯光组件的光照模式设置为 Baked，Unity 编辑器在程序运行前会根据该光源的光照信息进行预计算，将光照信息存储在光照贴图中，在程序运行时将不再进行光照计算，如图 5-12 所示。

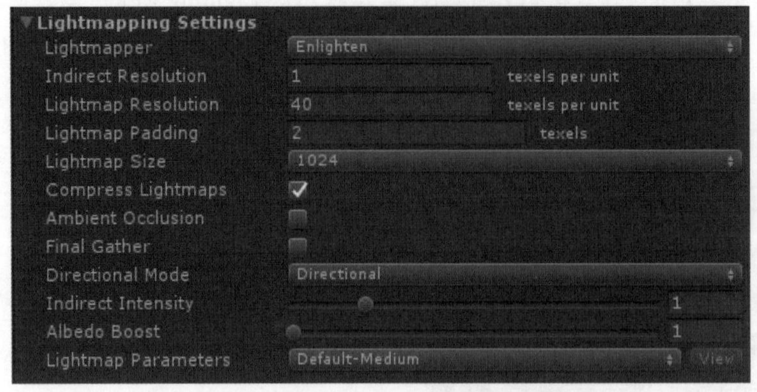

图 5-12　选择 Enlighten 烘焙光照贴图

烘焙相关参数如下。

• Indirect Resolution：texel 为纹理元素，是映射到三维表面的二维纹理的最小单元。Indirect Resolution 属性用于指定光照贴图中每个单元的纹理元素数量，通过该属性调节间接光照的品质，每单位中的纹理元素越多，间接光照信息品质越高，但烘焙时间越长。针对不同类型的场景可以进行调节，以减少烘焙时间。在室内环境中，建议将该值设置在 2~3 之间；对于室外场景，建议值为 0.5~1；对于大场景中的地形，建议设置为 0.1~0.5。增加此值可提高间接光的视觉质量，但也会增加烘烤光照贴图所需的时间。默认值是 2。

• Lightmap Resolution：用于指定光照贴图的分辨率，每个单位中的纹理元素越多，光照贴图品质越高，同样计算时间越长。在场景测试阶段，可将其设为一个非常小的值（如 0.1）以快速查看烘焙效果；在最终发布时，将其设为比较大的值，以呈现高品质的光照贴图。

• Lightmap Padding：指定烘焙光照贴图中不同形状之间的间距。

• Lightmap Size：完整光照贴图纹理的大小，单位为像素。

• Compress Lightmaps：是否压缩光照贴图。压缩后的光照贴图会获得较少的存储空间，但是压缩过程容易在光照贴图上产生瑕疵。

• Ambient Occlusion：用于指定是否烘焙环境光遮蔽（AO）信息。存在 AO 信息的环境在视觉表现上将更有层次。

渐进式烘焙光照贴图技术（Progressive Lightmapper）

渐进式烘焙光照贴图（Progressive Lightmapper），是一套基于路径追踪的烘焙方案。在 Unity 编辑器中，烘焙过程实时可见，设置视口范围内的部分将优先烘焙，同时烘焙时间可以预计。如图 5-13 所示，在 Scene 窗口中，视口被切换至图中所示位置，对于刚刚呈现在视口中的右侧内容，可以看到明显的噪点，随着烘焙进度的推进，这些噪点逐渐消失，关于这一部分的光照贴图也逐渐烘焙完毕。

在 Lighting 窗口的 Lightmapping Settings 栏中，将 Lightmapper 设置为 Progressive（Preview）即可使用渐进式烘焙方案，如图 5-14 所示。

图 5-13 渐进式烘焙光照贴图能够实时呈现烘焙效果

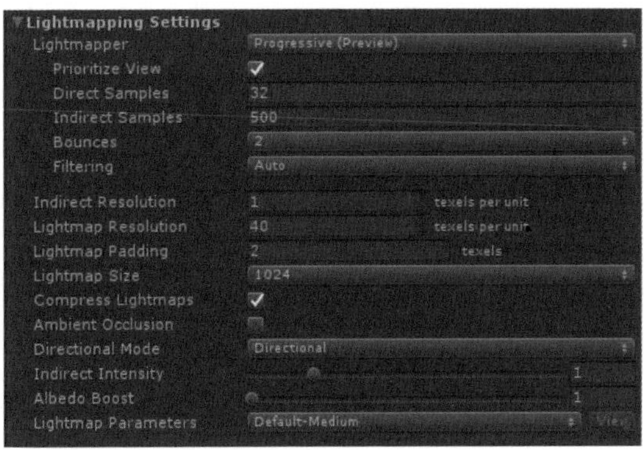

图 5-14 选择 Progressive 烘焙光照贴图

渐进式烘焙光照贴图相关参数如下。

• Prioritize View：该属性决定烘焙的优先级，若勾选此项，则优先烘焙视口范围内的纹理元素，然后烘焙视口以外的纹理元素。

• Direct Samples：该属性用于指定直接光照采样次数。该数值越大，直接光照在光照贴图中的品质越高，烘焙时间越长。

• Indirect Samples：该属性用于指定间接光照采样次数。该数值越大，间接光照在光照贴图中的品质越高，烘焙时间越长。在多数室外场景中，100 次采样基本能够满足对于品质的要求；在室内场景中，可以将该值逐步调高，直至烘焙出比较满意的品质。

• Bounces：该属性用于指定路径追踪的间接反射次数。多数场景中，反射两次即可，对于品质要求较高的室内场景，可适当调高此值。

• Filtering：该属性用于指定对光照贴图中噪点的处理方案，选项为 None、Auto、Advanced。

在渐进式烘焙过程中，Unity 编辑器右下角会出现进度条以及对烘焙时间的估计，帮助开发者掌握烘焙工作进度，如图 5-15 所示，其中 ETA 代表 Estimated time of arrival，即估计剩余时间。

Baking... [ETA: 0:16:42]

图 5-15 烘焙进度提示

使用渐进式烘焙方案，可以随时中断烘焙工作，当开发者对场景烘焙效果基本满意时，可点击 Force Stop 按钮，如图 5-16 所示，强制退出烘焙过程。

图 5-16 点击 Force Stop 按钮强制退出烘焙过程

Unity 2017 中的 Progressive Lightmapper 为预览版本，Unity 将在未来的版本中加入基于 GPU 的渐进烘焙技术，读者可以保持关注。

5.5 光照探头（Light Probes）

无论使用烘焙光照贴图还是预计算实时全局照明，只有被标记为静态的物体可以被包含在预计算中，对于场景中需要移动的物体，例如游戏中的第三人称主角、NPC 等，均不会受间接光照的影响。

打开随书资源关于本章文件夹下的 Lighting_Demo 项目，在 main 场景中，游戏对象 CubeStatic 被标记为静态物体，CubeDynamic 为动态物体，平行光源模式为 Realtime，Indirect Multiplier 值为 1.5，点击 Lighting 窗口中的 Generate Lighting 按钮，构建光照信息。如图 5-17 所示，光照信息被构建完毕之后，左侧立方体能够很好地呈现光线通过地面反射的间接光照，而右侧立方体则缺少这些信息。

图 5-17　静态物体（左）和动态物体（右）在预计算全局光照下的表现

为了使动态物体也能够呈现真实的光照表现，需要使用 Light Probes 组件，即光照探头。Light Probes 用于捕捉给定空间中的光照信息，类似于光照贴图的作用，所不同的是，光照贴图存储光线照射在物体表面的光照信息，而 Light Probe 存储空间中的光照信息，影响进入到空间中的动态物体的光照表现。

在场景中添加 Light Probe，可选择 GameObject > Light > Light Probe Group 命令，或选择场景中的游戏对象，为其添加 Light Probe Group 组件。点击 Edit Light Probe 按钮，可进行光照探头的选择、添加、删除操作，如图 5-18 所示。

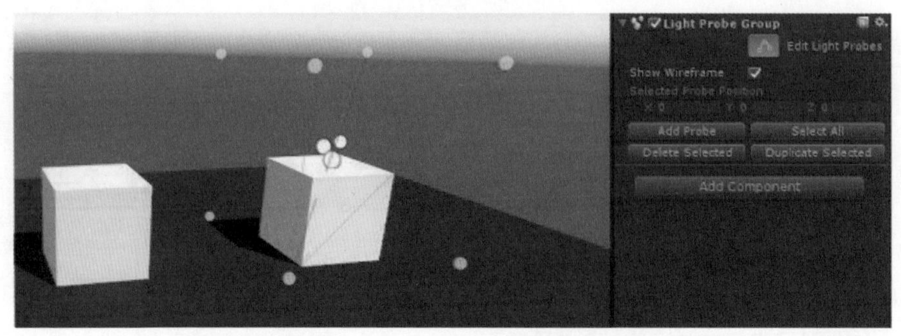

图 5-18　Light Probe 组件及其外观

编辑 Light Probe，如图 5-19 左侧图像所示，使其完全覆盖动态物体的移动范围，在 Lighting 窗口中点击 Generate Lighting 按钮，重新构建场景光照信息。在图 5-19 右侧图像中，此时动态物体能够很好地呈现其所在区域的间接光照信息。

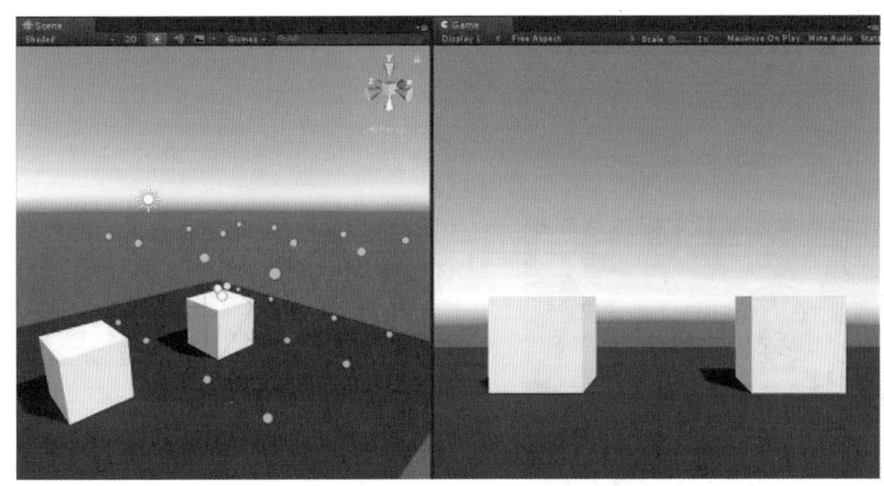

图 5-19　Light Probe 设置（左）及最终场景表现（右）

5.6　VR 中的全局照明策略

VR 应用程序对系统资源依赖较高，这主要是对 CPU 和 GPU 来说的，但同时，它还需要应用程序保持较高且稳定的帧率，所以 VR 中的全局照明策略以节省资源的使用为原则，对于多数 VR 项目，建议对静态物体使用烘焙光照贴图技术，对动态物体使用光照探头，不建议在 VR 环境中使用实时全局照明，因为实时计算的过程会占用相当一部分系统资源。

以下是两种在 VR 中的全局照明策略，这两种方案显著的区别是对动态物体实时高光和阴影的呈现方式，需要注意的是，每种照明策略均有其优缺点。

- 烘焙光照贴图结合光照探头

在该方案中，灯光组件使用 Baked 模式，使用光照探头为动态物体提供光照信息。由于光照信息全部被预计算到光照贴图中，所以在 VR 应用程序运行时，Unity 将不再进行光照计算，从而能够提供最佳的系统性能。此方案的优势是，由内存承载光照贴图，而一般 VR 硬件设备均能提供存储空间相对较大的内存；其限制是，没有从动态物体投射的阴影，光源照射在物体上引起的高光信息将消失，只能依靠天空盒与反射探头提供。

- 混合光照结合光照探头

在该方案中，灯光组件使用 Mixed 模式，光照模式为 Shadowmask，同样使用光照探头为动态物体提供光照信息，所不同的是，静态物体的阴影被烘焙在 Shadowmask 阴影贴图中，动态物体将具备高光和阴影信息。其限制是，Shadowmask 阴影贴图只能存储 4 盏光源的阴影，同时，在程序运行时会消耗额外的性能来渲染实时灯光。

5.7 The Lab Renderer 简介

5.7.1 来自 The Lab 的渲染器

The Lab Renderer 最初被应用在 Valve 制作的 VR 应用 The Lab 中，是一套开源免费的渲染方案，包含一系列用于 VR 场景渲染的脚本和着色器，如图 5-20 所示。

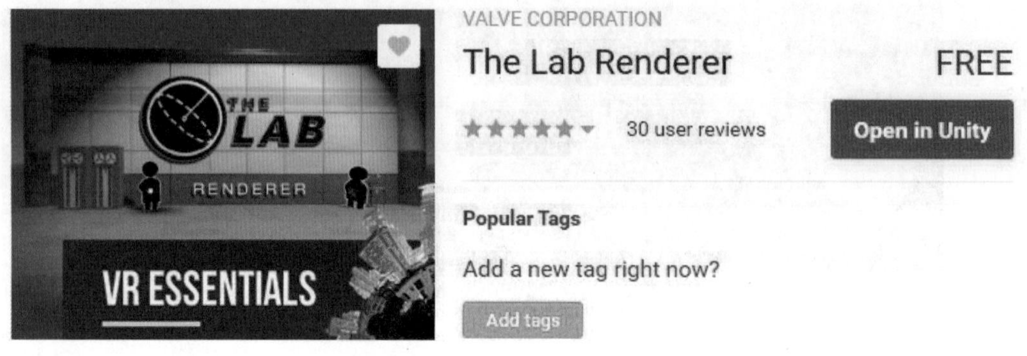

图 5-20 The Lab Renderer

该渲染器基于 Unity 标准渲染器，提供如下特性。

（1）单通道前向渲染（Single-Pass Forward Rendering）和 MSAA 抗锯齿方案：在 VR 中使用 MSAA 多重采样抗锯齿时，摄像机的渲染路径（Render Path）需要设置为前向渲染，在 Unity 中使用前向渲染时默认使用多通道（Multi-Pass）模式，The Lab Renderer 能够在单通道模式中支持多达 18 盏动态灯光并渲染其阴影。

（2）自适应渲染品质：通过算法自动调整渲染品质以保持稳定的帧率。

（3）自定义着色器：渲染器使用 vr_standard 着色器表现 VR 中的材质，除能呈现材质纹理以外，该着色器还负责呈现场景中的阴影，是渲染器的核心。

（4）GPU 调度：在渲染过程中，通过合理的调度，使 GPU 能够及时接收绘制调用，使其不至于闲置，从而保持高效工作。

5.7.2 The Lab Renderer 应用步骤

在 VR 项目中应用 The Lab Renderer 需要执行以下五步，任何一个步骤的缺失，均不能保证渲染器的正常运行。

（1）为场景中的主摄像机添加 Valve Camera 组件。

（2）为场景中有动态灯光组件的游戏对象添加 Valve Realtime Light 组件。

（3）将场景中的材质着色器批量切换为使用 Valve Shader。选择命令 Valve > Shader Dev > Convert Active Materials to Valve Shaders。选择命令 Convert All Materials to Valve Shaders 亦可实现目的，但该命令会对项目中所有材质进行操作，若项目中存在并不希望转换的材质，例如第三方插件提供的仅用于展示特效的材质，此操作会带来意外效果。

（4）确保项目开启 VR 支持，并且 VR SDK 使用 OpenVR。

（5）因为 The Lab Renderer 拥有自己的阴影渲染方式，所以需要禁用 Unity 中的阴影。选择 Edit > Project Settings > Quality，在 Quality Settings 面板中，将 Shadows 属性设置为 Disable Shadows（禁用阴影），如图 5-21 所示。

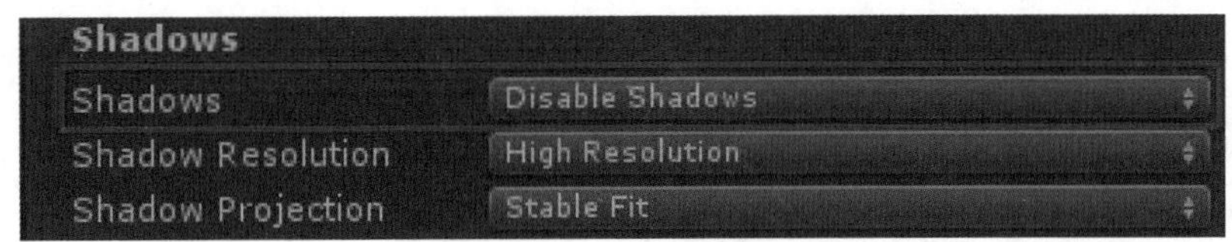

图 5-21　禁用系统阴影

The Lab Renderer 自 2016 年上线以来版本号便一直停留在 1.0 阶段，随着 Unity 版本的升级和 API 的更新，使得这款渲染器在 Unity 2017 及其以上版本中容易出现不能正常运行或报错的现象。针对这种情况，需要对插件中的代码进行修改。

对于 Unity 编辑器的问题，找到插件中的 ValveAutoUpdateSettings.cs 脚本，修改如下两处代码。

原代码：

```
var devices = UnityEditorInternal.VR.VREditor.GetVREnabledDevices(BuildT-
argetGroup.Standalone);
```

修改为：

```
var devices = UnityEditorInternal.VR.VREditor.GetVREnabledDevicesOnTarge-
tGroup(BuildTargetGroup.Standalone);
```

原代码：

```
UnityEditorInternal.VR.VREditor.SetVREnabledDevices(BuildTargetGroup.
Standalone, newDevices);
```

修改为：

```
UnityEditorInternal.VR.VREditor.SetVREnabledDevicesOnTargetGroup(BuildTa-
rgetGroup.Standalone, newDevices);
```

对于阴影无法显示的问题，在插件中找到着色器文件 vr_lighting，修改如下代码。

原代码：

```
float objDepth = ( vPositionTextureSpace.z );
```

修改为：

```
float objDepth = 1 - vPositionTextureSpace.z;
```

将以上脚本保存后即可正常使用该渲染器。

第6章

动画/电影内容创作技术：Timeline

6.1　Timeline 简介

Timeline 提供了一种全新的方式来进行电影内容的创作，在 VR 内容创作中，无论是 VR 电影还是 VR 应用程序，使用 Timeline 技术均可以高效地完成情景叙事，创作者只需要点击播放按钮，即可实时查看制作效果，如图 6-1 所示。

图 6-1　Baobab Studios 使用 Timeline 技术制作的 VR 动画电影 Asteroids!

美术设计师可以非常方便地使用 Timeline 编辑器组织动画、音频、粒子特效等资源。开发工程师则可以使用脚本，基于事件和触发器对时间轴上的内容进行控制，如下列代码清单。

```
public class ControlTimeline : MonoBehaviour
{
    public PlayableDirector timeline;
    // Use this for initialization
    void Start()
    {
        timeline = GetComponent<PlayableDirector>();
    }

    //当player进入触发器时，timeline停止
    private void OnTriggerEnter(Collider other)
    {
        if (other.gameObject.tag == "player") {
            timeline.Stop();
        }
    }

    //当player离开触发器时，timeline播放
    private void OnTriggerExit(Collider other)
    {
        if (other.gameObject.tag == "player")
```

```
            {
                timeline.Play();
            }
        }
}
```

Timeline 可以结合 Cinemachine 工具实现更丰富的镜头控制，以塑造更好的电影叙事效果。但是在 VR 中，首要的交互设计原则是始终保持让用户控制摄像机，即保持用户头部跟踪，故本书将不再介绍关于镜头控制方面的内容，有兴趣的读者可以参阅 Unity 官网中相关学习内容，在 Cinemachine 章节中详细了解相关技术。

6.2 Timeline Asset 与 Timeline Instance

Timeline 的编辑思想，类似于一般的视频编辑器，如 Premiere 等。用户可以使用编辑器新建并组织各种类型的轨道（Track），所有轨道以及在轨道上进行组织的片段，都被认为是 Timeline 资源（Timeline Asset）的一部分，存放在一个后缀为 .playable 的实体文件中。用户在 Project 面板中选择任意已经创建的 Timeline Asset 即可在 Timeline 编辑器中进行预览和编辑，但是 Timeline Asset 需要被实例化才能在程序运行时进行播放。如果场景中被选择的 GameObject 上有 Playable Director 组件，可以通过其 Playable 属性指定任意 Timeline Asset 实现关联。

6.3 Timeline 编辑器窗口

用户可以通过 Window > Timeline 命令打开 Timeline 编辑窗口，如图 6-2 所示。

To start creating a timeline, select a GameObject.

图 6-2　Timeline 编辑器窗口

要新建一个 Timeline，可以在 Project 面板中右键选择 Create > Timeline 命令进行创建，或者选择一个 GameObject，此时 Timeline 编辑窗口会提示用户创建一个 Timeline，点击 Create 按钮，选择一个位置存放，点击保存，即完成操作。

此时选择的 GameObject 上会自动添加一个 Playable Director 组件和一个 Animation 组件，如图 6-3 所示。

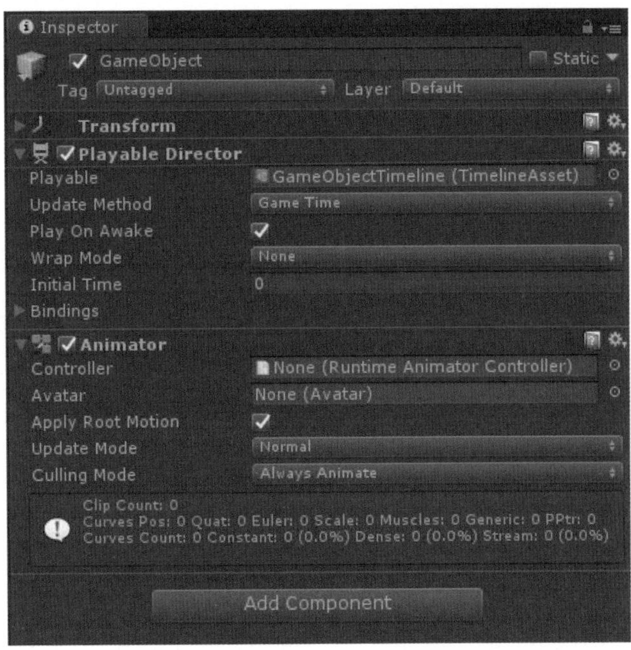

图 6-3　关联了 Timeline 的 GameObject

Playable Director 默认绑定新建的 Timeline Asset，见组件的 Playable 属性。同时，Timeline 编辑器会自动添加一个关于当前 GameObject 的动画轨道（Animation track），如图 6-4 所示。

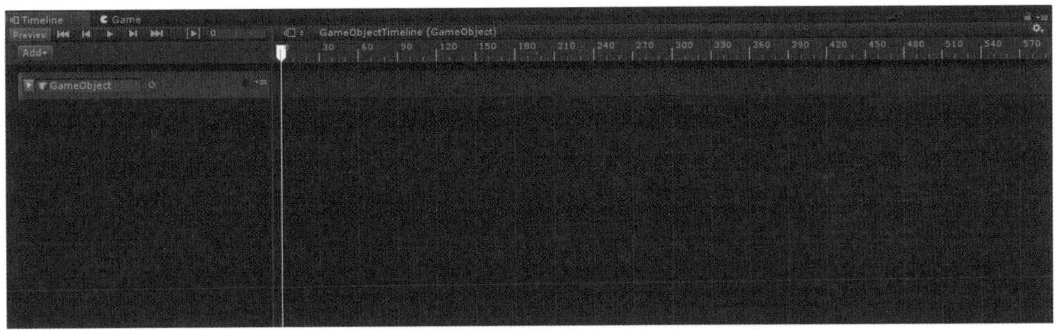

图 6-4　新建 Timeline Asset 后的 Timeline 编辑窗口

6.3.1　预览和选择 Timeline

在 Timeline 编辑器中，点击 Preview 按钮可以实时预览编辑效果，如图 6-5 中 1 处所示。点击 Timeline 选择器（Timeline Selector），可以切换当前场景中的 Timeline 实例（Timeline Instance）进行预览和编辑等操作，如图 6-5 中 2 处所示。

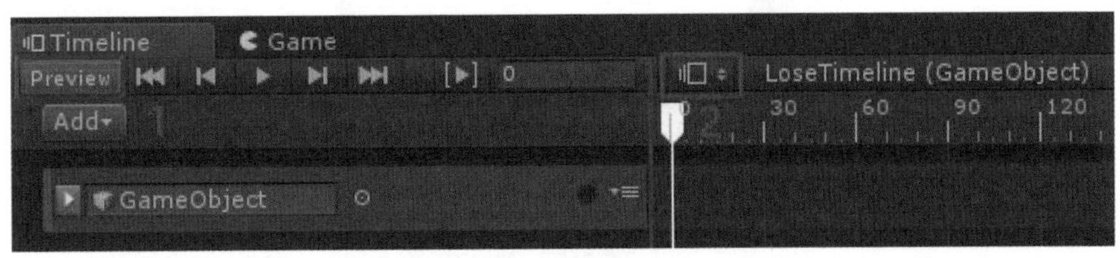

图 6-5　预览和选择

需要注意的是，列表只显示被实例化的 Timeline Asset，即 Timeline Instance，对于在 Project 面板中没有被实例化的 Timline Asset 将不会出现在列表中。在弹出的菜单列表中，每一个菜单项对应的是 Timeline Asset 的名称，括号内显示的是此 Timeline 实例关联的场景中 GameObject 的名称，如图 6-6 所示。

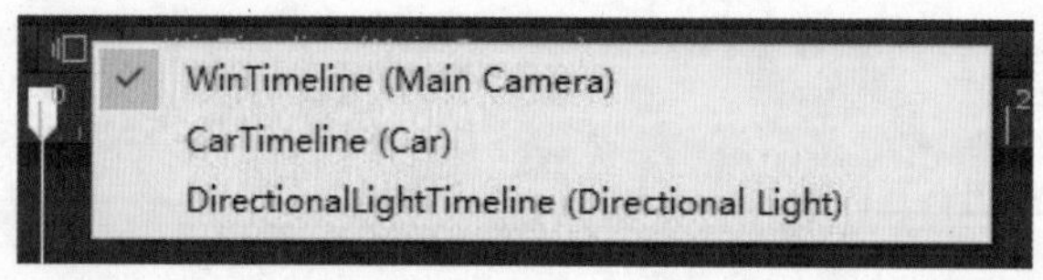

图 6-6 Timeline 选择列表

6.3.2 播放控制

可以使用 Timeline 播放控件控制时间轴的播放，如图 6-7 中 1 处所示，从左往右的五个按钮实现的功能依次为：跳转到时间轴开始（快捷键：Shift+,）、播放前一帧（快捷键：,）、播放（快捷键：Space）、播放下一帧（快捷键：.）、跳转到时间轴结尾（快捷键：Shift+.）。

图 6-7 Timeline 播放控制

点击播放范围按钮，可以选定一个播放的范围，如图 6-8 所示，在其右侧的文本框中显示当前播放指针所在的位置（帧数或时间），同时可以手动输入数据来定位播放指针。

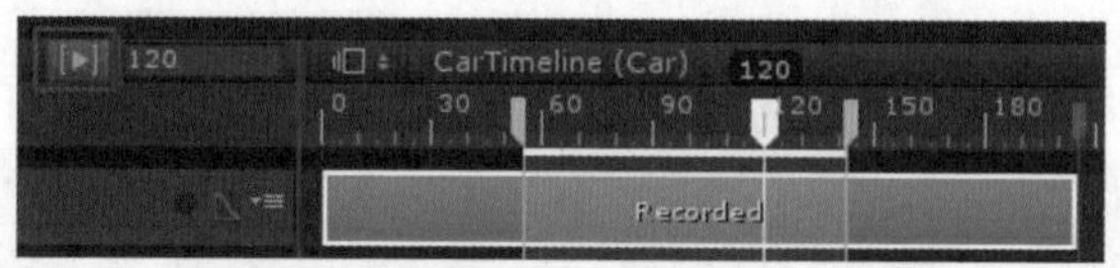

图 6-8 Timeline 的播放范围

在时间轴最右侧的齿轮图标处，可以设定时间轴的刻度单位为帧数或者秒数，如图 6-9 所示。

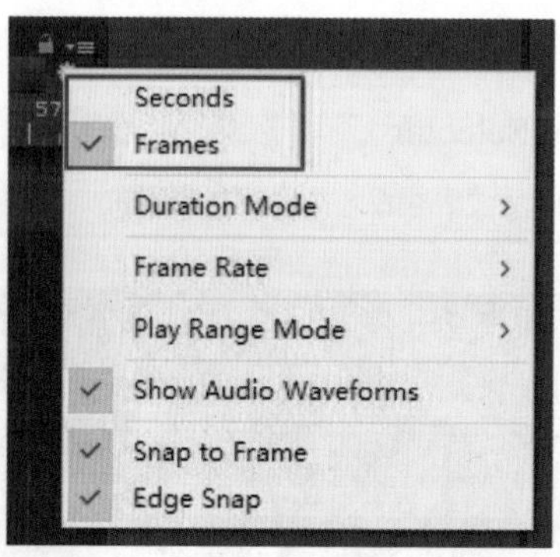

图 6-9 设定时间轴刻度单位

6.3.3　轨道列表（Track List）

在轨道列表中可以对轨道进行组织，包括添加、复制、删除、锁定等操作，如图 6-10 所示。

1. 添加轨道

点击 Add 按钮或在列表空白处右键点击，即可选择添加各种类型的轨道，如图 6-11 所示。

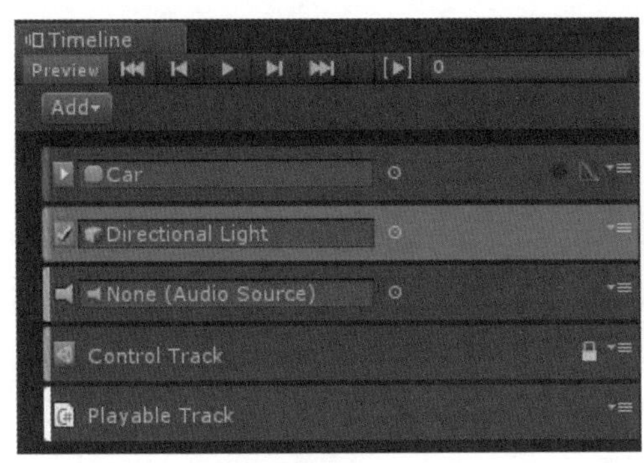

图 6-10　轨道列表

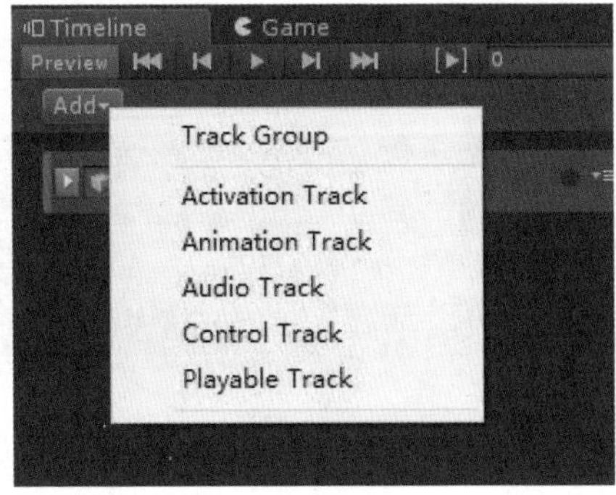

图 6-11　添加轨道

对于每一类轨道，在轨道左侧和对应片段的底部均有相应的颜色标识，如图 6-12 所示。用户可以使用鼠标拖拽各个轨道改变其排列顺序。

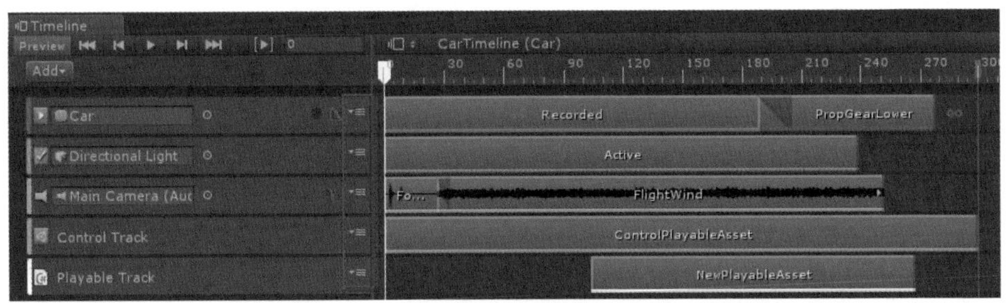

图 6-12　颜色标识

同时，用户可以右键点击相应轨道，或者点击轨道右侧的按钮，对轨道进行复制、删除、锁定等操作，如图 6-12 中 1 处所示。

Timeline 编辑器支持直接将 GameObject 拖入轨道列表的空白处添加相关类型的轨道。

2. 轨道类型

• Animation Track：动画轨道。该轨道用来控制 GameObject 上的动画，即 Animator 组件，如图 6-13 所示。图中 1 处指定被控制的 GameObject 对象，如果该 GameObject 上没有 Animator 组件，则 Timeline 编辑器会自动为其添加。

图 6-13　Animation Track

• Activation Track：激活控制轨道。该轨道可以设定 GameObject 的隐藏和显示。

• Audio Track：音频轨道。该轨道用来控制指定 GameObject 上的 Audio Source 组件，在该轨道上可以添加多个音频片段。需要注意的是，在 Timeline 编辑的预览状态播放时，不会听到任何声音，只有在 Unity 编辑器运行时才能听到声音片段。

3. 对轨道进行分组

用户可以通过使用 Timeline Group 对轨道进行分组，以清晰的逻辑进行项目组织，如图 6-14 所示。

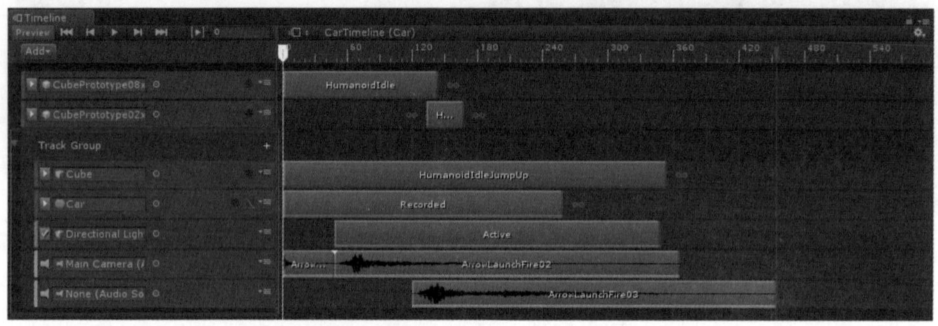

图 6-14 使用 Track Group 对轨道进行分组

（1）点击轨道列表上方的 Add 按钮，选择 Track Group。

（2）双击 Track Group 可以对该分组进行重命名。

（3）拖拽相应轨道到新建的 Track Group 上，松开鼠标即可将此轨道放置在此分组。

（4）点击 Track Group 右侧的加号按钮可以新建各类轨道，加号按钮的作用同轨道列表上方的 Add 按钮一样，新建的轨道自动归为当前组。

6.4 录制动画片段

6.4.1 录制

使用 Animation Track 可以对 GameObject 进行动画片段的录制。点击轨道右侧红色按钮，如图 6-15 所示，即可开始进行动画片段的录制。在录制模式下，时间轴背景变为红色。同时，在场景中对于任何在 GameObject 对象上的属性改变，如位置、旋转等，都将作为一个关键帧（Key Frame）记录在播放指针所在的位置。

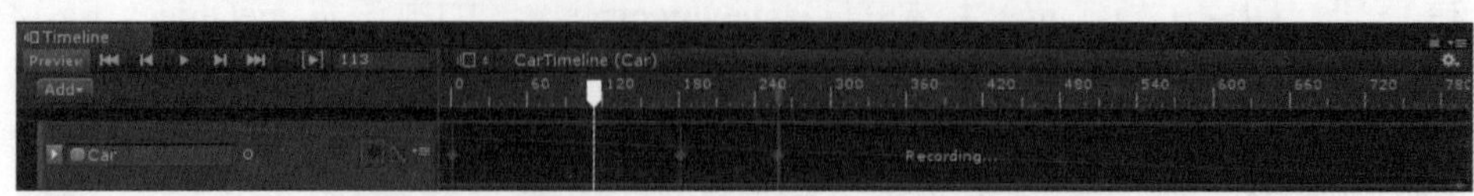

图 6-15 录制动画片段

移动播放指针到时间轴上所需位置，继续修改 GameObject 的可变属性，即可在相应位置新增一个关键帧，Timeline 编辑器会自动为两个关键帧补全过渡动画。关于添加关键帧，除了使用如上方式，用户可以在 GameObject 的属性面板中，右键选择 Add Key 命令进行添加，如图 6-16 所示。

图 6-16 在 GameObject 属性面板中添加关键帧

当再次点击录制按钮时，完成此次动画的录制。此时如果保存项目，则在 Project 面板中该 Timeline Asset 下面会出现新添加的动画片段。

6.4.2 转换为动画片段

默认情况下，录制的动画是一条无限循环的时间轴，使用这种形式并不能对其进行很好的管理，如控制播放时间、调整多段动画的播放次序等，这时需要将其转换为动画片段。右键单击相应动画轨道的时间轴，选择 Convert To Clip Track 命令，即可将动画转换为动画片段，选择该动画片段，在其属性面板上，可以对其进行重命名，如图 6-17 所示。

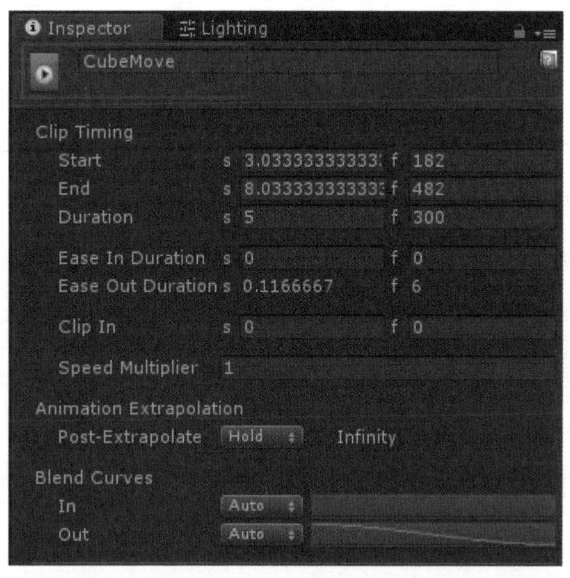

图 6-17 重命名动画片段

对于动画片段，可以便捷地对其进行管理。通过拖动该动画片段，调整其在时间轴上的播放位置；通过鼠标拖放片段左右边界来控制其播放时长。将播放指针放置在动画片段相应的帧上，在该动画片段上点击右键，可以通过 Editing 菜单栏下的命令对动画片段进行裁剪、切割等操作，如图 6-18 所示。

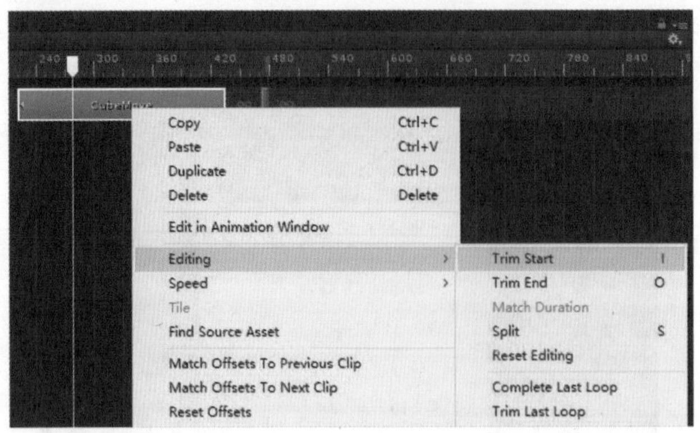

图 6-18　编辑动画片段

6.4.3　使用曲线视图

点击动画轨道上的曲线按钮，打开曲线视图，如图 6-19 所示，可以对相应的动画片段进行调整。在曲线视图中，通过添加曲线节点、调整曲线斜率来控制对应属性的变化。

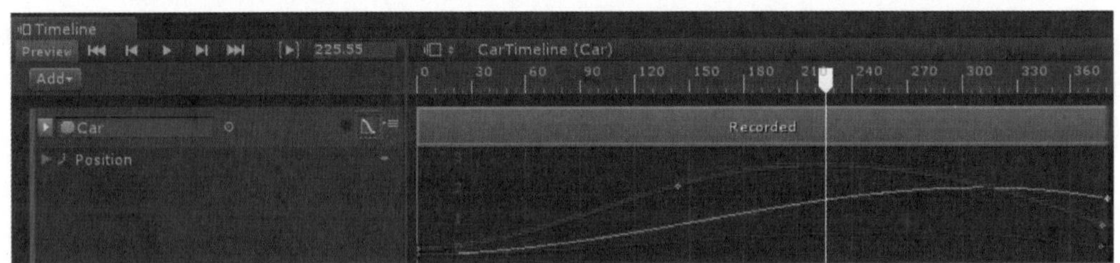

图 6-19　使用曲线对动画片段进行编辑

双击动画片段可以打开关于该动画片段的 Animation 面板进行编辑，此时对动画片段的编辑，与一般情况下在 Unity 编辑器中编辑动画片段的操作相同。在 Animation 窗口中亦可切换到曲线视图对动画进行编辑，如图 6-20 所示。

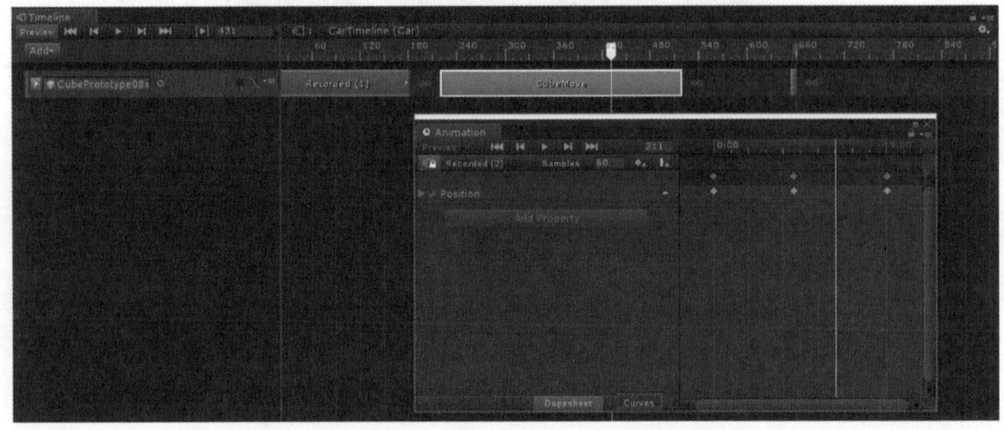

图 6-20　双击动画片段打开 Animation 面板

关于 Timeline 窗口与 Animation 窗口的关系，Timeline 可以进行电影内容（包括虚拟现实电影）和游戏叙事场景的制作，而这些作品中的元素不只包括动画元素，还包括音乐、特效、UI、叙事脚本等，Animation 窗口只是对作品中的动画元素进行编辑。同时，Timeline 窗口不只实现对这些元素的编辑，更重要的功能是根据叙事要求将它们进行有序地组织。

6.5　使用现存动画片段

除了使用录制方式得到动画片段以外，在动画轨道上，可以添加已经制作好的动画片段。方法如下。

（1）选择动画轨道，右键选择 Add From Animation Clip 命令。

（2）在弹出的动画片段列表中，选择需要使用的动画片段，如图 6-21 所示。

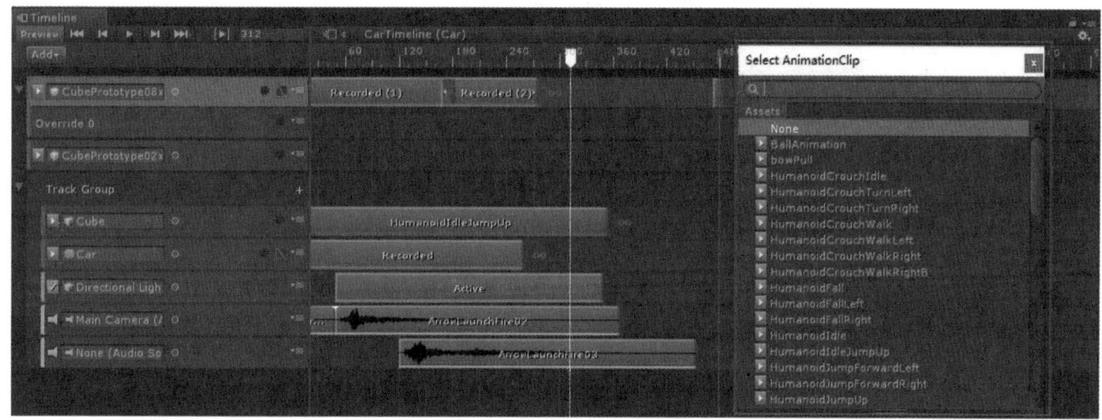

图 6-21　添加动画片段

6.6　Playable Director 组件

6.6.1　Playable Director 简介

Playable Director 组件保存 Timeline 轴实例和 Timeline 资源之间的链接，决定 Timeline 实例何时播放、如何刷新时序，以及播放完毕后如何处理等，如图 6-22 所示。

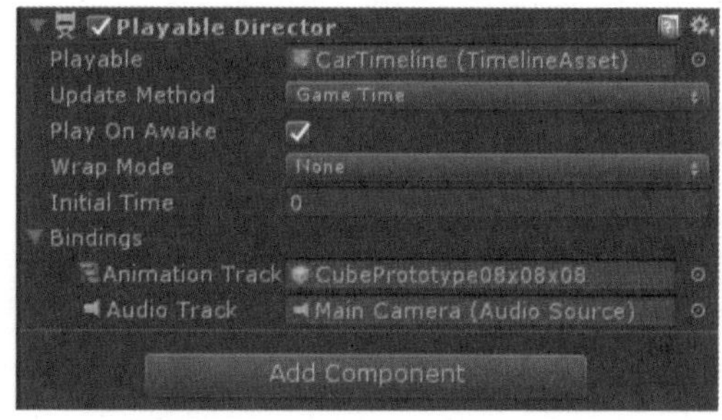

图 6-22　Playable Director 组件

其中,Bindings 栏中列出了 Timeline 实例中的所有轨道，以及各轨道对应关联的游戏对象。

6.6.2 通过脚本控制 Timeline

脚本通过访问 Playable Director 实现对 Timeline 实例的控制。要使用脚本访问 Playable Director 组件，需要在脚本开始之前引入 Playable Director 所在的命名空间，下列代码演示了当游戏对象进入触发器时播放 Timeline 动画的功能。

```
using UnityEngine;
using UnityEngine.Playables;

public class PlayableExample : MonoBehaviour
{
    public GameObject player;

    void OnTriggerEnter(Collider other)
    {
        PlayableDirector pd = player.GetComponent<PlayableDirector>();
        if (pd != null)
            pd.Play();
    }
}
```

6.7 实例制作

在本节中，我们将使用 Timeline 编辑器制作一个动画实例。场景如图 6-23 所示，当红色坦克进入到指定区域 A，绿色坦克觉察到其行动，躲避到掩体 B 处。

在随书资源中，打开 TimelineExampleProject 项目中的场景文件 TimelineExampleStart 进行查看。

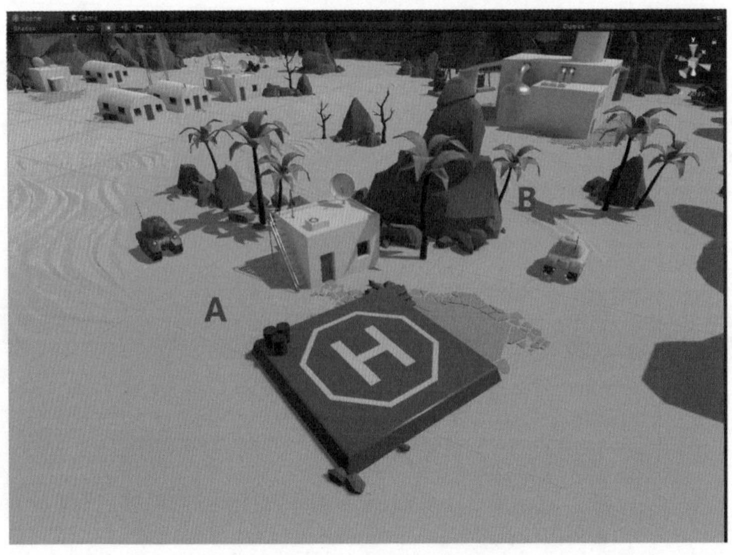

图 6-23 实例初始场景

6.7.1　为红色坦克制作动画

动画制作步骤如下。

（1）通过 Window > Timeline 命令打开 Timeline 编辑器。

（2）选择场景中的 RedTank，点击 Timeline 编辑器中的 Create 按钮，新建一个 Playable Asset，将其命名为 RedTankTimeline.playable，保存。

（3）此时 Timeline 编辑器会为 RedTank 添加一个以该 GameObject 为操作对象的动画轨道，点击动画轨道上的红色录制按钮，开始录制动画。

（4）将时间轴度量单位改为 Seconds，如图 6-24 所示。

（5）将播放指针定位于时间轴的第 0 秒处，选中场景中的 RedTank，在其属性面板中，点击选中 Transform 组件下的 Position 属性，右键选择 Add Key 命令，添加一个关键帧，如图 6-25 所示。

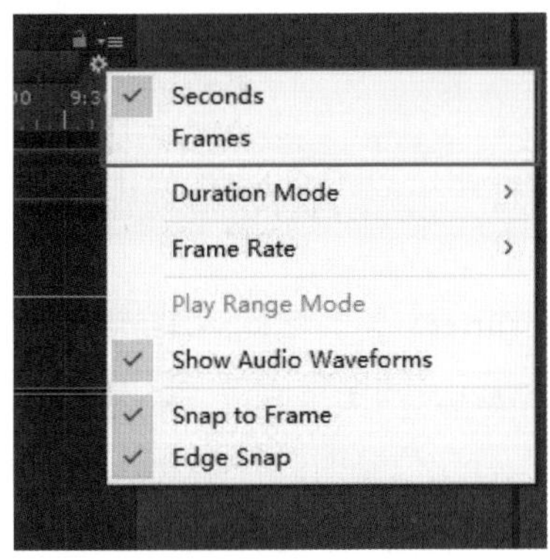
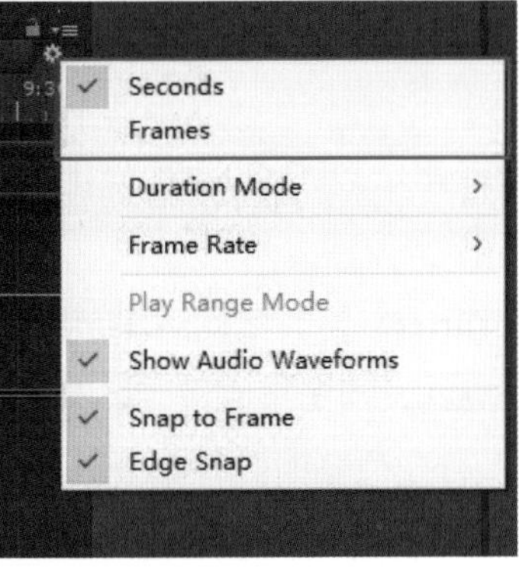

图 6-24　修改时间轴度量单位

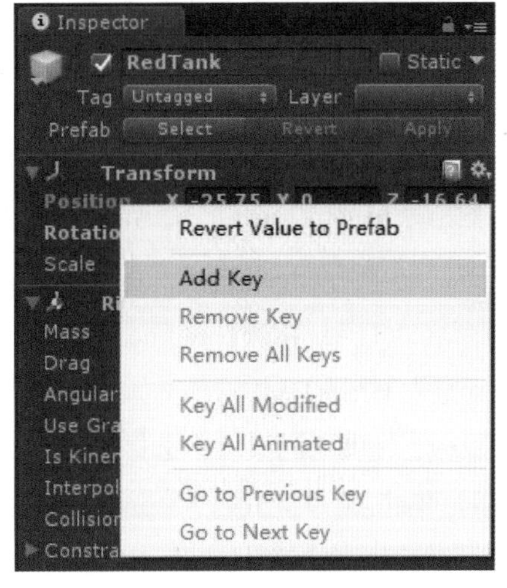

图 6-25　添加第一个关键帧

（6）将播放指针定位于时间轴的第 2:00 秒处，使用与第（5）步同样的操作，为时间轴添加关键帧，之后在场景中拖动 RedTank 的位置到图 6-23 所示位置 A 处，Position 数值参考 X: -28.5，Y: 0，Z: -24.5。

（7）点击录制按钮结束动画录制。在该轨道上右键点击选择 Convert To Clip Track 命令，将其转换为动画片段，同时在属性面板中将其命名为 TankMove。

（8）在场景中将 RedTank 的子物体 TankTurret 拖动到 Timline 编辑器的空白区域，松开鼠标，在弹出的菜单中选择 AnimationTrack，添加关于 TankTurret 的动画轨道，点击该轨道的录制按钮，开始为其录制动画。

（9）将播放指针定位到 2:00 秒处，确保此时选中 TankTurret，在其属性面板的 Transform 组件下，点击 Rotation 属性，右键选择 Add Key 命令。

（10）将播放指针定位到第 3:00 秒处，使用与第（9）步同样的操作，为时间轴添加关键帧，之后在场景中旋转 TankTurret 的角度，数值参考 X: 0，Y: -160，Z: 0。

（11）使用与第（7）步相同的操作，将 TankTurret 动画转换为动画片段，并命名为 TankTurretRotate。此时结束动画片段的制作，然后为两个动画片段添加音效。

（12）在 Project 面板下的 AudioClips 文件夹中找到 EngineDriving 音频片段，将其拖到时间轴的空白处，调整其长度，使其与 TankMove 动画片段播放时间相同。

（13）相同文件夹下找到 EngineIdle 音频片段，将其拖到新建的音频轨道，调整位置和播放时长，使其与 TankTurretRotate 动画片段相同，如图 6-26 所示。此时完成 RedTank 上的 Timeline 编辑。

图 6-26　添加音频片段

6.7.2 为绿色坦克制作动画

动画制作步骤如下。

（1）选择场景中的 GreenTank，在 Timeline 编辑器中点击 Create 按钮为其添加 Timeline Asset，将其命名为 GreenTankTimeline.playable，保存。

（2）在场景中 GreenTank 的子物体中找到 TankTurret，将其拖动到 Timeline 编辑器的空白区域，松开鼠标，在弹出的菜单中选择 Animation Track，点击录制按钮，开始为其录制动画。

（3）将时间轴度量单位改为 Seconds，将播放指针定位到时间轴第 0 秒处，确保 TankTurret 被选中的情况下，在其属性面板上的 Transform 组件下点击 Rotation 属性，右键选择 Add Key，添加关键帧。

（4）将播放指针定位到时间轴第 1:00 秒处，使用与第（3）步相同的操作，添加关键帧，之后修改 Rotation 数值为 X: 0，Y: -128，Z:0。

（5）将播放指针定位到时间轴第 2:00 秒处，使用与第（3）步相同的操作，添加关键帧，之后修改 Rotation 数值为 X: 0，Y:0，Z:0。

（6）再次点击录制按钮，结束动画录制。在该动画轨道上右键选择 Convert To Clip Track 命令，将录制的动画转换为动画片段，并命名为 TankTurretRotate。

（7）选择 Timeline 编辑器自动添加的关于 GreenTank 的动画轨道，点击录制按钮，开始录制动画。

（8）将播放指针定位到时间轴的第 1:00 秒处，确保 GreenTank 被选中的情况下，在其属性面板的 Transform 组件下点击 Position 属性，右键选择 Add Key 命令，点击 Rotation 属性，右键选择 Add Key 命令，添加关于这两个属性的关键帧。

（9）将播放指针定位到时间轴的第 3:00 秒处，使用与上一步相同的操作，添加关键帧，之后修改 Position 数值为 X:-10.83，Y:0，Z:-32.29 ，修改 Rotation 数值为 X:0 ， Y: 40，Z:0 。

（10）再次点击录制按钮，结束动画录制，右键选择 Convert To Clip Track 命令，将录制的动画转换为动画片段，并命名为 TankMove。此时结束动画片段的制作，然后为两个动画片段添加音效。

（11）使用 6.7.1 节第（12）步和第（13）步相同的操作，添加两个音频片段。调整以后如图 6-27 所示。

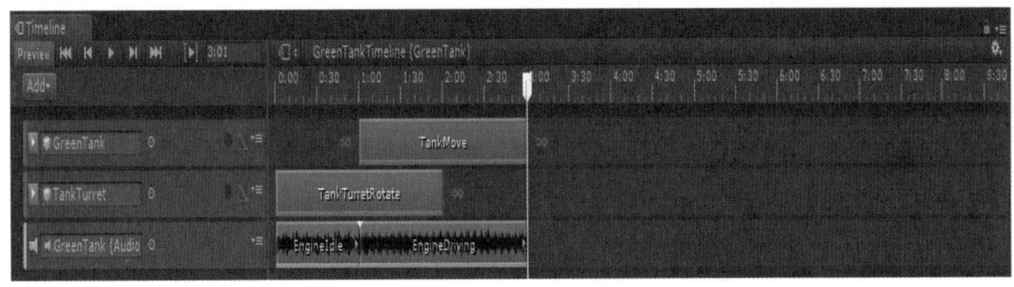

图 6-27 添加音频片段

6.7.3 使用脚本实现动画逻辑

在完成了两个坦克的 Timeline 编辑以后，还不能实现需要的动画效果——在红色坦克到达指定区域 A 后，绿色坦克才作出反应。此时就需要使用脚本来控制绿色坦克的动画播放逻辑。在编写脚本之前，需要在场景中添加一个触发区域。

（1）在场景中添加一个 Cube，将其命名为 TriggerArea。

（2）在属性面板中，禁用或移除 TriggerArea 的 Mesh Renderer 组件，因为在此项目中，只需要使用它的 Box Collider 组件作为感应区域，而并不需要使其显示出来。

（3）调整 Box Collider 的相应区域大小，并将 Is Trigger 属性勾选。最终 TriggerArea 参数如图 6-28 所示。

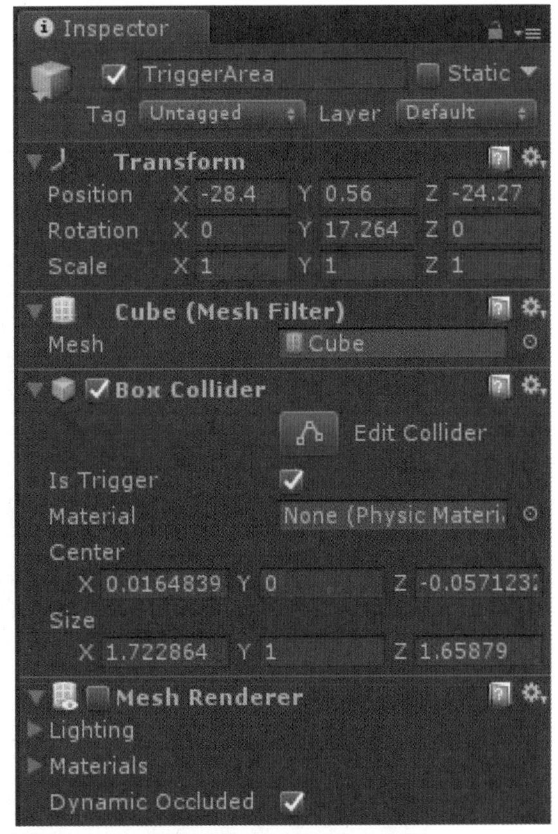

图 6-28 TriggerArea 属性面板

（4）选择场景中的 GreenTank，在属性面板中的 Playable Director 组件中，将 Play On Awake 属性取消勾选，保证绿色坦克的动画不会在程序开始时自动运行。

（5）选择场景中的 RedTank，在属性面板中为其指定 Tag 属性为 RedTank。

（6）新建 C# 脚本，将其命名为 TimelineController.cs，双击使用代码编辑器打开，编写如下代码，各行代码实现的功能见注释。

```
using UnityEngine;
using UnityEngine.Playables;

public class TimelineController : MonoBehaviour
{
    // 声明对绿色坦克上 PlayableDirector 组件的引用
    public PlayableDirector greenTankTimeline;

    // 覆写 OnTriggerEnter 事件
    private void OnTriggerEnter(Collider other)
    {
        // 判断进入触发区域的 GameObject 是否为标记指定的物体
        // 并且保证 greenTankTimeline 被指定
        if (other.gameObject.tag == "RedTank"&& greenTankTimeline != null)
        {
            // 播放绿色坦克上的 Timline 实例
            greenTankTimeline.Play();
        }
    }
}
```

（7）返回 Unity 编辑器，选中 TriggerArea，在属性面板中点击 Add Component，搜索栏中输入 TimelineController，将编写的脚本挂载到该物体上。同时，将场景中的 GreenTank 拖拽到 TimelineController 组件的 Green Tank Timeline 属性上，如图 6-29 所示。

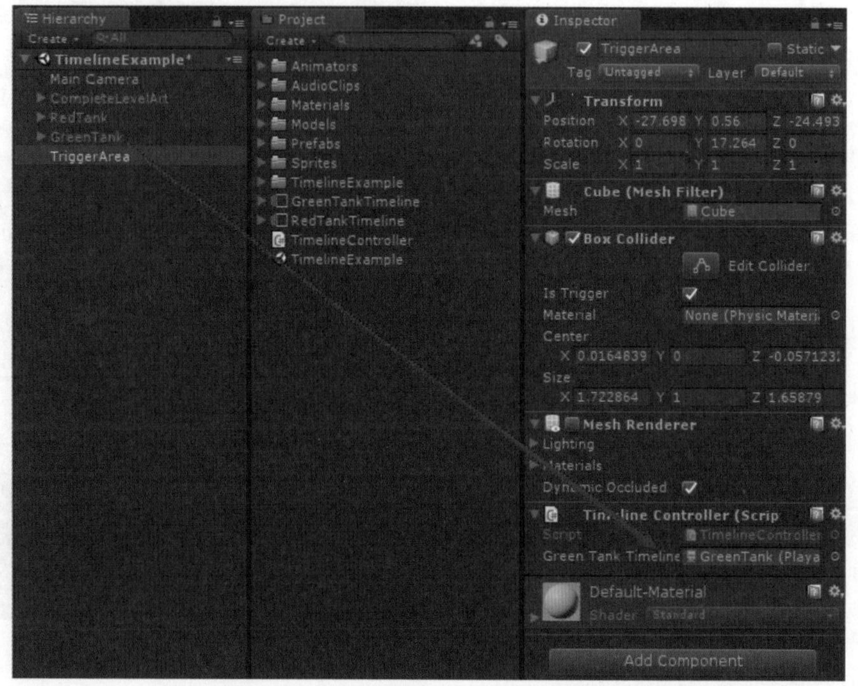

图 6-29　配置 Timeline Controller 组件

至此，我们就使用 Timeline 编辑器完成了一个简单的动画制作流程。

第 7 章

滤镜效果技术集合：Post Processing Stack

7.1 概述

Post Processing Stack 是为图像渲染提供全屏滤镜效果的工具（图 7-1），以堆栈形式将各种效果合并为一个后期处理管道输出显示，它可以大幅提升 VR 内容的视觉效果。用户可以在 Unity Asset Store 搜索 Post Processing Stack 获取该插件。

图 7-1　在 Asset Store 上的 Post Processing Stack 工具

所有效果预先按照顺序排放在堆栈中，用户可以选择启用需要的效果，最终将各种效果叠加合并为一个后期处理管道，将应用后的图像显示在屏幕上，如图 7-2 所示。

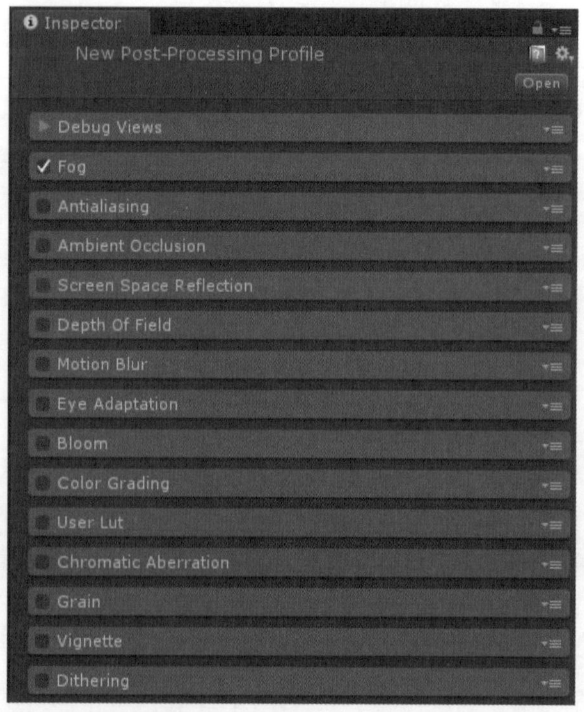

图 7-2　Post Processing 特效堆栈

点击每个效果左侧复选框可以启用或关闭该效果，点击效果名称即可展开其参数面板进行调节。在 VR 中，特效的使用会占用大量的系统资源，因为场景内容需要被渲染两次，实时的全屏幕图像计算对帧率会产生严重影响，所以在特效的选择方面，要考虑性能和品质之间的平衡，尽量减少特效的使用数量。

7.2 在项目中应用 Post Processing Stack

本节我们将以使用 SteamVR Plugin SDK 开发 VR 应用程序为例，演示如何在项目中应用 Post Processing Stack。新建 Unity 项目，为获得最佳的后处理结果，建议在项目中使用线性（Linear）色彩空间，同时允许摄像机使用 HDR 模式，如图 7-3 所示。

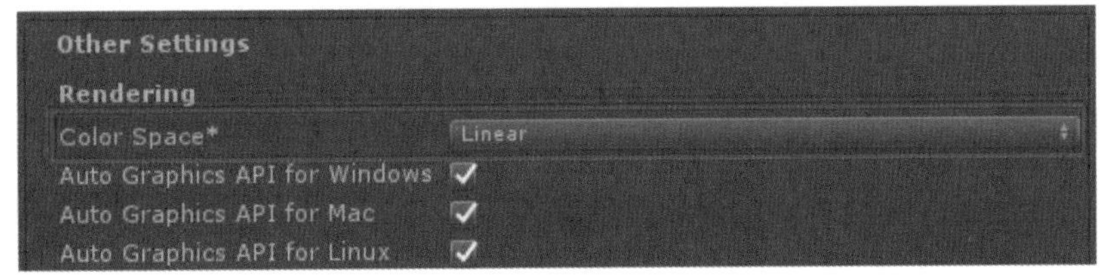

图 7-3 在玩家设置（Player Settings）中选择线性色彩空间

执行以下步骤。

（1）将 Post Processing Stack 导入 Unity。

（2）导入 SteamVR Plugin，将预制体 CameraRig 拖入场景中，并将原摄像机（Main Camera）删除。

（3）选择 CameraRig 下的子物体 Camera（eye），为其添加 Post Processing Behaviour 组件，如图 7-4 所示。

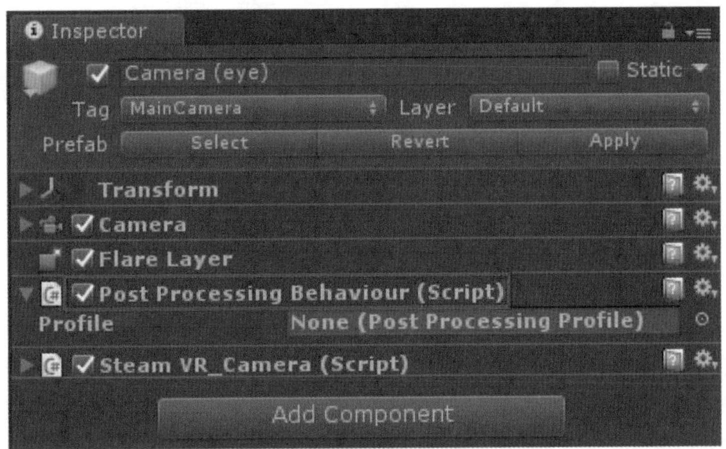

图 7-4 为主摄像机添加 Post Processing Behaviour 组件

（4）在 Project 面板中右键选择 Create > Post-Processing Profile，新建一个 Post-Processing Profiles 资源，然后将其指定给主摄像机上 Post Processing Behaviour 组件的 Profile 属性。

此时项目将 Post Processing Stack 作为特效使用，选择创建的 Post-Processing Profile 资源，在属性面板中展开相应的效果进行参数调节即可。

7.3 在 VR 中可用的 Post-Processing Stack

需要注意的是，并非所有特效都能在 VR 项目中使用，以下特效在 VR 中不被支持，包括：Motion Blur、Screen Space Reflection ，以及 Anti-aliasing 中的 Temporal AA。本节我们仅介绍能够在 VR 中运行的效果。另外，从用户体验角度来说，Depth of Field 特效容易使体验者产生不适，故不建议使用。

7.3.1 Anti-aliasing（抗锯齿）

锯齿是图形边缘在渲染过程中出现的不连续的阶梯状外观，在 VR 环境中，某些平滑的金属材质模型边缘还会出现点状的闪光，这多由图形输出设备分辨率不足引起。抗锯齿（Anti-aliasing）效果能够通过算法减少锯齿的产生，为图形提供更平滑的外观。在图 7-5 中，左侧为没有应用抗锯齿效果的图像表现，可以看到多处边缘存在明显的锯齿效果，右侧为应用了 Fast Approximate Anti-aliasing（FXAA）抗锯齿算法的图像表现。

图 7-5　应用抗锯齿前后的图像对比

Anti-aliasing 效果提供两种抗锯齿算法，分别为：Fast Approximate Anti-aliasing（FXAA）、Temporal Anti-aliasing（TAA）。其中，FXAA 算法占用资源较少，并且提供多种品质预设，可以在其 Preset 参数中进行选择，如图 7-6 所示；而 TAA 算法不支持 VR 平台。

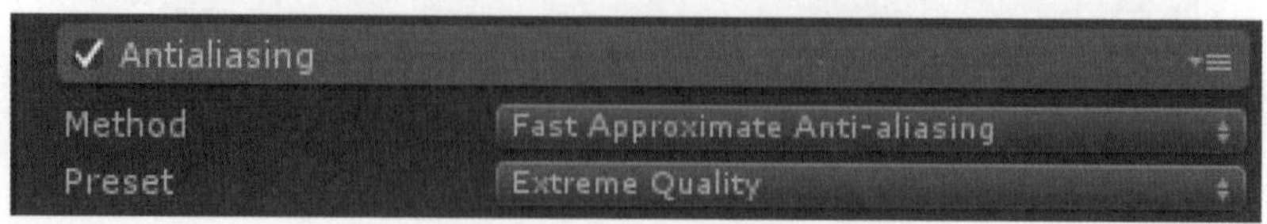

图 7-6　Anti-aliasing 效果参数面板

Anti-aliasing 算法基于图形计算而不是场景中的模型，所以可用在传统采样不被支持的情况下，例如摄像机使用延迟渲染（Deferred Rendering）时。同样基于以上特点，考虑到性能，需要酌情选择合适的品质预设。

7.3.2 Ambient Occlusion（环境光遮蔽）

Ambient Occlusion 效果可以实现接近于通过烘焙技术得到的 AO 信息的效果，通过全屏图像计算，使场景中模型之间的交界处、孔洞、折痕等部位表面变暗。图 7-7 展示了应用该效果前后的对比，图中的墙面夹角、地面与墙面的夹角在应用效果以后均有变暗的表现，使得场景效果更有层次。

图 7-7　应用 Ambient Occlusion 效果前后图像对比

由于在实时计算过程中使用大量系统资源，所以该效果多用于桌面或主机平台，在移动平台建议对模型使用 AO 贴图，对环境使用预先烘焙的光照贴图。

7.3.3 Depth of Field（景深）

Depth of Field 效果可模拟相机镜头的对焦功能，实现背景或前景虚化效果，通过调整其 Focus Distance 参数模拟相机焦点的变化，如图 7-8 所示。

图 7-8　使用了景深效果的 SteamVR Interaction System 示例场景

7.3.4 Eye Adaptation（人眼调节 / 自动曝光）

当体验者从强光环境快速进入黑暗环境，或由黑暗环境快速进入强光环境时，人眼需要对这种大幅度的亮度改变进行适应。Eye Adaptation 效果会根据场景中的亮度动态调整图像的曝光，该效果对每帧图像的直方图信息进行分析和过滤，找到一个相对平均的亮度值。可将效果堆栈顶端的 Debug Views（调试视图）切换到 Eye Adaptation 模式，在调整参数过程中查看画面的直方图数据，如图 7-9 所示。

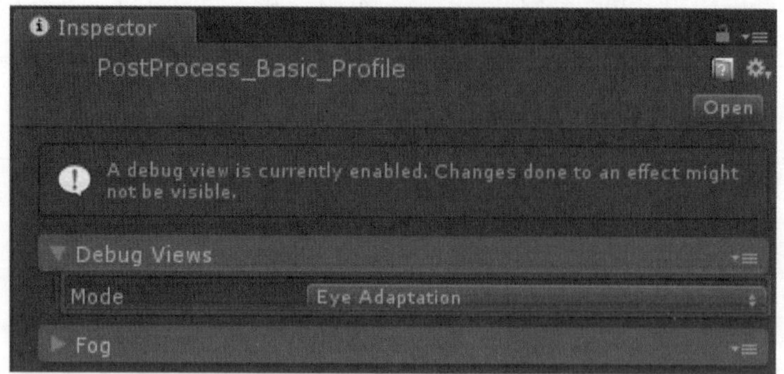

图 7-9　将 Debug Views 切换为 Eye Adaptation

在图 7-10 中，摄像机正由室外环境进入到相对黑暗的隧道环境。

图 7-10　通过直方图调整图像的自动曝光效果

7.3.5　Bloom（泛光）

Bloom 将图像中高亮区域的亮度进行延伸扩散，产生梦幻的光晕效果。如图 7-11 所示，在灯光及反射高光的区域周围，均有亮度的溢出。

图 7-11　使用了 Bloom 效果的图像效果

7.3.6　Color Grading（颜色分级）

Color Grading 效果可以对图像的色相和明度进行调整，类似于在 Photoshop 中对图像进行调色处理。该效果包含五种工具，以不同的方式对图像颜色进行调节，它们分别是：色彩映射（Tonemapping）、基础设置（Basic）、通道混合（Channel Mixer）、轨迹球（Trackballs）、分级曲线（Grading Curves），如图 7-12 所示。

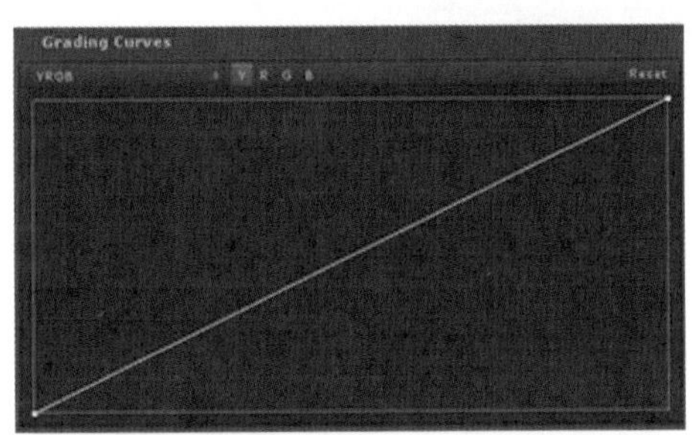

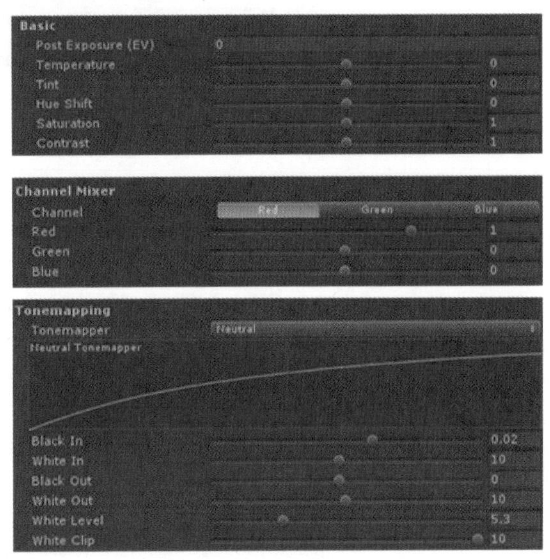

图 7-12　Color Grading 效果提供的五个色彩调节工具

其中，色彩映射工具将图像的 HDR 值重新映射为适合在屏幕上输出的范围；基础设置工具对图像的各项基本指标进行调节，例如色调、色温、饱和度、对比度等；通道混合工具对图像中单个颜色通道进行调节，从而影响图像整体的色调输出表现；轨迹球工具分别在 Linear 和 Log 空间中对曲线斜率、功率、相位偏移三个元素进行调节。当摄像机使用 LDR 模式时，建议使用 Linear 轨迹球进行调节。当摄像机使用 HDR 模式时，建议使用 Log 轨迹球调节。分级曲线工具也称为曲线工具，是调整图像中色调、饱和度或亮度的高级工具。

使用 Color Grading 效果需要掌握基本的色彩理论。

7.3.7　Chromatic Aberration（色差）

在传统摄影中，由于镜头的棱镜外观，导致边缘无法将不同波长的颜色进行合并，会在最终拍摄的图像上形成色散效果。Chromatic Aberration 效果便用于模拟这种真实效果。在图 7-13 中，Adam 在接近摄像机边缘的部分出现了明显的颜色分离，同时这些位置变得模糊。

图 7-13 应用 Chromatic Aberration 效果后的图像表现

7.3.8 Grain（胶片颗粒）

Grain 效果是在图像中添加随机均匀分布的噪点，模拟电影胶片效果，达到提高图像质感的要求。在图 7-14 中，应用了 Grain 效果的场景更具有叙事性。

图 7-14 应用了 Grain 效果的图像表现

7.3.9 Vignette（晕影）

晕影是一种由于镜头无法在相机的传感器或胶片上提供一致光线覆盖所产生的阴影，是图像艺术化处理的常用手段。Vignette 效果将图像边缘变暗或降低饱和度，以突出强调画面中心内容，如图 7-15 所示。

图 7-15 使用 Vignette 效果后的图像表现

7.3.10　User LUT（用户自定义 LUT）

LUT 是 Look Up Table 的缩写，即查找表。User LUT 效果根据用户提供的查找表信息，将当前图像中的颜色进行替换。在 Unity 中，LUT 文件为 Texture 2D 类型的图片资源，User-LUT 参数面板如图 7-16 所示，应用 UserLUT 效果后的场景如图 7-17 所示。

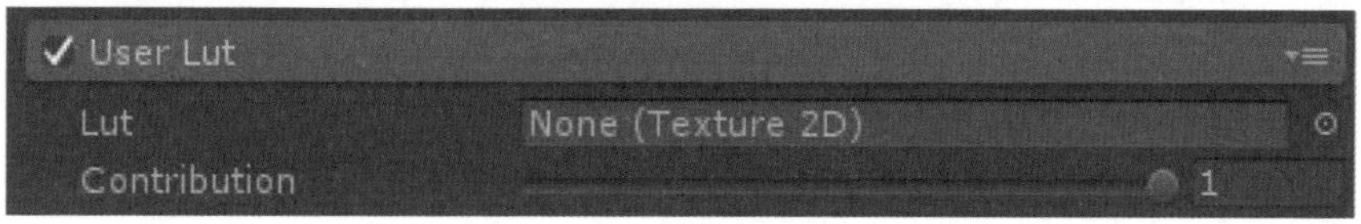

图 7-16　User LUT 效果参数面板

图 7-17　应用 User LUT 效果后的场景

可以使用 Photoshop 等图像处理软件制作 LUT 文件，建议设定 LUT 文件的分辨率为 256×16 或 1024×32，较大的尺寸会影响程序性能。

第 8 章

Unity 在 VR 中的音频技术

8.1 概述

随着虚拟技术现实的出现，音频的空间化逐渐成为影响沉浸感的关键组成部分。人类的听觉系统能够精确感知左右耳接收到的声音之间的微小延迟，根据声音的平衡变化来确定声源的方向和距离，根据声音的反射来判断所处空间的形状以及发出声音的物体是否被其他物体遮挡。所以声音能够增强体验者在 VR 环境中对大小、空间和距离的感知，音频对于创建真实的 VR 体验至关重要。

在 VR 中处理音频的主要工作是将音频空间化，通过跟踪头部与音频源的距离和角度，在体验者左右耳中呈现不同的信号强弱、混响效果，使体验者感知声源所在位置和距离。

8.2 Unity Audio 基本元素

- Audio Source 组件

Audio Source 组件负责播放场景中的音频，音频通过混合器（Audio Mixer）的处理，将声音输出给监听声音的组件（Audio Listener），如图 8-1 所示。

对于空间音频，展开 3D Sound Settings 属性栏，通过调整衰减曲线控制音频的音量、声音源与体验者距离的变化，如图 8-2 所示。

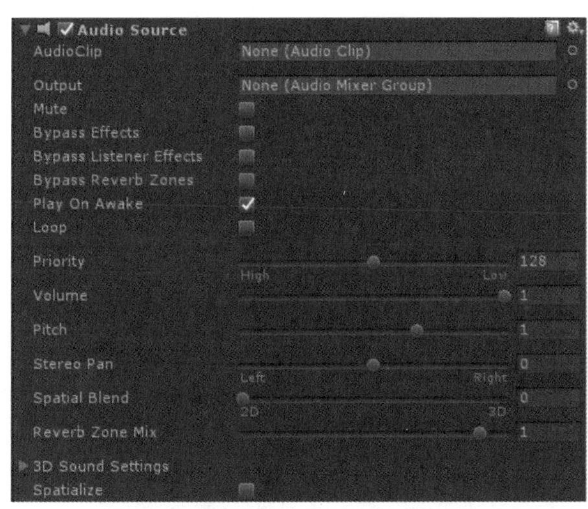

图 8-1 Audio Source 组件

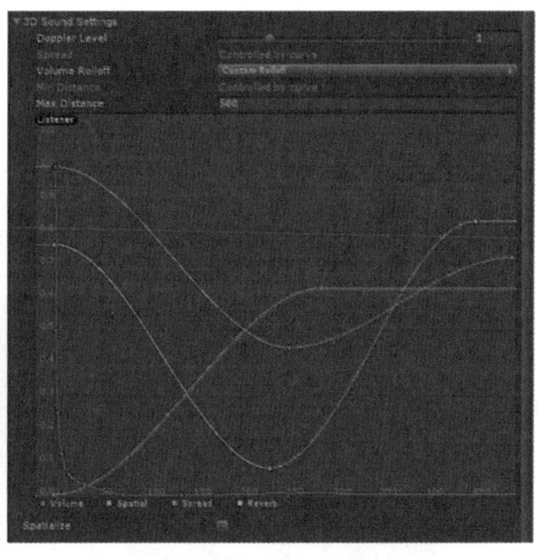

图 8-2 通过衰减曲线控制空间音频

导入的音频文件可指定给 Audio Source 组件的 Audio Clip 属性进行播放，在 Output 属性中，可以指定为音频制作的混合器（Audio Mixer）。要使用 Audio Source 组件播放音频，可将其挂载于任何作为声音源的游戏对象上，若勾选 Play On Awake 属性，则程序运行时即自动播放指定的音频，若不勾选，可通过脚本引用该组件，调用其 Play () 方法进行播放，如下代码所示：

```
AudioSource audio = GetComponent<AudioSource>();
```

```
audio.Play();
```

- Audio Clip 资源

任何导入到 Unity 中的音频文件均被认为是 Audio Clip 资源，Audio Clip 包含供 Audio Source 组件访问的音频数据，音频文件导入到 Unity 后，使用时 Unity 将支持单声道、立体声和多声道音频资源（最多 8 个通道）。Unity 可导入 aif、wav、mp3 和 ogg 格式的音频文件，还可以导入 .xm，.mod，.it 和 .s3m 格式的跟踪器模块，如图 8-3 所示。

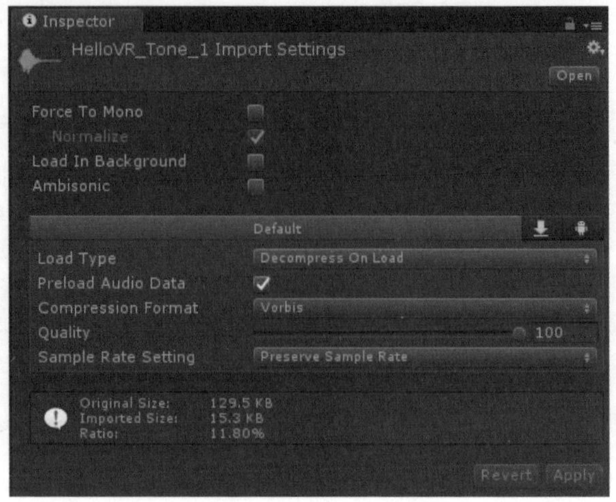

图 8-3 Audio Clip 资源属性

- Audio Listener 组件

Audio Listener 组件用于监听场景中的声音源，保证外接设备如耳机、扬声器等能够接收播放的声音。默认情况下，Audio Listener 挂载于场景中的主摄像机（Main Camera）上，该组件没有可以调节的参数设置，每个场景有且只能有一个 Audio Listener 组件。

- Audio Mixer 资源

Audio Mixer 可以对 Audio Source 组件的音频源进行音效混合，从而输出风格多样的音频效果。一个 Audio Mixer 包含多个组（Group），在此可以理解为声道，这些组以树形结构进行组织，并且每个节点受上层节点影响，每个组均可单独指定给 Audio Source 组件的 Output 属性。在 Project 面板中右键选择 Create > Audio Mixer，创建一个 Audio Mixer，双击创建的资源即可打开 Audio Mixer 窗口进行编辑，如图 8-4 所示；或选择 Window > Audio Mixer，在 Audio Mixer 窗口内建立 Audio Mixer 资源，制作完毕后打开。

图 8-4 Audio Mixer 窗口

8.3 在 Unity 中使用空间音频

在 Unity 中使用空间音频，首先需要为其指定相应的音频空间化插件。选择 Edit > Project Settings > Audio，打开音频管理窗口，如图 8-5 所示，在 Spatializer Plugin 选项中，选择内置或第三方工具提供的插件即可。

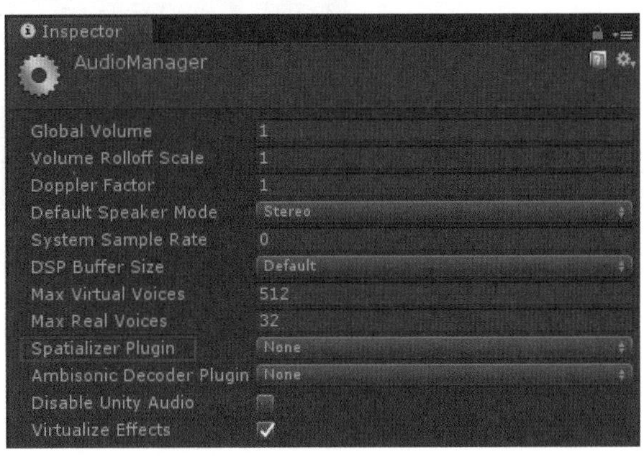

图 8-5 选择音频空间化插件

为使插件能够正常使用，需要保证当前 VR 平台能够被所选定的插件支持。Unity 内置音频空间化插件包括 Oculus Spatializer（支持 Android、OSX、PC）和 Microsoft HRTF Spatializer（支持 UWP 、运行 Windows 10 的 PC）。

在游戏对象的 Audio Source 组件中，勾选 Spatialize 属性，将 Spatial Blend 设置为 3D，将 3D Sound Setting 属性栏中的 Volume Rolloff 设置为 Custom Rolloff。

8.4 环绕立体声音频

环绕立体声音频（Ambisonic Audio）以多通道格式存储，可以根据 VR 环境中体验者的方向旋转声场。播放环绕立体声音频的方式与播放一般音频文件相同，只需为 Audio Source 组件指定需要播放的 Audio Clip 即可。将环绕立体声音频文件导入 Unity 以后，需要将其标识为环绕立体声格式，在 Project 面板中选择该资源，在其属性面板中勾选 Ambisonic 属性，并点击 Apply 按钮，如图 8-6 所示。

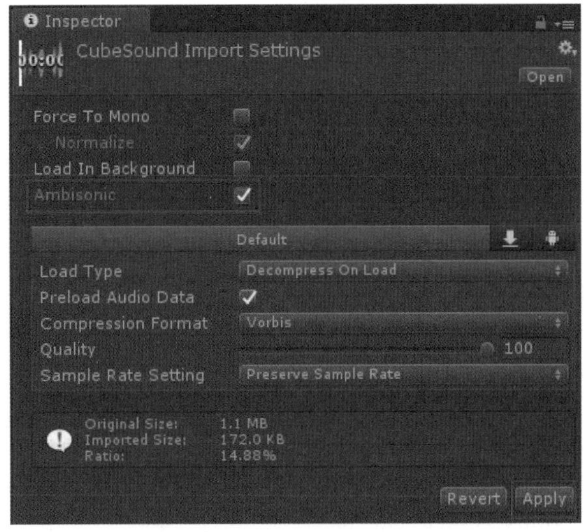

图 8-6 将导入的音频文件设置为 Ambisonic 格式

在播放环绕立体声的过程中，需要将其预先解压，然后通过解码器将其输出播放。所以在 Unity 中，需要为环绕立体声选择解码器，步骤如下。

（1） 在 Unity 编辑器中选择 Edit > Project Settings > Audio，打开音频管理面板。

（2） 在 Ambisonic Decoder Plugin 属性中选择相应的解码器，Unity 内置支持 OculusSpatializer 解码器，若使用 Google Resonance Audio 解决方案，可在导入其 SDK 后选择 Resonance Audio，如图 8-7 所示。

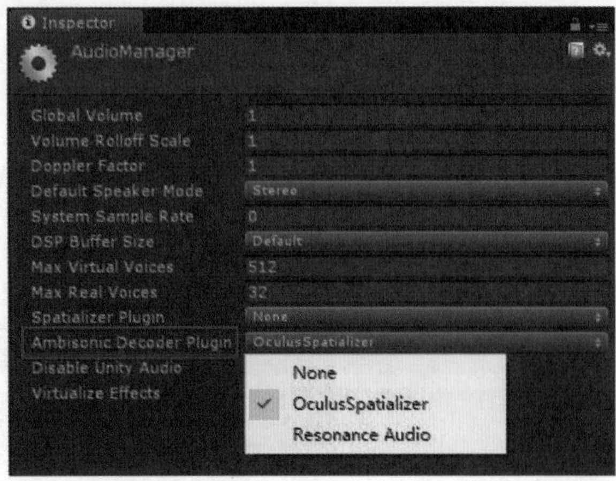

图 8-7 设置 Ambisonic 解码器

鉴于环绕立体声音频在播放时已经通过解码器将其空间化，所以需要保证在播放它的 Audio Source 组件上 Spatialize 属性为 false。此时该声源可以呈现真实的空间表现。

8.5 VR 空间化音频开发工具

VR 硬件平台厂商也为 Unity 开发者提供了各种在 VR 环境中对音频进行处理的开发工具，这些工具均对音频空间化提供了良好的解决方案。

8.5.1 Google Resonance Audio

Google Resonance Audio SDK 是谷歌开发的一套跨平台音频空间化工具集，能够使开发者在 Unity 应用程序中将数百个声源渲染为一个独立的环绕立体声音频流，并以非常高的效率计算音频在空间的反射和混响。使用 Resonance Audio 可以实现近场音效、环境遮挡声音处理、基于模型的混响效果、录制环绕立体声文件等功能，如图 8-8 所示。

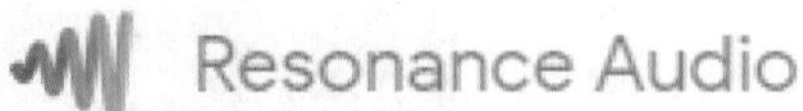

图 8-8 Resonance Audio

要使用 Resonance Audio 工具，可执行以下步骤。

（1）下载 Resonance Audio SDK 并将其导入 Unity。由于该项目已经开源，开发者可在 Github 搜索 Resonance Audio SDK for Unity 进行下载，在随书资源中亦可找到该插件，名为：Resonance Audio ForUnity_1.2.1.unitypackage。

（2）如前所述，要使用空间音频，需要为其选择对应的插件。在音频管理（Audio Manager）面板中，将 Spatializer Plugin 属性设置为 Resonance Audio；将 Ambisonic Decoder Plugin 同样设置为 Resonance Audio。对于导入的音频文件，在其属性面板中，勾选 Ambisonic 属性，在播放环绕立体声时，该音频能够被顺利解码，如图 8-9 所示。

（3）在挂载了 Audio Listener 组件的游戏对象上添加 Resonance Audio Listener 组件。

（4）在场景中选择或创建一个游戏对象，为其挂载 Audio Source 组件，在 Audio Source 组件中执行以下步骤。

a. 将 Spatial Blend 属性设置为 3D。

b. 在 Project 面板中，路径 ResonanceAudio/Resources 下，找到名为 ResonanceAudioMixer 的混合器，将其下的 Mater 分支指定给 Audio Source 组件的 Output 属性。

c. 勾选 Spatialize 属性（该属性只有在将项目设置为使用 Resonance Audio 插件的情况下可见，见第 2 步）。

d. 勾选随之出现的 Spatialize Post Effects 属性，最终设置如图 8-10 所示。

（5）为以上游戏对象添加 Resonance Audio Source 组件。当在没有 Audio Source 组件的游戏对象上添加 Resonance Audio Source 组件时，会自动挂载 Audio Source 组件。

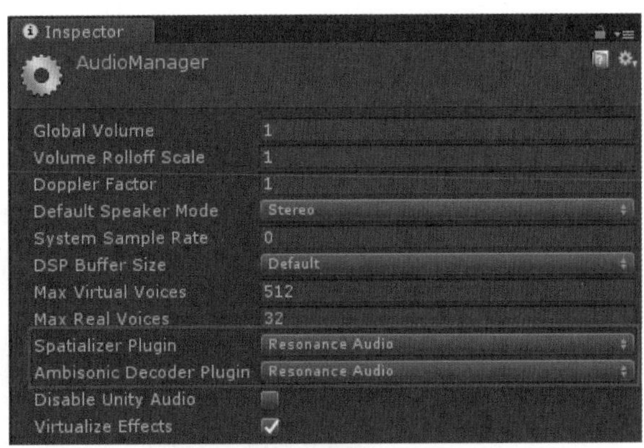

图 8-9　在音频管理面板中设置 Resonance Audio 作为空间化插件和环绕立体声解码器

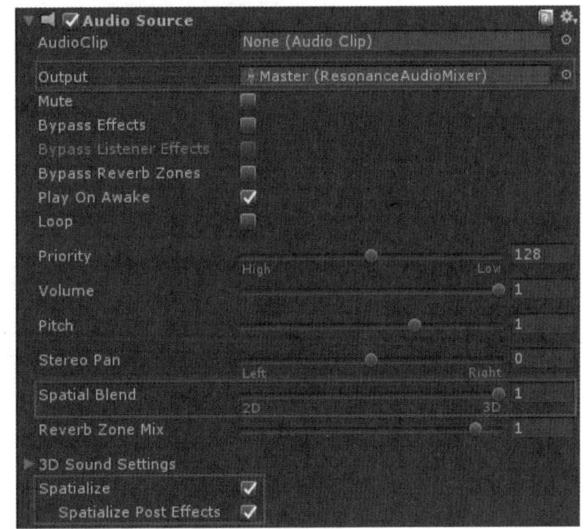

图 8-10　设置 Audio Source 组件

该工具集合自带两个示例场景，在路径 Resonance Audio/Demos/Scenes 下，运行 ResonanceAudioDemo，当体验者佩戴耳机时，可以体会在不同位置和朝向场景中的声音变化；运行 ReverbBakingDemo，可以体验同一个声源在不同空间中的混响效果。

8.5.2　Oculus Spatializer Unity

Oculus Native Spatializer 插件（以下简称 ONSP）能够根据体验者的头部位置将单声道声源进行 3D 空间化，该插件系统要求为 Windows 7 及以上版本，Unity 为 5.2 及以上版本。在 Unity 2017.1 中支持 AmbiX 格式的环绕立体声音频。

使用 ONSP 插件在 Unity 中实现音频空间化，需执行以下步骤。

（1）可从 Oculus 开发者页面下载并导入 ONSP 插件，或从随书资源中关于本章目录下找到该插件 OculusNativeSpatializer.unitypackage 导入项目。

（2）打开音频管理面板，在 Spatializer Plugin 属性中设置 OculusSpatializer 作为音频空间化插件，在 Ambisonic Decoder Plugin 属性中设置 OculusSpatializer 作为环绕立体声解码

器，如图 8-11 所示。对于 DSP Buffer Size 属性，在 Oculus Rift 平台，建议将其设置为 Best latency，以减少音频延迟；在 Gear VR 平台，建议将其设置为 Good latency 或 Default，以防音频失真。

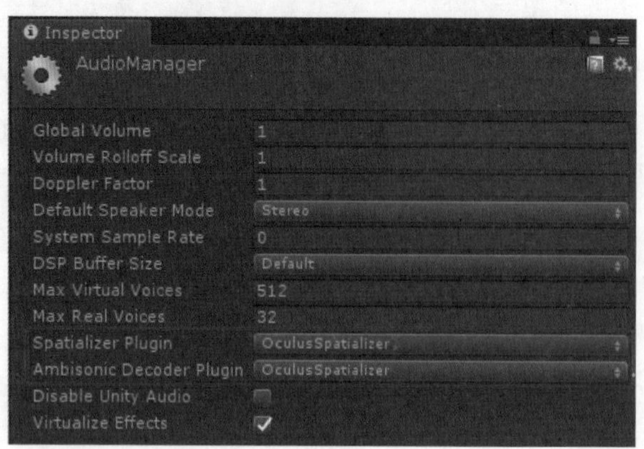

图 8-11　在音频管理中设置 OculusSpatializer 作为环绕立体声解码器

（3）选择或新建一个带有 Audio Source 组件的游戏对象，为其添加 ONSP Audio Source 组件，如图 8-12 所示。

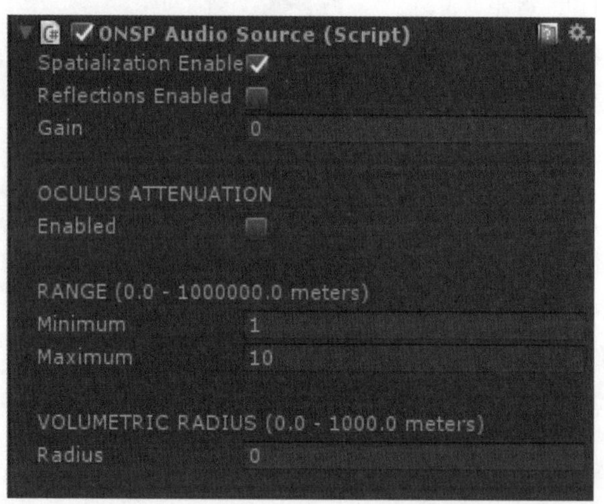

图 8-12　ONSP Audio Source 组件

（4）新建一个 Audio Mixer 资源，在 Project 面板中将其展开，选择 Master 分支，在其属性面板上点击 Add Effect 按钮，选择 OculusSpatializerReflection，可以根据具体场景环境调节该效果的参数。将此混合器分支指定给 Audio Source 组件的 Output 属性，此时便在场景中应用了 ONSP 插件的音频反射引擎。

ONSP 插件同时包含两个示例场景——RedBallGreenBall 和 YellowBall，位于路径 Oculus/Spatializer/scenes 下，读者可分别运行体验。

第 9 章

主流 VR 硬件平台设备介绍

9.1 概述

当前 VR 硬件按照计算单元的组成主要分为三种方案：主机 VR、智能手机 VR、一体机 VR。其中智能手机 VR 和一体机 VR 一般被认为是移动 VR。主机 VR 方案凭借计算机强大的计算能力，尤其是显卡的渲染能力，可以为体验者提供高品质低延时的 VR 内容；移动 VR 方案则拥有更好的移动性和便携性，使大众能够随时随地体验 VR 内容。

1. 主机 VR 方案

该类方案以 Oculus Rift、HTC VIVE、PS VR、Windows MR 为代表，主机 VR 设备由计算机或游戏主机提供计算内容，包括场景渲染、环境音频、反馈数据等，头戴设备具有高分辨率低延时的显示屏为用户呈现内容。目前主机 VR 方案都能对用户设备——头显（HMD）和手柄——进行位置及旋转方向的跟踪，即 6 自由度的跟踪。用户佩戴设备在可追踪范围内移动，同时使用手柄控制器与 VR 内容实现交互，如选择、抓取、投掷等，计算机通过传感器的反馈信息，呈现相应的内容。

2. 智能手机 VR 方案

该类方案一般使用智能手机提供计算能力和呈现内容。其原理是，由手机呈现同一场景的左右两个视图，通过一定的画面畸变提供沉浸式的视场角，手机内置的惯性测量单元（IMU）跟踪用户头部旋转，用户通过头显内部的焦距透镜观看 VR 内容。在智能手机 VR 方案中，VR 内容的品质完全由智能手机决定，但目前市场上的智能手机规格良莠不齐，多数不能给用户带来良好的 VR 体验。所以体验较好的产品一般都要求搭载的智能手机具备高规格的硬件标准，如三星的 Gear VR 和谷歌的 Daydream 等。

3. 一体机 VR 方案

该类方案以 VIVE Focus、Oculus Go 为代表，计算单元完全内置于头显，同时配有高分辨率低延时显示屏，多数设备亦配有手柄控制器。其优势是便携的一体化移动体验，不依赖任何外部主机或智能手机提供内容。相对于智能手机 VR 方案，还可以通过前置摄像头实现由内而外（Inside-Out）的位置追踪，如谷歌 Daydream 一体机和 VIVE Focus。

目前市场上成熟的一体机产品还相对较少，但是设备未来的发展趋势将是小型化、移动化。行业领先的 VR 厂商在 2017 年至今都先后发布了自己的一体机产品，所以依旧能够看到其未来的发展潜力。

9.2 HTC VIVE

HTC VIVE 是宏达国际电子（HTC）与 Valve 公司联合推出的虚拟现实产品，发布于

2015 年 3 月巴塞罗那世界移动通信大会举行期间，如图 9-1 所示。该设备屏幕双眼分辨率为 2160 × 1200，刷新率为 90Hz，可视角度 110 度，使用 SteamVR 虚拟现实软件方案，由两个 Lighthouse 基站构建出一个虚拟的三维空间，实现由外而内（Outside-In）的位置追踪，属于主机 VR 解决方案。

图 9-1　HTC VIVE

此外，HTC 在 2018 年 1 月的美国消费电子展上发布了升级版的 VIVE Pro 专业版，设备拥有更轻便的外观设计，更高的屏幕分辨率，双眼分辨率达到 3K（2880 × 1600）。

开发者可以使用 SteamVR SDK 进行内容开发，并发布到 Steam 应用商店。截至 2018 年 1 月，基于 HTC VIVE 开发的 VR 内容始终占据应用商店虚拟现实分类的第一位（占 46.96%，数据来自映维网）。同时，HTC 拥有自己的 VR 内容应用商店——Viveport，开发者也可以将应用程序发布到 Viveport 获利。

我们将在第 15 章详细介绍 HTC VIVE 的使用和开发。

9.3　Oculus Rift

Oculus Rift 是 Facebook 在收购 Oculus 公司以后推出的消费级虚拟现实产品，发布于 2015 年 6 月 13 日，在 2016 年 3 月 29 日正式上市销售。该产品双眼分辨率为 2160 × 1200，刷新率为 90Hz，可视角度 110 度，如图 9-2 所示。

Oculus Rift 可使用多个 LED 红外光传感器实现有限范围内的位置追踪，用户可以使用包装内附带的 XBox 手柄在 VR 环境中交互，也可以另外购买 Oculus Touch。

图 9-2　Oculus Rift

与 HTC VIVE 一样，开发者可以在 Steam 应用商店发布基于 Oculus Rift 的虚拟现实内容，同时也可以将其发布到 Oculus 自己的应用商店——Oculus Store。

9.4　PS VR

PS VR 定位于游戏市场，基于索尼公司的 Play Station 游戏主机，双眼分辨率 1920 × 1080，刷新率 120Hz，可视角度 100 度，如图 9-3 所示。

作为一款主机的外设，产品包装内并没有包含交互手柄，用户可以使用主机游戏手柄进行游戏交互，也可以另购体感手柄（Move）提升游戏体验。PS VR 通过独立的双目摄像头对设备进行定位，头显和手柄均配置 LED 光源，运行时可发射颜色不同的可见光，摄像头对拍摄到的图片进行图形计算追踪。

图 9-3　Playstation VR

9.5　Windows Mixed Reality

Windows Mixed Reality（Windows MR）是微软推出的混合现实平台，基于 Windows 操作系统，除 Hololens 外，Windows MR 设备本质上都是 VR 设备。微软已经与多家 PC 厂商联合推出了多款混合现实头显设备，品牌型号见图 9-4。设备通过前置摄像头实现由内而外（Inside-Out）的位置追踪，设备配置简单，用户可在十几分钟之内将设备安装调试完毕，并且设备不需要高性能的计算机即可体验高品质流畅的 VR 内容。在内容生态上，微软与 Valve 公司合作，可以在设备上运行超过 2500 款基于 SteamVR 的虚拟现实应用程序。

图 9-4　Windows Mixed Reality 设备

9.6　Gear VR

Gear VR 是三星公司与 Oculus 合作推出的一款移动 VR 设备，该头显与三星 Galaxy 系列智能手机搭配，实现沉浸式的 VR 体验。相对于 Cardboard 平台只是简单通过头显搭载智能手机的方案，Gear VR 可以通过 micro-USB 接口与头显连接，内置高精度陀螺仪、加速度计等传感器，从而提供更精确的头部旋转数据和更低延时的校准反馈。由于 Gear VR 需要结合三星 Galaxy 系列智能手机，而最低从 S6 系列开始，其手机屏幕分辨率就已经达到了 2K 级别，所以能够得到良好的观看体验。同时，Gear VR 具备简单的交互部件，用户可以通过头显右侧的触摸板和按钮实现与 VR 内容的交互，新版设备（第五代）配有一个控制手柄，使得交互更加符合用户的使用习惯，如图 9-5 所示。

图 9-5 Gear VR

Facebook 旗下发布的一体机 Oculus Go，也同样基于 Gear VR 工作流程开发，Gear VR 开发者可以无缝过渡到 Oculus Go 的开发中。

9.7 Cardboard

Cardboard 平台最初由巴黎 Google 艺术文化学院工程师大卫 · 科兹（David Coz）和达米恩 · 亨利（Damien Henry）利用他们 20%“创意休息时间”（Innovation Time Off）开发，用户只需要使用可折叠的纸壳搭载智能手机即可进行 VR 体验，降低了大众体验 VR 的成本。开发者可以通过谷歌提供的 Cardboard SDK 进行 Cardboard 平台的 VR 内容制作，同时可以将应用发布到 Android 和 iOS 平台，如图 9-6 所示。

图 9-6 Cardboard 方案

9.8 Daydream

Daydream 平台是谷歌继 Cardboard 之后推出的增强的 VR 平台，最初在 2016 年 5 月举行的 Google I/O 开发者大会上发布，包括硬件和软件两部分。软件层面，Daydream 平台内置于

Android 第七代操作系统——Nougat，从系统层面对 VR 内容提供支持和服务，并针对 VR 内容进行优化；硬件层面，谷歌负责制定符合 Daydream 运行要求的硬件参考标准，由合作伙伴完成设备的制造和销售，如图 9-7 所示。

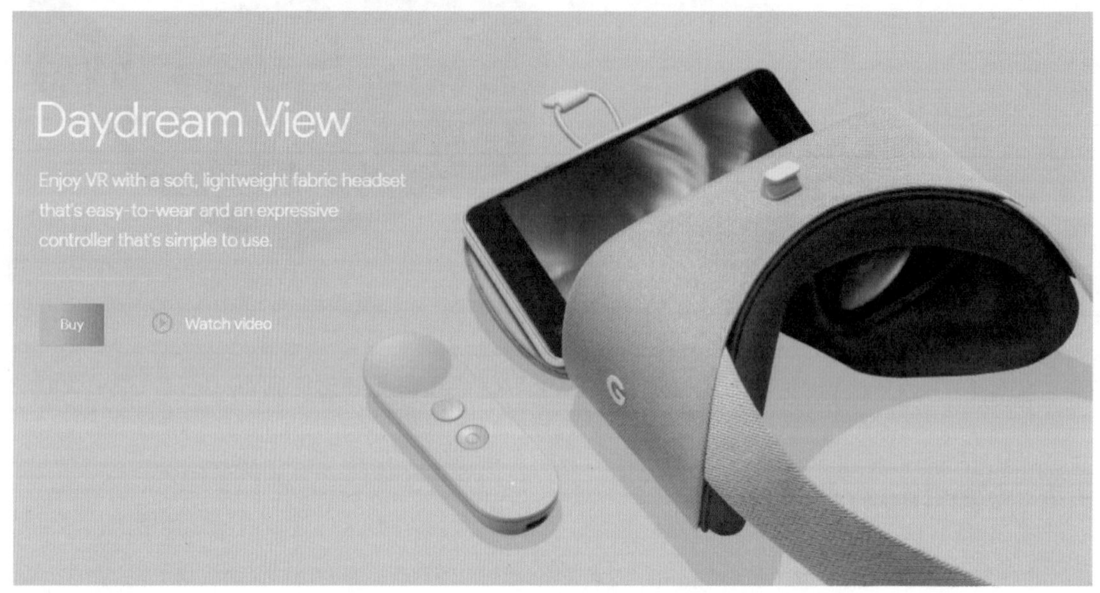

图 9-7 Daydream View

Daydream 平台专注于移动 VR 解决方案，目前提供智能手机 VR 和一体机 VR 两种方案。对于智能手机 VR 方案，谷歌推出了 Daydream View 头显，并附有一个手柄控制器，搭配符合 Daydream 标准的智能手机运行 VR 内容，目前符合 Daydream 标准（Daydream-ready）的手机型号见表 9-1；对于一体机 VR 方案，目前已与联想合作推出了一体机设备 Lenovo Mirage Solo。

表 9-1 Daydream-ready 智能手机列表

制造商	型号
Samsung	Galaxy Note 8、S8、S8+、S9、S9+
Motorola	Moto Z^2 Force、Moto Z、Moto Z Force
Google	Pixel、Pixel 2
ZTE	Axon 7
LG	V30
Huawei	Mate 9 Pro、Porsche Design Mate 9

9.9 Oculus Go 和小米 VR 一体机

Oculus Go 是 Facebook 旗下 Oculus 研发的 VR 一体机设备，使用骁龙 821 处理器，采用分辨率为 2560 × 1440 的 LCD 屏幕，通过使用 Fast-Switch 技术和 Oculus 特殊调制的衍射光学系统，有效减少了拖影和纱窗效应。Oculus Go 的空间音频驱动器直接内置于头戴设备中，无需佩戴耳机即可体验沉浸式音效，头戴设备和手柄控制器均为 3 自由度运动跟踪。同时，

Oculus 在 Oculus Go 中使用了多项全新的性能优化技术，如固定注视点渲染（Fixed Foveated Rendering），动态节流（Dynamic Throttling）和 72Hz 模式等，保证了应用程序的流畅运行。小米 VR 一体机是小米与 Oculus 联合推出的 Oculus Go 中国版本，具有相同的硬件配置。

在 Oculus Go 与小米 VR 一体机上开发 VR 应用程序，开发流程与 Gear VR 相同，并且控制器与 Gear VR 控制器具有相同的输入方式，如图 9-8 所示。对于使用 Unity 进行该平台的应用程序开发，可使用 Oculus Utilities for Unity 插件，读者可参考本书第 16 章内容。

图 9-8　Oculus Go 和小米 VR 一体机

9.10　Unity 2017 对 VR 硬件平台的支持

Unity 2017 对于行业内主流 VR 均提供本地支持，如图 9-9 所示，同时，这些硬件平台对开发者也提供 Unity 版本的工具支持，包括 SDK、调试工具等。随着 Unity 版本的迭代更新，更多新功能加入进来，新的解决方案使得开发者能够非常方便高效地制作出高品质的 VR 内容。

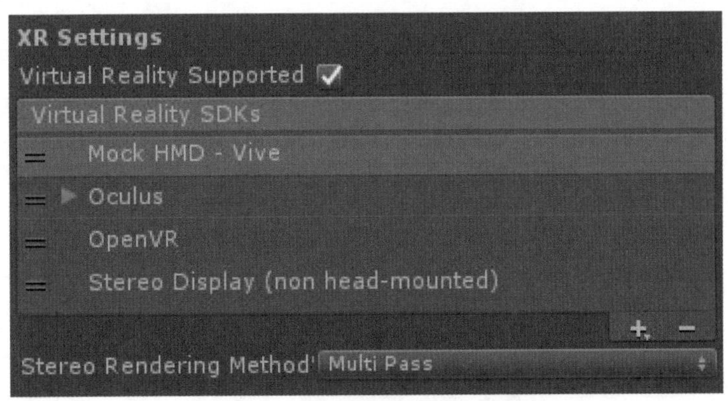

图 9-9　Unity 对 VR 的本地支持

第 10 章

用 Unity 制作的 VR 参考案例

10.1 The Lab

The Lab 是 Valve 公司开发的一套 VR 体验集合，包含若干小型游戏和演示场景。该应用一方面为用户带来激动人心的 VR 体验，另一方面为 VR 开发者提供了一套很好的 VR 交互设计参考范例，如图 10-1 所示。

图 10-1 The Lab

此外，基于 The Lab 应用，Valve 为 VR 内容创作者提供了两个在 Unity 中使用的工具—— The Lab Renderer 和 Interaction System 。其中，Interaction System 作为开发工具的一部分被集成在了 SteamVR Plugin SDK 中；而 The Lab Renderer 作为独立的插件供 Unity 开发者免费使用。我们将在后续章节中对两个工具进行介绍。

10.2 Tilt Brush

Tilt Brush 是一款由谷歌开发的虚拟现实绘画应用，用户可以在虚拟空间中充分发挥自己的想象力，使用丰富的笔刷工具在三维空间进行绘画创作。在绘制过程中，VR 设备的两个控制器一个变为工具箱供用户选择颜色、笔刷、特效等快捷操作，一个变为画笔供用户自由挥洒。同时，基于位置追踪，用户可以在作品之间来回穿梭，自由发挥创意，从而颠覆了传统的平面创作方式，如图 10-2 所示。

图 10-2 Tilt Brush

使用 Tilt Brush 创作的场景可以上传至 Poly 资源库中进行展示和分享。

10.3 Blocks

Blocks 是一款由谷歌开发的虚拟现实建模应用，使用 Blocks 应用可以在 VR 环境中创建富有创意的三维模型，用户不需要具备专业的建模技能，如图 10-3 所示。Blocks 降低了模型创建的难度，大量的模型能轻松被创建出来。

用户同样可以将创建的模型导出为 OBJ 格式的模型文件，将其上传到 Poly 资源库中进行展示和分享。Poly 是一个在线 3D 资源库，用户可以免费下载和展示创作的 3D 资源。这些资源多由 Blocks 和 Tilt Brush 应用创建，也包含使用建模软件创作的模型，如图 10-4 所示。

图 10-3 Blocks

图 10-4 Poly 资源库

谷歌还为开发者提供了在 Unity 中使用 Poly 资源库的工具——Poly Toolkit，使用该工具提供的功能和脚本，开发者既可以在 Unity 编辑器中浏览 Poly 中的模型并将其导入到项目中，也可以在运行时搜索模型并将其载入到应用程序中，如图 10-5 所示。

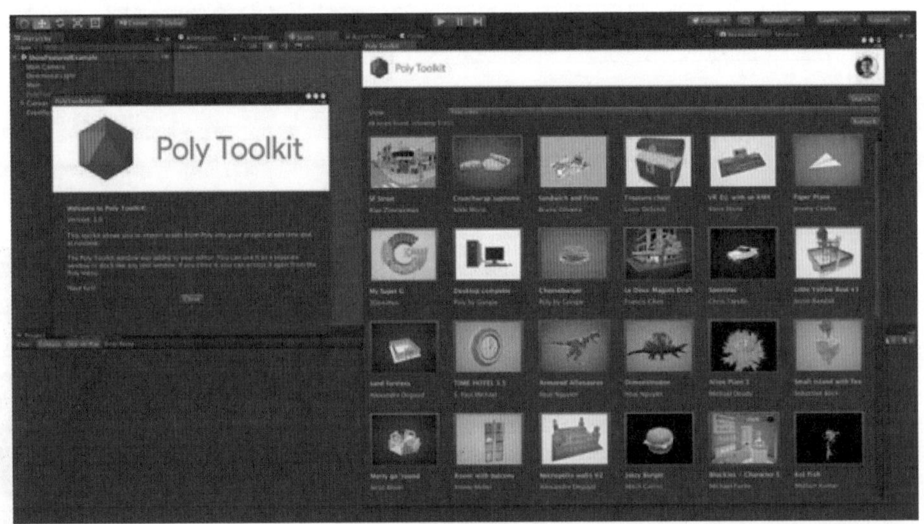

图 10-5 Poly Toolkit

10.4 Job Simulator

Job Simulator 塑造了一个未来由机器人控制的虚拟环境，玩家可以在虚拟世界的办公室里做一些在现实世界所限制的破坏行为，例如在办公室里任意操作、投掷办公用品，在虚拟环境中，不需要考虑因此造成的清理、修复等问题，如图 10-6 所示。

图 10-6 Job Simulator

第11章

用 Unity 制作 VR 内容的工作流程

11.1 概述

使用 Unity 开发 VR 应用程序，符合一般 Unity 应用程序开发流程，所不同的是导出平台、交互方式，以及贯穿 VR 开发流程中对于性能优化的考量。在本章，我们将从项目制作的角度分享使用 Unity 开发 VR 应用程序的基本流程。

11.2 资源准备

在资源准备阶段，对 VR 项目中用到的三维模型、音频、视频、图形等资源进行搜集整理，并有序地分类。其中三维模型是 VR 内容中主要展示及交互的对象，在准备阶段，主要完成模型的建立、优化、展 UV、模型动画制作等操作。

模型的建立主要来自于两种途径，一种是手动建立模型，一种是通过照片建模或扫描建模完成。对于手动建模，当前主流的模型制作及处理软件有 3ds MAX、Maya、Blender、Zbrush 等；对于通过照片建模，Unity 有先进的 Photogrammetry 解决方案，如图 11-1 所示。

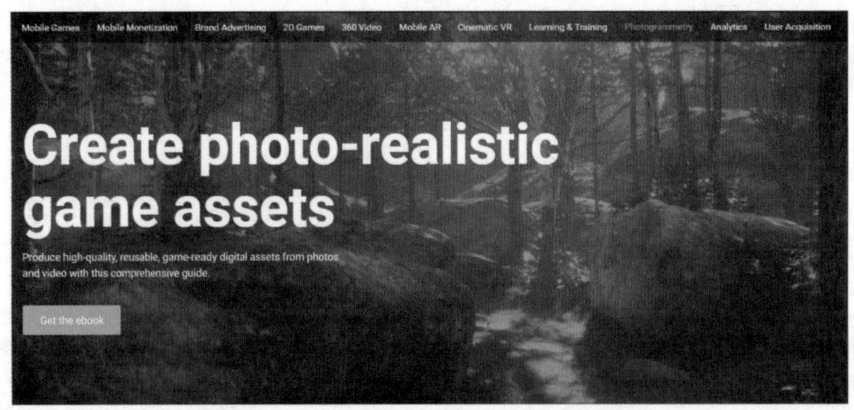

图 11-1 Unity Photogrammetry 解决方案

在建模过程中要尽可能保持模型简洁。因为 VR 内容的渲染需要使用大量的计算资源，尤其是在实时渲染环境下，简洁的模型可以减少不必要的资源占用。尽量减少对模型外观没有影响的布线，对于在整个体验过程中一定不会看到的部分可将其移除，例如一个办公桌的抽屉、橱柜的背面等，若不与其交互，可不对其进行建模。

对于面数较高的模型，例如通过雕刻、扫描完成的模型，需要对其面数进行优化，以符合 VR 对于性能的要求。模型制作人员可以使用重拓扑技术，制作该模型的低面数版本模型，通过烘焙法线贴图来表现高面数模型的细节。同时，亦可制作该模型不同细节规模的多个版本，通过使用 LOD（Level of Detail）技术，在 Unity 中进行设置，根据体验者与模型的距离，展示不同细节程度的模型。

为了后续的材质贴图制作，模型往往需要进行展 UV 操作。UV 是 2D 贴图与 3D 模型的桥梁，贴图根据 UV 信息决定在模型上的映射方案，多数建模软件均内置展 UV 功能，专业的 UV 拆分工具有 UVLayout、UNFOLD 3D 等。图 11-2 所示是在 Blender 中进行的展 UV 操作。

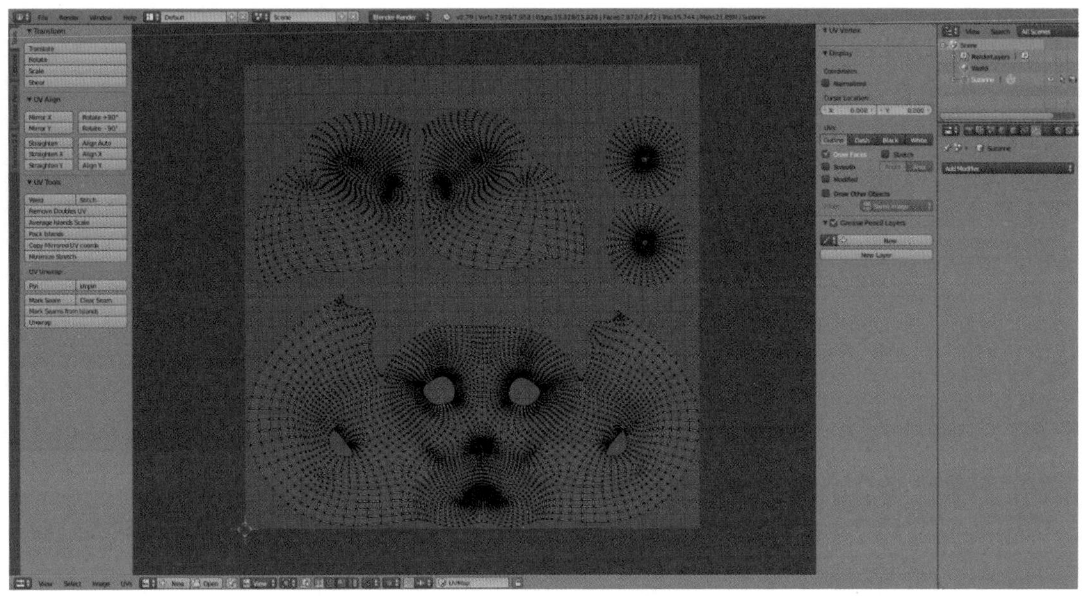

图 11-2 在 Blender 中进行的展 UV 操作

在材质贴图制作方面，Unity 内建标准着色器（Standard Shader）对材质进行呈现，为了制作良好的材质效果，一般使用专业的制作软件完成，其中比较有代表性的材质贴图制作软件为 Allegorithmic 公司旗下的 Substance 系列软件，包括 Substance Painter、Substance Designer、Substance B2M 等。其中 Substance Designer 是基于节点的材质制作软件，导出的 sbsar 材质文件可直接导入 Unity 进行使用；Substance Painter 是 3D 贴图绘制软件，导出的贴图可供 Unity 创建的材质使用，如图 11-3 所示。

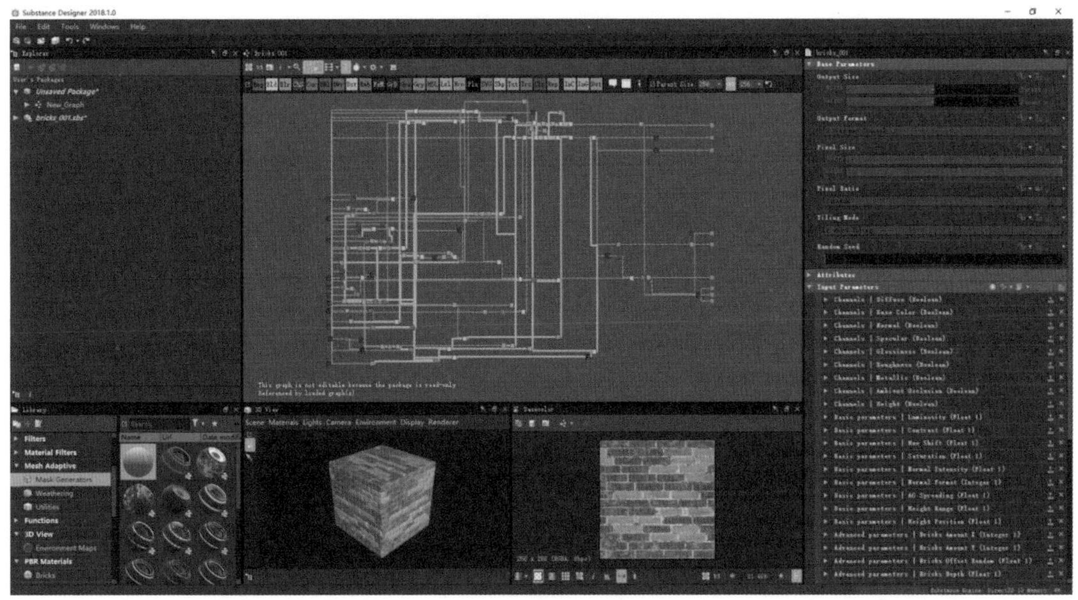

图 11-3 Substance Designer

11.3 将资源导入 Unity

Unity 项目的 Assets 文件夹存放项目中的所有资源，在 Unity 编辑器的 Project 面板中进行管理，所以对于资源的导入方式，可以将资源复制到 Assets 文件夹下，也可以将其拖放到 Unity 编辑器的 Project 面板中。选中 Project 面板中的任意资源，在属性面板中显示关于该资源的导入设置，Unity 会根据资源类型显示相应的参数设置。例如，当导入贴图资源时，通过对 Texture Type 参数的设置，可以选择将这张贴图作为普通贴图或法线贴图进行使用。

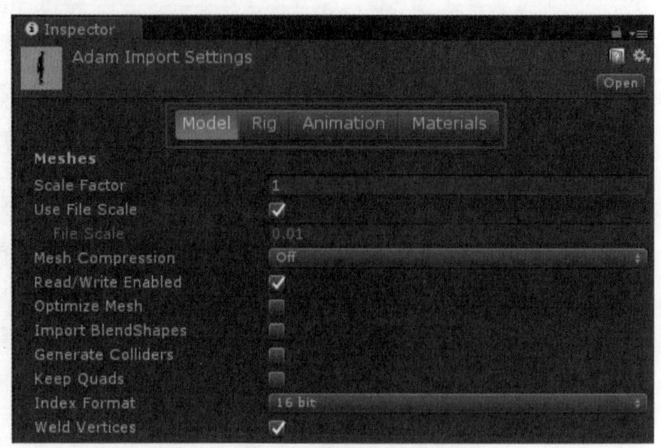

图 11-4　模型资源导入设置

而模型文件更是包含了多种数据，当导入模型资源以后，可以设置其绑定的骨骼、动画和材质等，如图 11-4 所示。

Unity 目前支持的 3D 模型文件格式为 .fbx、.dae、.3ds、.dxf、.obj、.skp，能够支持主流模型制作软件如 Maya、3ds Max、Blender 所导出的模型。值得一提的是，Unity 对 Blender 提供了良好的工作流程的支持。我们来看一下 Blender 结合 Unity 进行模型资源准备的工作流程。执行以下步骤。

（1）在官方网站下载并安装 Blender 后运行，按下 A 键，选择默认场景中的全部内容，按下 X 键后鼠标点击 Delete 命令，将其全部删除。

（2）使用快捷键 Shift + A，选择 Mesh > Monkey，新建一个模型，如图 11-5 所示。

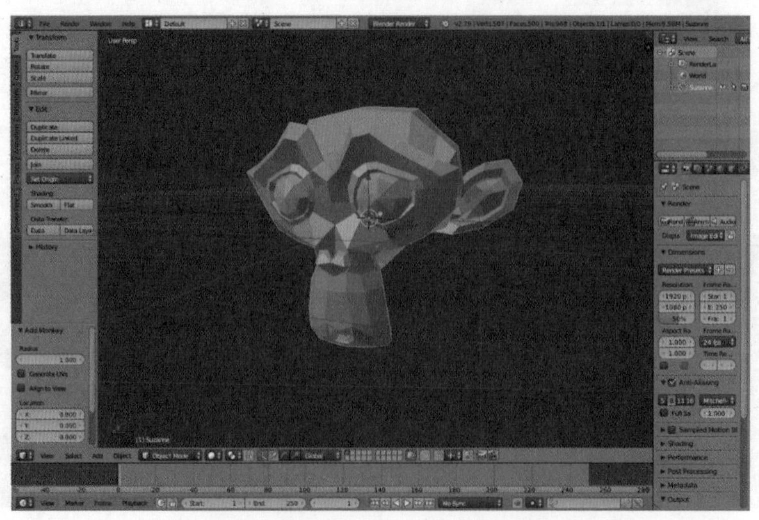
图 11-5　在 Blender 中建立模型

（3）在菜单栏选择 File > Save，保存项目，命名为 Monkey.blend。

（4）将 Mokey.blend 文件导入 Unity 编辑器，此时 Unity 将 Blender 项目文件作为模型处理，如图 11-6 所示，同时其属性面板显示与普通模型文件相同的导入设置。

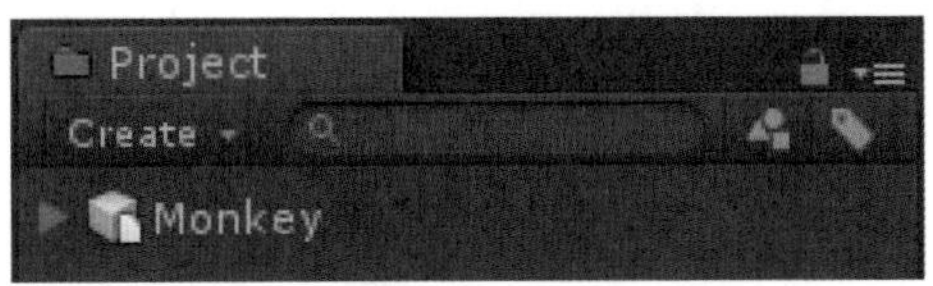

图 11-6　在 Unity 编辑器 Project 面板中的 Blender 项目文件

（5）此时即可将该资源作为一般模型文件使用，将其放置在场景中，如图 11-7 所示。

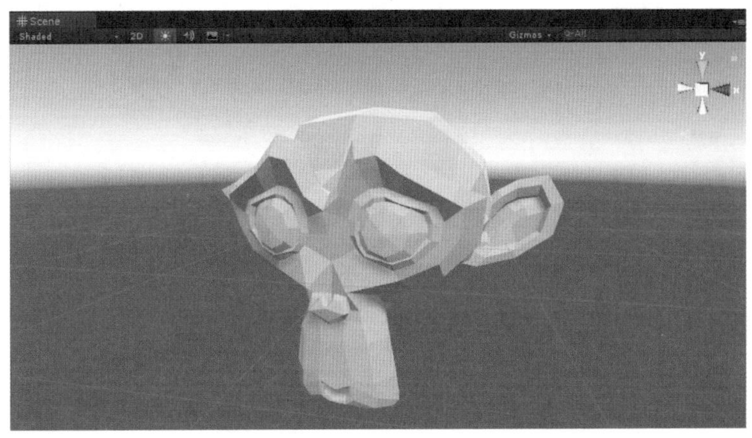

图 11-7　将 Blender 项目文件放置在场景中

（6）在项目制作过程中，当模型外观需要修改时，无需重新在 Blender 中导出 .fbx 文件，此时可直接在 Project 面板中双击该资源，打开 Blender 进行编辑。

（7）在 Blender 中，使用快捷键 Ctrl+2，对模型表面做二级细分，使模型更加精细，保存项目，关闭 Blender。

（8）返回 Unity，此时 Unity 自动将修改后的 Blender 项目重新导入，场景中的游戏对象也相应得到更新，如图 11-8 所示。

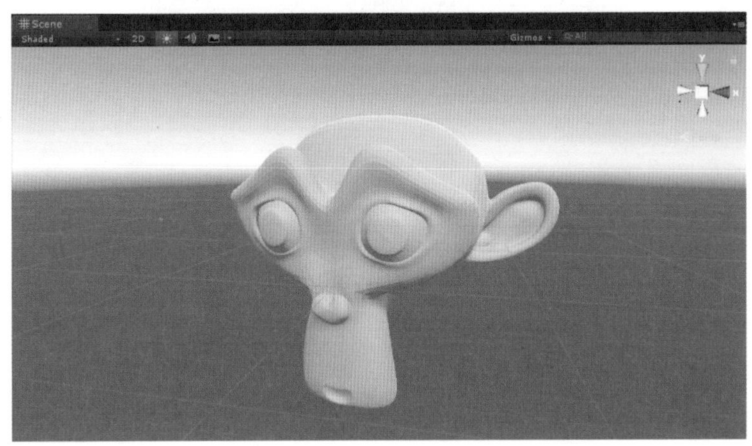

图 11-8　修改后的模型

由以上工作流程可见，在模型数据交换方面，Unity 能够与 Blender 之间实现无缝过渡，而无需频繁导出导入中间文件。

对于结构精密的工业模型，多数使用参数化建模软件制作，如 AutoCAD、SolidWorks 等。对于这些软件提供的数据转换格式，Unity 与 PiXYZ Software 合作发布的 PiXYZ 插件，可以使开发者在 Unity 中快速导入、管理和优化大型 CAD 组件，如图 11-9 所示。

图 11-9　Unity 与 PiXYZ 合作推出基于 CAD 数据的实时开发解决方案

另外，在资源组织过程中，要将资源按照类型进行合理的分类，良好的文件组织形式、清晰易懂的文件和目录命名，无论对于个人开发还是团队协同都会减少不必要的时间成本，如图 11-10 所示。

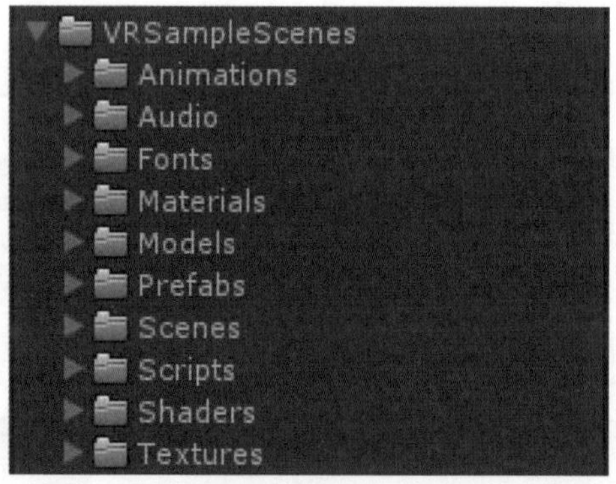

图 11-10　VR Samples 项目的文件组织

11.4　场景构建

在此阶段，主要进行包括但不限于如下几个方面的操作。

- 场景 / 关卡设计
- 设计场景地形
- 赋予模型材质
- 添加空间音效

- 制作粒子特效
- 设计动画效果
- 添加物理效果
- 设计用户界面
- 构建全局光照

在场景构建的过程中，同时也要考虑程序性能的优化。

11.5 在 Unity 中启用 VR 支持

Unity 对大多数 VR 平台的开发提供原生支持，即不需要导入外部的开发工具包，也可使用基本的 API 进行 VR 内容的开发。其前提是，在 Unity 项目建立以后，需要开启 VR 支持。开启 VR 支持以后，场景中的主摄像机可以直接渲染场景内容至头戴式显示器（HMD）中，同时头部跟踪信息将自动应用于摄像机，例如摄像机的位置、旋转等属性将由跟踪信息提供。

开启 VR 支持的具体操作。在菜单栏中选择 Edit > Project Settings > Player，打开玩家设置（Player Settings）窗口，根据 VR 硬件需要运行的平台——PC、Mac 或 Android，打开相应的标签页，如图 11-11 中 1 处所示，在 XR Settings 一栏中，勾选 Virtual Reality Supported，如图 11-11 中 2 处所示。

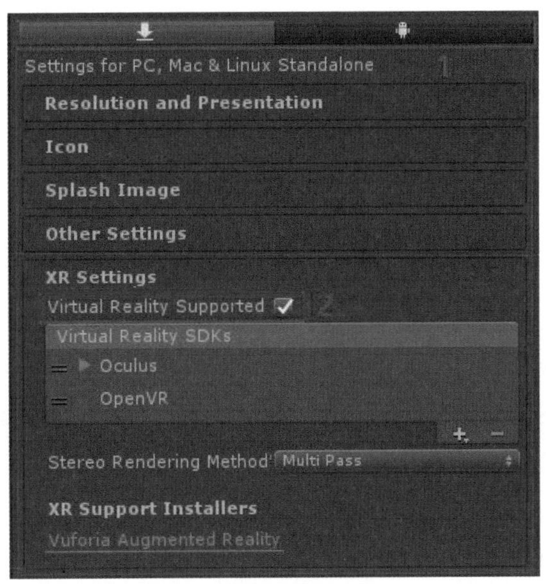

图 11-11 开启 VR 支持

在 Virtual Reality SDKs 列表中，可以添加或删除使用的 SDK，或调整其顺序，Unity 在运行时会根据列表顺序开启对所选 SDK 的支持。

需要注意的是，在 Unity 中所谓的 XR，是虚拟现实（VR）、增强现实（AR）、混合现实（MR）的统称。另外，虽然 Unity 内置支持各种平台的 VR 设备，但是为了提高开发效率，一般还会导入 VR 设备商提供的针对 Unity 的开发工具包，如 Oculus Utilities for Unity、Steam-

VR Plugin，这些工具包提供的预制体和 API 能够大大简化开发 VR 交互的流程。

11.6 导入 VR 开发工具包

在开发过程中，不可避免地需要借助外部插件完成项目的制作，Unity Asset Store 提供了丰富的资源和工具，能够帮助开发者节省工作量，提高 VR 内容品质，如图 11-12 所示。

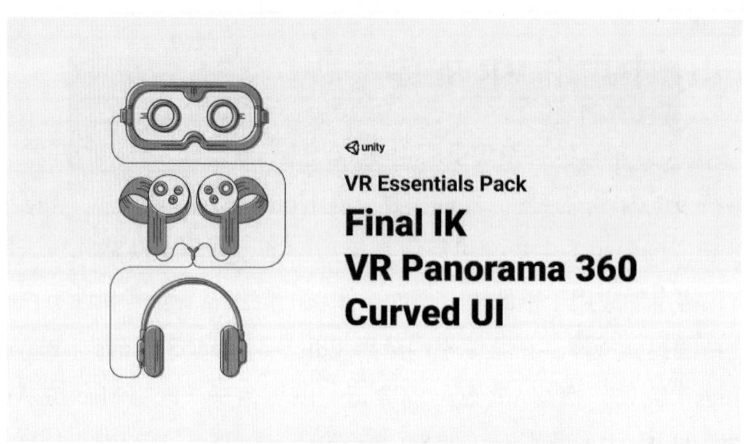

图 11-12 VR Essentials Pack

对于不同的 VR 平台，各厂商和社区也提供了相关的 SDK，例如 SteamVR Plugin、VRTK、Oculus Utilities for Unity、Google VR SDK for Unity 等，这些工具有的可以在 Unity Asset Store 中直接获取，有的需要在官方网站的开发者页面获取。本书将重点介绍如何使用这些工具开发相应平台的 VR 应用。

11.7 交互开发

此阶段主要针对输入设备与虚拟对象（包括程序界面和 3D 游戏对象）的交互开发，也是 VR 平台开发区别于 PC、智能手机平台最大的不同，这是因为硬件设备的输入方式之间有着很大的区别——PC 平台的主要输入方式为键盘按下和鼠标点击，而智能手机主要是手指与触摸屏的交互。

同时，Unity 官方提供的 VR Samples 示例项目也是很好的学习资源，建议在开发之前对该项目进行详细的了解，本书也将在第 13 章中对该项目中的交互实现方式进行解析。在后续的章节中，我们将分别对 Gear VR、HTC VIVE 和 Cardboard 三个 VR 平台的交互开发进行介绍。

11.8 测试及优化

稳定流畅的帧率是保证 VR 沉浸感的关键，人眼能够接收的最低帧率为 30FPS，低于此帧率的应用程序，在体验过程中会有明显的延时感，容易引起体验者的不适。在帧率足够的情况下，若突然降低，同样会影响沉浸感。使用 Unity 进行 VR 应用程序开发，有多种技术可以实现性能的优化，同时，借助相关工具，如 Frame Debugger、Profiler 等工具能够快速对性能瓶颈进行定位，我们将在第 19 章详细介绍 VR 中的性能优化。

11.9 导出项目

经过测试优化的 VR 应用程序在满足发布需求以后即可导出为最终产品。如前所述，目前主流 VR 硬件平台主要分为主机 VR 和移动 VR 两种类型，对于移动 VR 应用程序，多数基于 Android 系统开发，故符合使用 Unity 导出 Android 应用。

导出 VR 应用程序的一般步骤如下。

（1）选择 File > Build Settings ，打开发布设置窗口。

（2）将需要呈现的场景添加至 Build Settings 栏中，如图 11-13 中 1 处所示。

（3）在 Platform 栏中选择目标平台，点击 Switch Platform 按钮。

（4）如果需要对该平台导出相关参数进行设置，可以点击 Player Settings... 按钮，打开玩家设置窗口进行设置，如图 11-13 中 3 处所示。

（5）配置完毕后即可点击 Build 按钮将应用程序导出，对于主机 VR 平台，Unity 将项目导出为可执行文件如 .exe，对于基于安卓平台的 VR 应用程序，Unity 将项目导出为 APK 安装文件，需要手动部署至设备中。

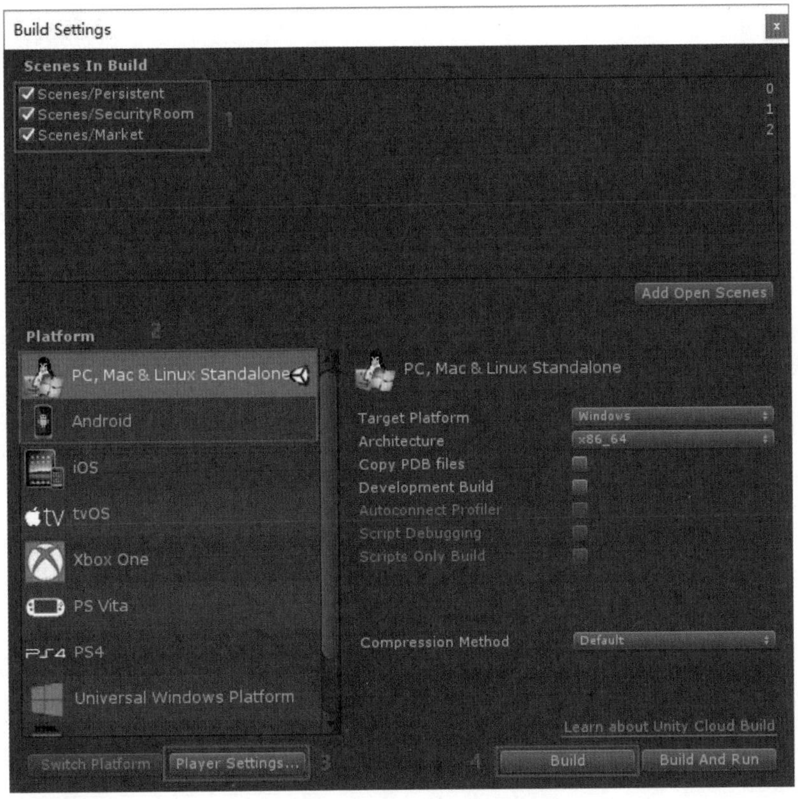

图 11-13 导出 VR 应用程序

第12章

VR交互设计需要注意的原则

VR 作为一种全新的计算平台，意味着它与传统的计算机、智能手机计算平台拥有不同的输入设备，所以需要根据其硬件特性，为体验者提供安全舒适的交互体验。VR 行业目前尚处于发展早期，随着 VR 硬件的迭代发展，交互设计亦会随着改变。本章介绍的交互设计原则，只是基于当前行业发展水平的最佳实践。这些指导原则也不是唯一准则，需要开发者在实践中不断测试迭代，以设计符合具体项目的交互方案。

12.1　声音相关

空间音频是塑造 VR 沉浸式环境的关键（图 12-1），在 VR 中的音频并不仅仅是根据距离改变音量，还涉及到声源的定位、反射、混响等方面。关于在 Unity 中将音频空间化的技术，可参见本书第 8 章内容。与光线类似，声波在空间中传输的过程中也存在反射、二次反射，当触发声音或者其他事件，考虑到用户的位置以及其视野。这是让用户保持沉浸体验的非常有效的途径。

图 12-1　空间音频能够提高 VR 体验的沉浸感

需要注意的是，并不是所有音频都需要进行空间化处理，例如触发 UI 元素的特效声音、环境噪声、背景音乐等。

12.2　移动相关

在 VR 环境中实现体验者虚拟位置的移动是 VR 交互开发中的关键和挑战。在 VR 中进行移动，通常情况是体验者在虚拟环境中移动，而在现实世界保持静止。鉴于目前的 VR 硬件情况，受限于头显分辨率和刷新率，长时间长距离剧烈的位置移动会为体验者带来不适的感觉，这与人类的生理结构有关，当人眼与大脑的前庭系统感受的信息不一致时，体验者会产生不适感，即晕动症。设计不当或实施不当可能会使经验丰富的 VR 用户感到不舒服。加速或减速都能使体验者感到不适。

- 减少晕动症发生的交互设计方案

在交互设计时，可采用以下四种方案来减少晕动症的发生。

（1）在适当的情况下，为体验者添加一个虚拟的“鼻子”。计算机图形技术科学家通过研究发现，在 VR 环境中为体验者添加一个虚拟的“鼻子”可以将晕动症的影响降低 13.5%。

以使用 SteamVR Plugin SDK 作为 VR 应用程序开发为例，将随书资源中关于本章的素材里的 Nose.fbx 文件导入 Unity，将预制体 CameraRig 拖入场景中，将模型 Nose 放置在游戏对象 CameraRig 的子物体 Camera（head）下，调整其位置和朝向，以不影响大部分视线为原则，Nose 的 Transform 组件各属性参考值为 Position:（0，-0.09，0.05），Rotation:（-90，0，0），如图 12-2 所示。

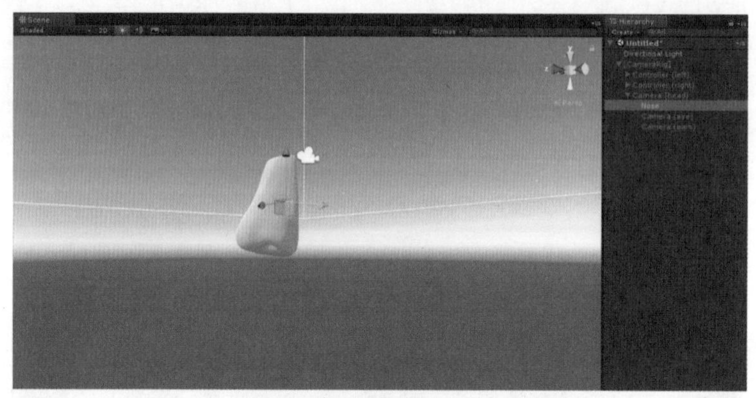

图 12-2 为 VR 中的体验者添加“鼻子”

（2）使用遮罩显示视线聚焦范围。当体验者在场景中移动或移动场景时，使用一个遮罩将视野边缘内容隐藏能够很好地降低移动过程带来的不适感，例如在 Google Earth VR 应用中，当体验者移动场景时，仅显示用户注视点所在的范围，其他内容被隐藏，如图 12-3 所示。

图 12-3 在 Google Earth VR 应用中通过缩小视野范围移动场景内容

（3）当体验者在选定的目标点之间移动时，可以使用黑屏效果，使移动过程对体验者不可见。具体技术实现过程可参见本书 13.6 节“交互体验：切换场景时的黑屏效果”或参考 15.4.11 节“头显穿透模型的用户体验优化”。

（4）在 VR 场景中，除使用第一人称进行交互外，可将视角切换为第三人称，体验者通过输入设备控制场景内的主角移动，例如游戏 Lucky’s Tale 以及 Unity 示例项目 VR Samples 中的 Maze 场景，如图 12-4 所示。

图 12-4　VR 游戏 Lucky's Tale

12.3　互动相关

鉴于目前 VR 硬件发展水平，当体验者在虚拟环境中与物体进行交互时，很难在现实世界中给予一定的触觉或力度反馈，所以在 VR 环境中尽可能地多为体验者提供其他形式的反馈信息，例如播放声音、突出显示对象、显示粒子特效等形式。如在应用 Blocks 中，使用 Leap Motion 作为输入设备，当虚拟的人手与物体交互时，交互对象高亮显示，同时标识双手与物体的接触部位，如图 12-5 所示。

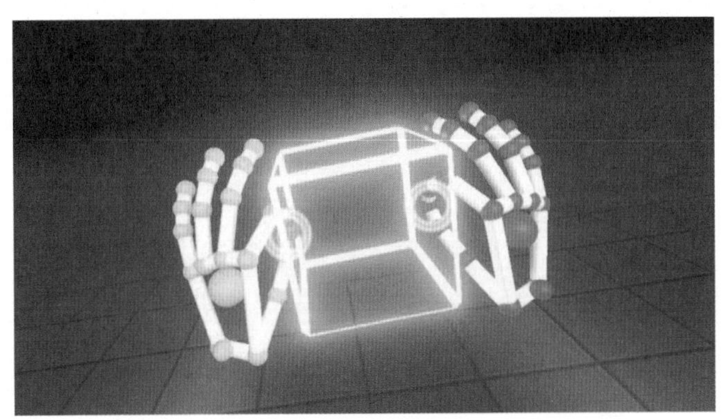

图 12-5　使用 Leap Motion 作为手势输入设备

6 自由度的控制器通常具备振动功能，在交互设计中充分利用这种反馈形式能够增加体验者与物体交互的真实感。

虽然在 VR 交互中强调真实感，但是有些真实的交互效果是需要避免的。例如拾取一个物体，适当使用动画或程序逻辑，可以使交互更加流畅；例如在子弹射光以后重新上膛，用户只需按下某个按键激发相应动画即可，而不需要手动完成整个过程。

在场景中创建交互式元素时还应考虑舒适度，对于需要频繁使用的动作，应该将动作幅度控制在体验者舒适的区域内，如图 12-6 所示。左右两幅图片分别展示了体验者头部在垂直和水平方向上的最大旋转角度和舒适区域。

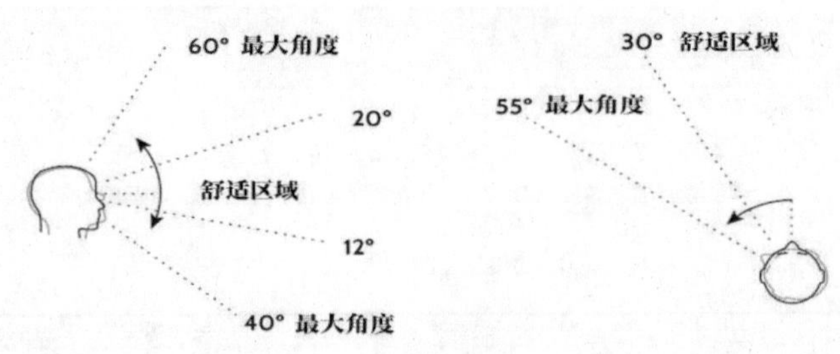

图 12-6 头部运动范围舒适区域

在 VR 中与对象交互可以参考该对象在现实世界中的真实交互方式，以符合体验者的使用习惯，例如 The Lab 中的射箭动作的设计就参考了现实中的手势行为。

在 VR 交互设计中面临的挑战之一是引导体验者的注意力到指定的位置，以保证体验者能够接收完整的叙事内容，基于人类的生理特征，当有光出现的时候，人会本能地看向发光的地方，所以在 VR 中使用光线引导用户的注意力不失为一种理想的手段，如图 12-7 所示。

图 12-7 在 VR 中使用光源引导体验者的注意力

12.4 控制器相关

不同的 VR 硬件平台拥有不同的输入设备，HTC VIVE 等主机 VR 设备通常使用 6 自由度的手柄控制器作为输入设备，而 Gear VR 等移动 VR 设备则使用触摸板或 3 自由度的手柄控制器，在某些情况下还会外接第三方输入设备，例如使用 Leap Motion 实现 VR 中的手势识别。因此，需要针对不同的输入设备进行相应的交互设计，根据其特性设计符合用户使用习惯和项目需要的交互逻辑。

合理使用标准按键映射能够减少用户的学习成本，例如 Trigger 键通常在设计游戏中作为扳机键使用，而 TouchPad 键更加适合作为翻页功能键使用。所以开发者在为选定的 VR 硬件平台开发内容之前，需要了解控制器按键，这些按键映射一般在 VR 硬件厂商的官方开发文档中能够找到详细说明，如图 12-8 所示。

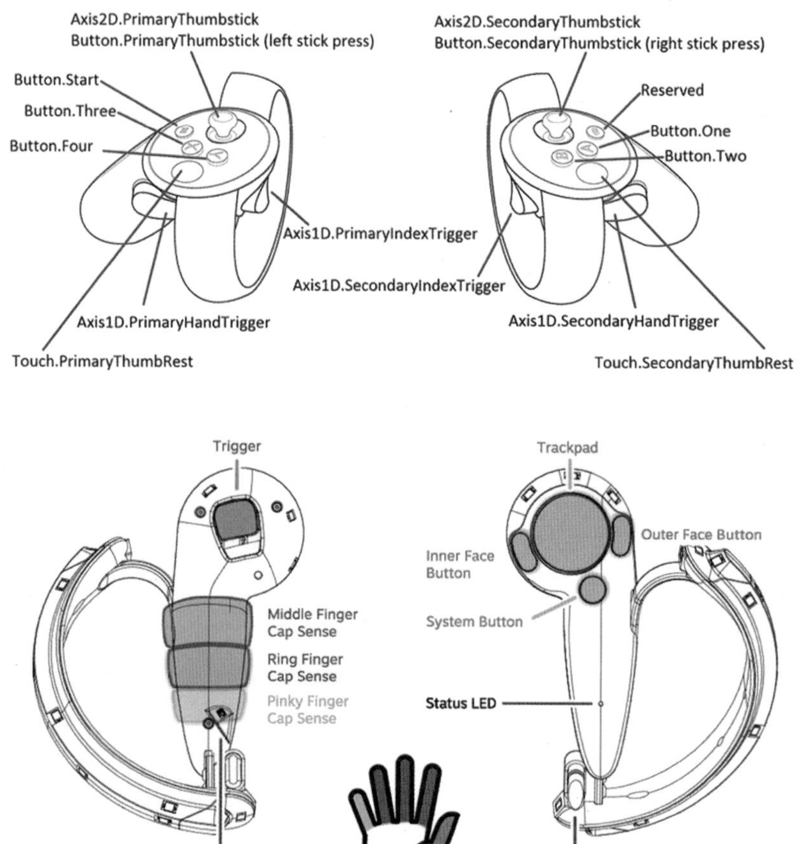

图 12-8 Oculus Touch 与 Valve Knuckles 的控制器按键映射

当用控制器进行对象选择时，建议在控制器末端为其绘制一束激光，在 Unity 中一般使用 Line Renderer 组件实现，使用物理系统的激光碰撞原理（Physics.Raycast ( )）判断对象是否被选中。

对于 3 自由度控制器，例如 Gear VR 和 Daydream 控制器，不建议在应用程序中将其表现为某种手部模型，因为通常情况下，提供一个手部模型意味着体验者可以在 VR 环境中进行抓取、投掷等操作，但是该类控制器不具备位置追踪功能，仅提供朝向信息，基于这种逻辑和硬件状况，很难在应用程序中实现，在这种情况下，直接呈现控制器模型即可。

对于 6 自由度的控制器，例如 Oculus Rift 和 HTC VIVE 控制器，不仅可以将其表现为手部模型，还可将其呈现为某种道具，如手枪、棍棒等，对于控制交通工具，如车辆、无人机等，理想的交互方式是通过倾斜控制器调整方向，结合触摸板或按键实现辅助功能，典型的应用案例是 The Lab 中对于无人机道具的操控。

12.5 环境相关

环境的营造可以传递不同的情绪。对于有特殊叙事需要的场景，可以使用缩放场景影响体验者的感受——放大场景可以使体验者感受到渺小，缩小的场景可以使体验者感受到强大。

多数情况下我们塑造的是一个真实的场景，这就需要保持场景元素符合 1:1 的比例。对于构成环境的基本元素——模型来说，需要对所有可能被体验者观察的物体制作完善的贴图，尤其是对环境真实度要求较高的项目。如结合传统行业开发的 VR 应用程序，即使是不需要太多细节的物体，若在程序中拥有一定的权重，也要为其添加一些微小的噪点纹理，而不是仅仅给这些材质一个简单的纯色。此时可引入基于物理的渲染理论（PBR）的工作流程，例如使用 Substance 系列软件进行贴图和材质的制作，结合 Unity 的标准材质，通常能够呈现真实的材质表现。

12.6 UI 相关

将 UI 元素放置在距离体验者合适的位置上，能够为体验者带来良好的观看体验；当界面元素距离体验者太近时，体验者需要大范围旋转头部进行查看，聚焦也相对困难；若距离太远，体验者不易看清界面内容。对于文字内容，还需要考虑字体、分辨率、字间距等因素对体验者的影响。

在 Unity 中，距离体验者 1.5~3 米的距离是比较理想的放置 UI 元素的区域，但是同时需要考虑 UI 元素的缩放，例如当字号为 30，将其放置距离体验者 4.5 米的距离也能带来良好的阅读体验。

12.7 用户定位和位置追踪相关

对于带有位置追踪功能的 VR 硬件平台，首先需要关心的是用户安全，因为在这种定位方式下，用户可以在现实世界范围内任意移动，所以在对应开发的 VR 应用程序中，要保证体验者的位置不越过安全区域。通过标识体验者初始位置或显示一个安全边界的轮廓，在适当的时候提示警告信息，可以帮助体验者意识到当前所处位置是否安全。

由于体验者可以在 VR 环境中自由移动，对于某些位置是我们不希望体验者看到的，例如模型内部，当体验者移动头部在虚拟世界里进入某个物体内部时，容易迷惑，从而破坏沉浸感，在这种情况下，可以适当添加黑屏效果或警告，以提示用户返回合理的区域。读者可在本书 15.4.11“头显穿透模型的用户体验优化”一节中参考相关技术实现过程。

将摄像机放在合适的高度，尽量符合用户身高，例如使用 SteamVR Plugin 进行 VR 程序开发时，将场景中的游戏对象 CameraRig 的高度（ Position 属性的 Y 值）设置为 0。如果没有特殊的叙事要求，则将体验者放置在场景中的地面上。

应当保持让用户控制摄像机，而不要让程序控制，例如只响应某个轴向上的头部旋转，或在 6 自由度的头显中只显示固定高度的内容。如果体验者在 VR 环境中移动头部，而 VR 环境并没有正确反映，即使是短暂的停顿，也会破坏沉浸感。

基于以上论断，在与物体的交互中，还要尽量避免让体验者从地板上拾取物体，尤其是使用由外而内（Outside-In）方式进行控制器定位的 VR 设备。当体验者弯腰拾取地面上的物体时，负责追踪控制器的基站信号容易被体验者身体遮挡，从而导致定位不准确或失去追踪信号的情况发生。

第 13 章

示例项目学习：VR Samples 解析

13.1 概述

VR Samples 是 Unity 提供的学习 VR 开发的示例项目，开发者可以在 Unity Asset Store 中搜索 VR Samples 下载并导入 Unity 编辑器中进行学习，如图 13-1 所示。

图 13-1 VR Samples

该项目主要由一个菜单场景和五个小型游戏场景组成，适用于 Gear VR ，故本章对于交互原理和代码的分析也将基于该平台。将项目导入到 Unity 编辑器以后，在 Project 面板中，路径 Plugins/Android/Assets 下，通过阅读 OSIG_Readme 文件，或参照本书 16.2.1 节的内容，生成一个数字签名文件并将其放置于此目录下，将项目构建后即可部署至设备进行体验。

出于本书主旨，关于项目的游戏机制并不是我们讨论的重点，读者可安装应用后自行体会。本节将主要介绍在 VR Samples 项目中核心的交互设计与实现原理。

13.2 交互的实现

在 VR Samples 中，多数实现交互的组件都挂载在场景中的主摄像机（MainCamera）上，读者可进入项目中任意场景进行查看，摄像机组织结构及挂载组件如图 13-2 所示。

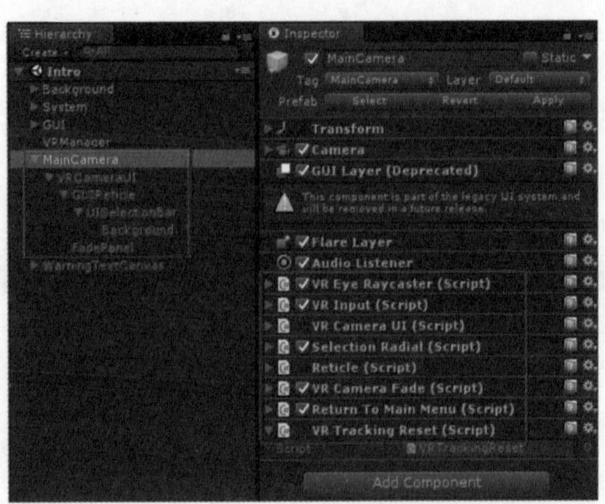

图 13-2 摄像机组织结构及挂载组件

实现交互的流程为：VR Input 组件负责接收交互动作的输入，VR Eye Raycaster 组件负责向被交互对象（VRInteractiveItem）发送事件和控制准星行为，如图 13-3 所示。

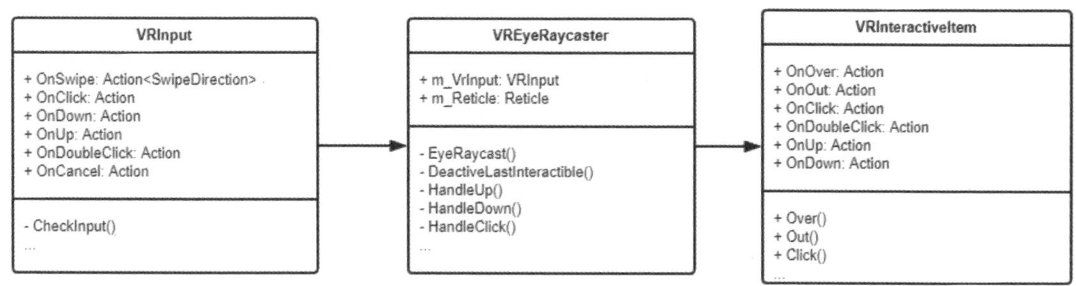

图 13-3　VR Samples 交互实现流程

响应交互的对象上均挂有 VR Interactive Item 组件，即被认为是可交互的对象。基于碰撞原理，交互对象挂有 Collider 类型组件（如 Box Collider、Mesh Collider 等），如图 13-4 所示，通过注册 VR Interactive Item 发送的事件，即可编写针对被交互对象的各种交互行为的处理函数。

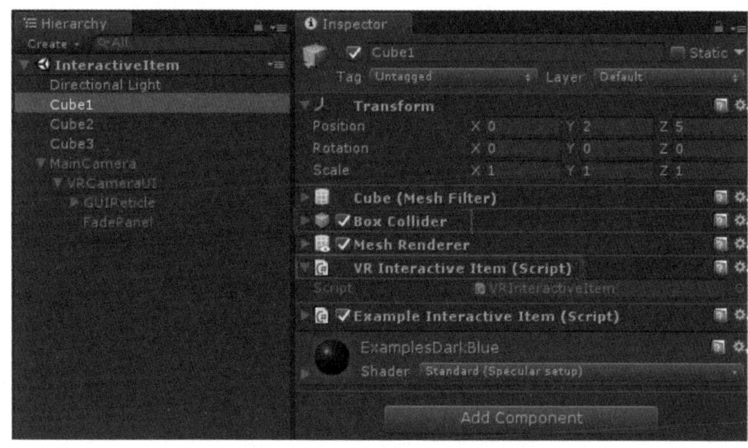

图 13-4　设定物体为可交互

- VR Input 组件

在脚本 VRInput.cs 脚本中，通过 CheckInput ( ) 方法获取用户输入，代码片段如下，此处以 Gear VR 平台为例进行注释。

```
// 定义手指在 Gear VR 触控板上的滑动方向
public enum SwipeDirection
{
    NONE,
    UP,
    DOWN,
    LEFT,
    RIGHT
};

public event Action<SwipeDirection> OnSwipe;
```

```
// 单击事件
public event Action OnClick;
// 手指按在触控板事件
public event Action OnDown;
// 手指离开触控板事件
public event Action OnUp;
// 双击事件
public event Action OnDoubleClick;
// 退出事件
public event Action OnCancel;

// 每帧调用 CheckInput 函数
private void Update()
{
    CheckInput();
}

private void CheckInput()
{
    // 设定默认滑动方向。在 Maze 场景中，有通过在 Gear VR 触控板上滑动来进行场景旋转的
交互
    SwipeDirection swipe = SwipeDirection.NONE;

    // 当手指按在触控板上时
    if (Input.GetButtonDown("Fire1"))
    {
        // 记录手指在触控板上按下时的位置
        m_MouseDownPosition = newVector2(Input.mousePosition.x, Input.
mousePosition.y);

        // 发送在 Gear VR 触控板上按下事件
        if (OnDown != null)
            OnDown();
    }

    // 手指从 Gear VR 触控板移开时
    if (Input.GetButtonUp ("Fire1"))
    {
        // 记录手指离开触控板时的位置
        m_MouseUpPosition = newVector2 (Input.mousePosition.x, Input.
mousePosition.y);

        // 通过 m_MouseDownPosition 与 m_MouseUpPosition 的位置比较，确定滑动
方向
        swipe = DetectSwipe ();
    }

    if (swipe == SwipeDirection.NONE)
        swipe = DetectKeyboardEmulatedSwipe();
```

```
    // 发送滑动事件
    if (OnSwipe != null)
        OnSwipe(swipe);

    if(Input.GetButtonUp ("Fire1"))
    {
        // 发送手指离开事件
        if (OnUp != null)
            OnUp();

        // 单击或双击判断逻辑，如果两次离开时间差小于设定的判断时间，
        // 则认为是双击事件，反之则认为是单击事件
        if (Time.time - m_LastMouseUpTime < m_DoubleClickTime)
        {
            // 发送双击事件
            if (OnDoubleClick != null)
                OnDoubleClick();
        }
        else
        {
            // 发送单击事件
            if (OnClick != null)
                OnClick();
        }

        // 每次手指离开触控板时，记录当时时间以进行比对
        m_LastMouseUpTime = Time.time;
    }

    // 如果 Gear VR 头显上的返回按钮被按下，发送返回事件
    if (Input.GetButtonDown("Cancel"))
    {
        if (OnCancel != null)
            OnCancel();
    }
}
```

- VR Eye Raycaster 组件

在 VREyeRaycaster.cs 脚本中，使用 EyeRaycast 函数实现了与游戏对象交互的逻辑：每一帧都从摄像机位置发送射线，根据击中与否进行准星和激活对象的处理。其中，当击中游戏对象时，如果该对象是可交互的，则调用 VRInteractiveItem 类的 Over 方法使游戏对象做出反应，同时设定准星位置为碰撞发生时的碰撞点。代码片段如下：

```
// 每帧调用 EyeRaycast()
private void Update()
{
    EyeRaycast();
}
```

```
private void EyeRaycast()
{
    // 当m_ShowDebugRay为true时，程序运行时在编辑器中绘制调试射线
    if (m_ShowDebugRay)
    {
        Debug.DrawRay(m_Camera.position, m_Camera.forward * m_
DebugRayLength, Color.blue, m_DebugRayDuration);
    }

    // 以摄像机位置为起点，向前发射射线
    Ray ray = newRay(m_Camera.position, m_Camera.forward);
    RaycastHit hit;

    // 射线碰撞检测，发生碰撞时的逻辑
    if (Physics.Raycast(ray, out hit, m_RayLength, ~m_ExclusionLayers))
    {
        // 当游戏对象被射线击中时，获取其VRInteractiveItem组件
        VRInteractiveItem interactible = hit.collider.GetComponent<VRInt
eractiveItem>();
        // 设置当前交互对象为interactible实例
        m_CurrentInteractible = interactible;

        // 如果interactible不为空，并且与旧有的引用不是同一个对象，
        // 则执行VRInteractiveItem的Over方法，即指针悬停
        if (interactible && interactible != m_LastInteractible)
            interactible.Over();

        // 原有可交互对象执行指针移出操作
        if (interactible != m_LastInteractible)
            DeactiveLastInteractible();

        m_LastInteractible = interactible;

        // 如果存在Reticle类的实例，即准星，使用Reticle类的方法设定准星位置
        if (m_Reticle)
            m_Reticle.SetPosition(hit);

        if (OnRaycasthit != null)
            OnRaycasthit(hit);
    }
    else
    {
        // 没有发生射线碰撞的逻辑
        // 原有激活的物体取消激活并置空
        DeactiveLastInteractible();
        m_CurrentInteractible = null;
```

```
            // 调用 Reticle 类方法，设定准星位置
            if (m_Reticle)
                m_Reticle.SetPosition();
    }
}

// 原有交互对象执行取消激活操作
private void DeactiveLastInteractible()
{
    if (m_LastInteractible == null)
        return;

    // 调用 VRInteractiveItem 的 Out 方法，同时该引用置空
    m_LastInteractible.Out();
    m_LastInteractible = null;
}
```

以上代码中的 m_Reticle 为 Reticle 类的实例。在 Reticle.cs 脚本中，存在两个 SetPosition 函数，其中需要传递参数的函数用来设定射线击中游戏对象时的处理方法，而没有参数传递的函数用来设定射线没有击中任何游戏对象时的处理方法。如下列代码片段所示：

```
// 射线没有击中任何交互对象时准星的位置设定
public void SetPosition ()
{
    // 设定准星的位置为默认值，即由变量 m_DefaultDistance 提供的摄像机前方的一个位置
    m_ReticleTransform.position = m_Camera.position + m_Camera.forward *
m_DefaultDistance;

    // 设定准星的缩放为默认值
    m_ReticleTransform.localScale = m_OriginalScale * m_DefaultDistance;

    // 设定准星的旋转角度为默认值
    m_ReticleTransform.localRotation = m_OriginalRotation;
}


// 射线击中可交互对象时准星位置的设定
public void SetPosition (RaycastHit hit)
{
    // 设定准星位置为射线发生碰撞时的碰撞点
    m_ReticleTransform.position = hit.point;
    // 设定准星的大小。因为在 VR 环境中，体验者观察到的物体会有近大远小的效果，所以为了
    // 使准星保持视觉上大小的一致性，根据射线长度设定准星尺寸，即距离越远，准星越大，
    // 距离越近，准星越小
    m_ReticleTransform.localScale = m_OriginalScale * hit.distance;

    //是否使准星贴于物体表面
    if (m_UseNormal)
        // 为 true，则创建一个从 (0,0,1) 方向到碰撞点法线方向的旋转，
```

```
        // 赋予准星在世界坐标系中的旋转属性
        m_ReticleTransform.rotation = Quaternion.FromToRotation (Vector3.
forward, hit.normal);
    else
        // 为 false，则按照默认值设定准星的本地旋转属性
        m_ReticleTransform.localRotation = m_OriginalRotation;
}
```

- VR Interactive Item 组件

VRInteractiveItem.cs 脚本被挂载到所有可交互的游戏对象上，通过委托，发送事件给注册了该事件的对象，继而实现对各种交互做出的反应。事件类型如下：

```
public event Action OnOver;
public event Action OnOut;
public event Action OnClick;
public event Action OnDoubleClick;
public event Action OnUp;
public event Action OnDown;
```

13.3 VR 中的 UI

如前面章节所说，在 VR 中没有屏幕的概念，在 VR Samples 项目可以发现多处基于世界空间坐标系构建的 UI。如图 13-5 所示，在场景 Shooter180 和 Shooter360 中，将时间和分数 UI 置于武器附近；在场景 Flyer 中，指示时间和分数的 UI 元素置于飞船尾部。

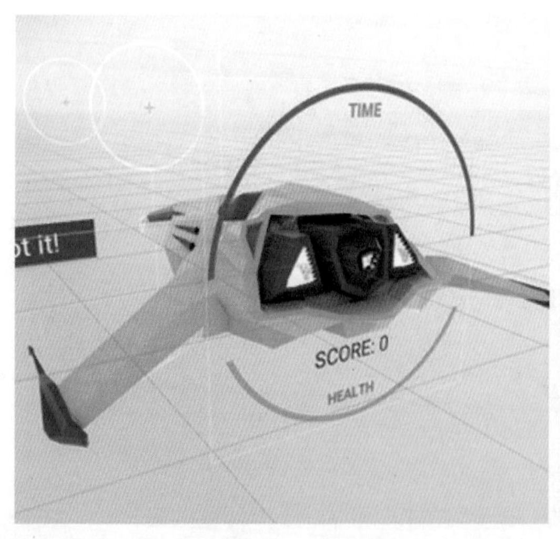

Flyer

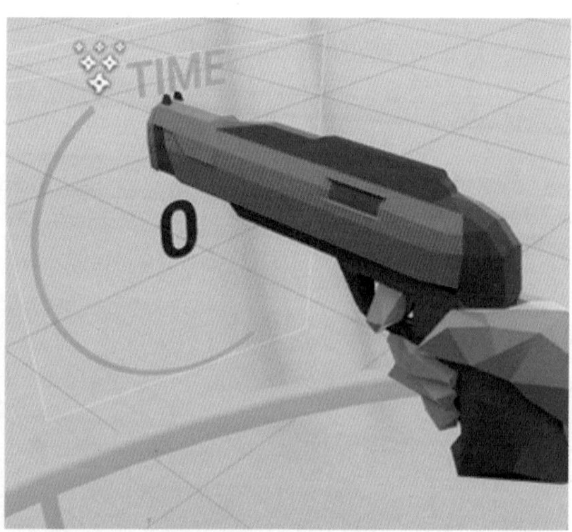

Shooter 360

图 13-5 VR 中的 UI

对于 UI 容器 Canvas 的尺寸控制，有的场景通过保持 1 倍的 Scale，然后设定一个相对小的 Width 和 Height 属性来实现，有的场景则通过设定一个相对小的 Scale，进而控制 Width 和 Height 属性，如图 13-6 所示。

图 13-6　Canvas 缩放与长宽的关系

13.4　交互体验：基于时间进度的点击

在 Maze 等场景中存在一种基于时间的点击交互形式，当按下 Gear VR 头显右侧触摸板后程序开始计时，同时准星的红色圆环透明度逐渐被填充为 1，在此过程中，用户可以取消选择，否则当准星完全填充后，程序认为用户确定选择，继而触发点击事件，如图 13-7 所示。

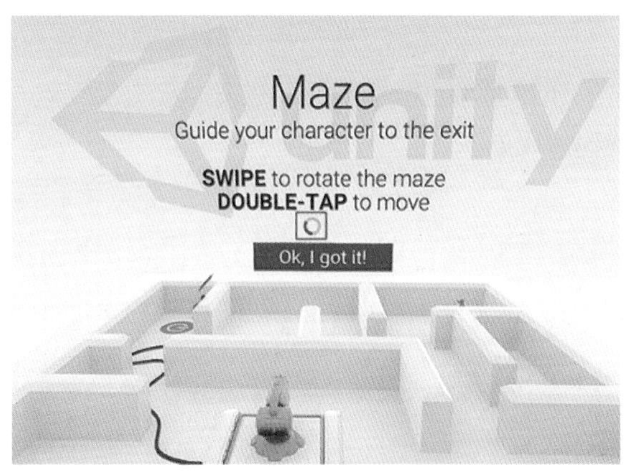

图 13-7　基于时间进度的点击

如图 13-8 所示，在 MainCamera 上挂载的 Selection Radial 组件实现了该交互逻辑，通过 VRInput 类获取用户手指按下及离开 Gear VR 触控板的事件，在其处理函数中控制 UISelectionBar 的外观。

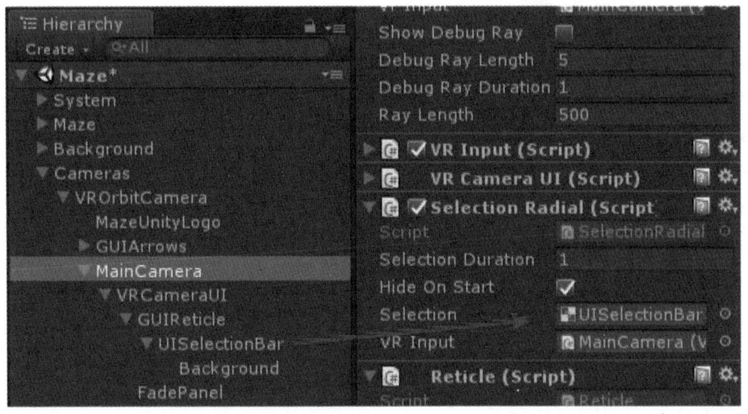

图 13-8　Selection Radial 组件

逐渐填充的效果原理介绍。UISelectionBar 为一个不透明的 Image 元素，其下包含一个名为 Background 的半透明 Image 元素。UISelectionBar 的 Image 组件属性设置如图 13-9 所示。将组件的 Image Type 属性设置为 Filled，图像类型为填充样式；File Method 为 Radial 360，填充方式为旋转填充；Fill Amount 属性默认设置为 0，保证在初始状态下没有填充量，此时只显示半透明的 Background 子物体。填充的过程是使用脚本控制该 Image 组件 Fill Amount 的过程——使该属性值逐渐变为 1。

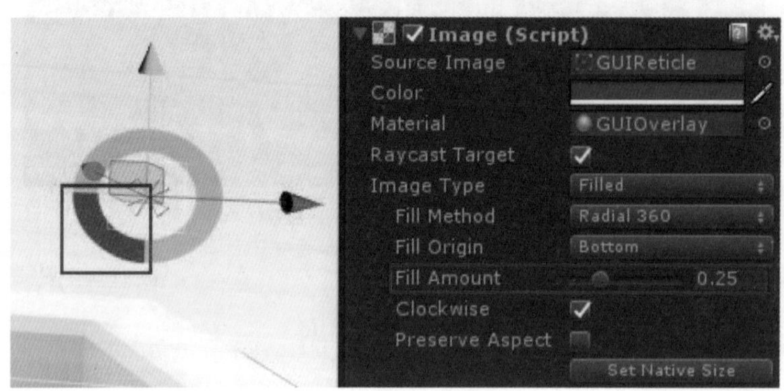

图 13-9　通过时间变量控制 Image 组件的 Fill Amount

在 SelectionRadial.cs 脚本中，使用协程 FillSelectionRadial 实现了准星逐渐填充的效果，代码片段如下：

```
// 手指在触控板上按下时，开启协程
private void HandleDown()
{
    if (m_IsSelectionRadialActive)
    {
        m_SelectionFillRoutine = StartCoroutine(FillSelectionRadial());
    }
}

// 手指离开触控板时，停止协程，
// 并重置 UISelectionBar 上 Image 组件的 fillAmount 属性为 0
private void HandleUp()
{
    if (m_IsSelectionRadialActive)
    {
        if(m_SelectionFillRoutine != null)
            StopCoroutine(m_SelectionFillRoutine);
        m_Selection.fillAmount = 0f;
    }
}

private IEnumerator FillSelectionRadial()
{
    // 设置是否填充完毕的标志位
    m_RadialFilled = false;

    // 重置时间和填充量
```

```
    float timer = 0f;
    m_Selection.fillAmount = 0f;

    // m_SelectionDuration 为确认选择需要的时间，
    // timer 记录手指按在触控板上经历的时间，
    // 如果 timer 值达到等待需要的时间，则退出循环，程序认为确认选择
    while (timer < m_SelectionDuration)
    {
        // 鉴于 fillAmount 为一个介于 0 到 1 的比例值
        // 可通过 timer 与 m_SelectionDuration 的比值改变图像的填充量
        m_Selection.fillAmount = timer / m_SelectionDuration;

        // 时间每帧累加
        timer += Time.deltaTime;
        yieldreturnnull;
    }

    // 循环结束，设定填充量为 1
    m_Selection.fillAmount = 1f;

    // 设定相应标志位
    m_IsSelectionRadialActive = false;
    m_RadialFilled = true;

    // 发送选择结束事件，即确认选择
    if (OnSelectionComplete != null)
        OnSelectionComplete();
}
```

13.5 交互体验：在 VR 场景中引导用户视线

在示例场景 Intro 中，体验者两侧分别有一个指示箭头，当体验者视线离开应用程序希望用户看到的区域时，指示箭头显示，提醒用户将视线重新集中在正前方。在场景中的 GUIArrows 游戏对象上，挂载了 GUIArrows.cs 脚本，在 Update ( ) 函数中实现了交互逻辑，通过计算用户视线方向与给定方向的偏移量，改变箭头材质的透明度，如以下代码清单所示：

```
private void Update()
{
    // 设定应用程序期望的体验者视线方向，如没有在 Inspactor 面板中给定，
    // 如图 13-10 中 1 处所示
    // 则默认使用世界坐标系中的 z 轴正方向
    Vector3 desiredForward = m_DesiredDirection == null ? Vector3.forward :
m_DesiredDirection.forward;

    // 将摄像机方向（头显方向）投影到一个在世界坐标系中
    // 法线方向向上 (0,1,0) 的平面，
    // 以进行下一步的比较
    Vector3 flatCamForward = Vector3.ProjectOnPlane(m_Camera.forward, Vector3.
```

```
up).normalized;

    // 计算期望方向与体验者视线方向的偏移量
    float angleDelta = Vector3.Angle (desiredForward, flatCamForward);

    // 如果偏移角度大于允许偏移的角度范围，则设定目标透明度为 1,
    // 否则保持为 0
    m_TargetAlpha = angleDelta > m_ShowAngle ? 1f : 0f;

    // 控制透明度的值，以缓动的形式按照给定的速度靠近目标值
    m_CurrentAlpha = Mathf.MoveTowards (m_CurrentAlpha, m_TargetAlpha, m_
FadeSpeed * Time.deltaTime);

    // 遍历箭头列表，为其设定材质的透明度，此处为在检视面板中
    // 提前赋予的三个游戏对象，
    // 如图 13-10 中 2 处所示
    for (int i = 0; i < m_ArrowRenderers.Length; i++)
    {
        m_ArrowRenderers[i].material.SetFloat(k_MaterialPropertyName, m_
CurrentAlpha);
    }
}
```

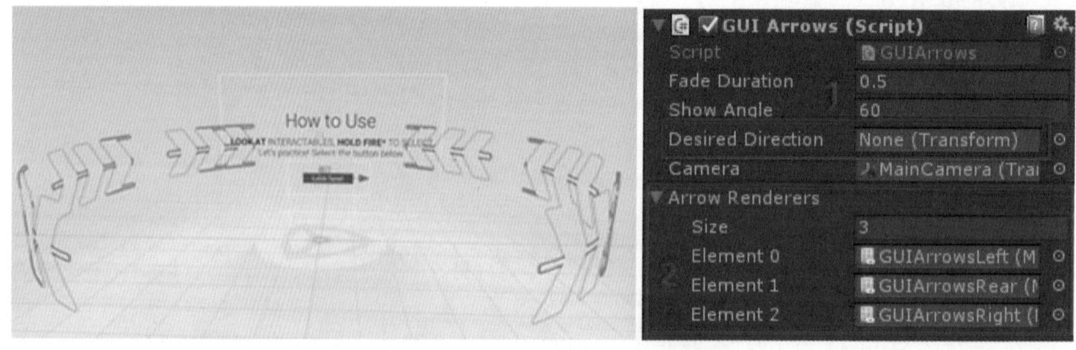

图 13-10 在 VR 中引导用户视线

13.6 交互体验：切换场景时的黑屏效果

对于项目中涉及到切换场景的情况，使用了逐渐黑屏的效果来达到更加自然的场景过渡效果。其实现的原理是：如图 13-11 所示，场景中的摄像机（MainCamera）下包含了名为 VR-CameraUI 的 UI 容器，该容器除包含准星（GUIReticle）以外，还包含一个名为 FadePanel 的 UI 元素，MainCamera 上挂载了 VR Camera Fade 组件，用来控制 FadePanel 上 Image 组件的颜色属性。将 FadePanel 作为摄像机子物体的优点是，图片会随摄像机（头显）进行旋转，而不需要设定一个环绕摄像机的 UI，只要图片长宽足够，即可覆盖体验者的视野范围。

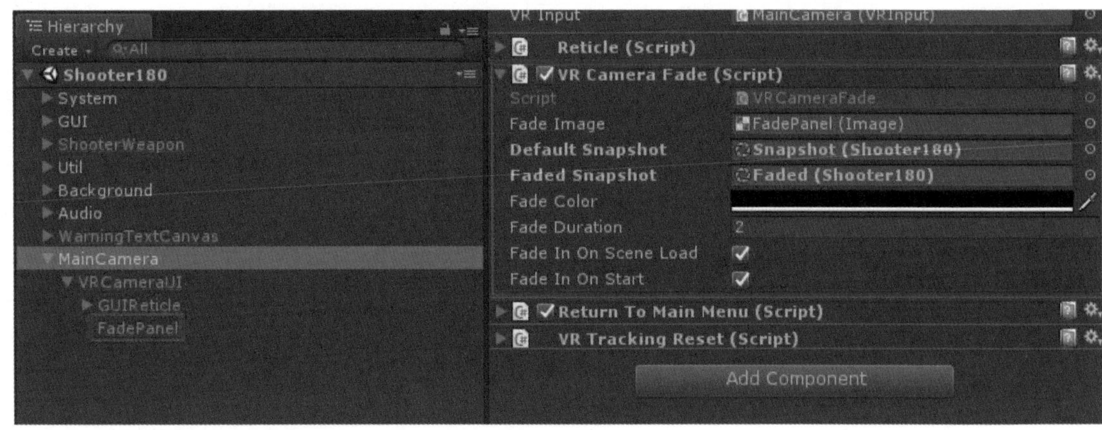

图 13-11　黑屏效果场景组织

在 VRCameraFade.cs 脚本中通过 BeginFade ( ) 函数实现了具体的淡入 / 淡出逻辑。淡入与淡出的区别，只是因为其传递参数的不同，见 FadeIn ( ) 与 FadeOut ( ) 开启协程时传递的参数。如下列代码片段所示：

```
// 定义淡入颜色，默认为黑色
[SerializeField] private Color m_FadeColor = Color.black;

private void Awake()
{
    SceneManager.sceneLoaded += HandleSceneLoaded;
    // 淡出颜色与声明的 m_FadeColor 颜色值相同，只是透明度为 0
    m_FadeOutColor = newColor(m_FadeColor.r, m_FadeColor.g, m_FadeColor.
b, 0f);
    // 显示 FadePanel 上的 Image 组件
    m_FadeImage.enabled = true;
}

// 淡入效果
public void FadeIn(float duration, bool fadeAudio)
{
    // 检测标志位是否正在做淡入 / 淡出效果，m_IsFading 为 true 则返回
    if (m_IsFading)
        return;
    // 开启协程 BeginFade，m_FadeColor 为开始颜色，
    // m_FadeOutColor 为结束颜色
    StartCoroutine(BeginFade(m_FadeColor, m_FadeOutColor, duration));
    // 判断是否开启音效
    if(m_DefaultSnapshot && fadeAudio)
        m_DefaultSnapshot.TransitionTo (duration);
}

// 淡出效果
public void FadeOut(float duration, bool fadeAudio)
{
    if (m_IsFading)
```

```
            return;
        // 开启协程 BeginFade，m_FadeOutColor 为开始颜色，
        // m_FadeColor 为结束颜色
        StartCoroutine(BeginFade(m_FadeOutColor, m_FadeColor, duration));
        if(m_FadedSnapshot && fadeAudio)
            m_FadedSnapshot.TransitionTo (duration);
    }

    // 具体实现
    private IEnumerator BeginFade(Color startCol, Color endCol, float
    duration)
    {
        // 设定标志位
        m_IsFading = true;
        //初始化时间，开始计时
        float timer = 0f;
        while (timer <= duration)
        {
            // 插值设定 Image 的最终颜色，此处默认为黑色
            m_FadeImage.color = Color.Lerp(startCol, endCol, timer /
    duration);
            // 时间递增，直至与设定的 duration 相同，退出 while 循环
            timer += Time.deltaTime;
            yieldreturnnull;
        }
        // 设定标志位，此时结束淡入 / 淡出
        m_IsFading = false;
        // 发送淡入 / 淡出结束消息供订阅者编写处理逻辑，
        // 此处 OnFadeComplete 为 Action 类型
        if (OnFadeComplete != null)
            OnFadeComplete();
    }
```

第 14 章

Unity 中的全景视频技术

14.1 全景视频

全景视频是一种用 3D 摄像机进行全方位 360 度拍摄的视频，用户在观看视频的时候，可以随意调节视频上下左右进行观看，在VR环境下，用户可以任意调整头显角度进行全方位观看。

在 IDC 与 Unity 联合发布的 2017 虚拟现实行业年度回顾报告（IDC and Unity. 2017 Virtual Reality Year In Review. March, 2018）中指出，2017 年下半年，在全球范围内，用户使用时间最长的 Unity VR 内容形式为视频，由此足见消费者对于虚拟现实视频的热情，如表 14-1 所示。

表 14-1 2017 年下半年用户使用时间前十的 VR 应用

App category or genre	Hours of Use (000)	Free/F2P or Prepaid	Live social or multiplayer interaction	Amount of in-app motion	Mobile or PC/console
1. Video	663	Free/F2P	✕	Low/Comfortable	Mobile
2. Game - Action	429	Free/F2P	✓	High/Intense	PC/console
3. Game - Mixed	373	Free/F2P	✓	High/Intense	PC/console
4. Simulation	315	Free/F2P	✓	Medium/Moderate	PC/console
5. Game - Action	237	Prepaid	✓	High/Intense	PC/console
6. Game - Action	235	Prepaid	✓	High/Intense	PC/console
7. Simulation	231	Prepaid	✓	High/Intense	PC/console
8. Game - Action	220	Prepaid	✕	High/Intense	PC/console
9. Game - Action	195	Prepaid	✕	High/Intense	PC/console
10. Game - Action	169	Prepaid	✕	High/Intense	PC/console

全景视频的制作方式

目前主流的全景视频制作方式主要分为两种，一种是通过 CG 技术渲染实现，一种是通过特定的摄像机实拍完成。对于前者，Unity 具备先进的内容生产技术，Timeline 能够对素材进行有效的组织和剪辑，粒子系统能够提供丰富且真实的艺术和物理表现，结合优秀的后期处理（Post Processing）和实时渲染技术，使创作者能够非常高效地制作出优质的全景视频内容；对于后者，目前常用的硬件方案是使用多个高清摄像机组成视频采集阵列捕捉现实世界中 360 度空间范围内的事物，通过后期画面拼接处理，合成全景视频，如图 14-1 所示。

图 14-1 Facebook Surround 360 方案

如前所述，实拍的全景视频需要在后期通过技术手段对画面进行拼接，然后通过引擎（例如 Unity 或 HTML 视频播放器）呈现在 VR 头显中，供观众体验。若在非虚拟现实环境中进行查看，例如 PC 端的视频播放器中，将呈现如图 14-2 所示的画面形态。

图 14-2 全景视频在传统视频播放器中的呈现效果

全景视频与传统视频的区别仅限于呈现形式，文件格式和编码与传统视频没有区别。需要注意的是，不同的系统平台支持的视频文件格式不同，如果 Unity 编辑器无法正常读取视频文件继而报错，需要对该文件进行转码。

14.2 Video Player 组件

在 Unity 中播放全景视频的核心组件是 Video Player，如图 14-3 所示。

图 14-3 Video Player 组件

Video Player 组件部分属性介绍如下。

• Source：视频来源，支持本地视频文件播放和网络视频播放。

◦ Video Clip：为视频来源指定一个项目内部的视频文件，即导入到项目中的视频资源（Movie Clip）。

◦ URL：为视频来源指定一个来自应用程序外部的视频文件路径。

• Play On Awake：是否自动播放。若勾选此项，则程序运行时即播放该视频；若不勾选此项，则程序运行时不播放该视频，需要通过脚本逻辑控制其播放。

• Wait For First Frame：等待第一帧。若勾选此项，则程序在运行前需要等待视频的第一帧准备就绪；若不勾选此项，程序在开始运行时可能会丢弃视频的前几帧，以保持同步。

• Loop：是否循环播放。若不勾选此项，则视频仅播放一次。

• Playback Speed：视频播放速度。设定的数值代表正常播放速度的倍数。

• Render Mode：渲染模式，决定视频的呈现方式。

◦ Camera Far Plane：视频呈现在摄像机所能渲染的最远裁切平面上。

◦ Camera Near Plane：视频呈现在摄像机所能渲染的最近裁切平面上。

◦ Render Texture：视频呈现在一个 Render Texture 上，对于本章中的实例，我们便选择了这种渲染模式。

◦ Material Override：视频呈现在指定材质的某个纹理上。

• Audio Output Mode：音频输出模式。

◦ Audio Source：将视频中的音频输出至一个 Audio Source 中，使用此模式可以针对 Audio Source 做进一步音效处理，例如空间化、添加混响器等。

◦ Direct：直接将音频输出至硬件设备，如耳机、音箱等。

在脚本中引用 Video Player 对象需要先引用其命名空间 UnityEngine.Video，如以下代码所示：

```
using UnityEngine.Video;
```

通过 Video Player 类的 Play () 和 Stop () 方法可以控制视频的播放和停止，如以下代码所示：

```
void Start()
{
    VideoPlayer player = GetComponent<VideoPlayer>();
if (player != null)
        player.Play();
}
```

14.3 实例：在 VR 中观看全景视屏

14.3.1 在场景中播放全景视频

在场景中播放全景视频，执行以下步骤。

（1）新建一个 Unity 项目，命名为 PanoramicVideoDemo，并保存当前场景。

（2）在随书资源中找到本章目录下的视频资源 video.mp4，将其导入到 Unity 中。

（3）在场景中新建一个游戏对象，命名为 Video，为其添加 Video Player 组件，对该组件执行以下操作：

◦ 将 Video Clip 属性指定为上一步添加的视频资源。

◦ 勾选 Loop 属性，使视频循环播放。

◦ 设置 Render Mode 属性为 Render Texture。

（4）在 Project 面板中，单击右键选择 Create > Render Texture，新建一个 Render Texture 资源并将其命名为 VideoRenderTexture。选择项目中的视频资源，在属性面板中单击预览窗口，点击左上角文字，将视图切换为 Source Info 视图，在属性面板中查看其 Pixels 参数，即分辨率，如图 14-4 所示。

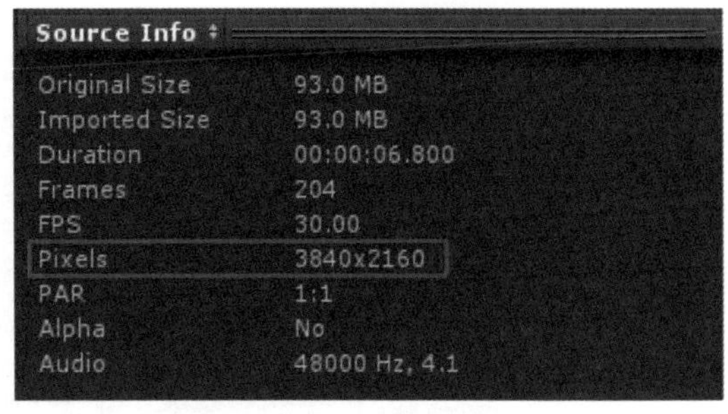

图 14-4　查看视频的分辨率信息

记住该数值，选择 VideoRenderTexture，在其属性面板中设置 Size 属性为该分辨率值；由于没有需要渲染的深度信息，故将 Depth Buffer 属性设置为 No depth buffer。

（5）选择场景中的游戏对象 Video，在其 Video Player 组件中，将 Target Texture 属性指定为设置完毕的 Render Texture 资源 VideoRenderTexture。此时运行程序，在 Project 面板中选择 VideoRenderTexture，可以在预览窗口中看到其播放效果，但此时在场景中还没有任何视频内容，我们需要将其呈现在场景中的天空盒上。

（6）在 Project 面板中，右键单击选择 Create > Material，新建一个材质并将其命名为 Skybox。在属性面板的 Shader 栏中，选择 Skybox / Panoramic（该着色器在 Unity 2017.3 及以上的版本中可用），如图 14-5 所示。

在 Spherical（HDR）属性中，点击右侧的 Select ，选择项目中的 Render Texture 资源 VideoRenderTexture。

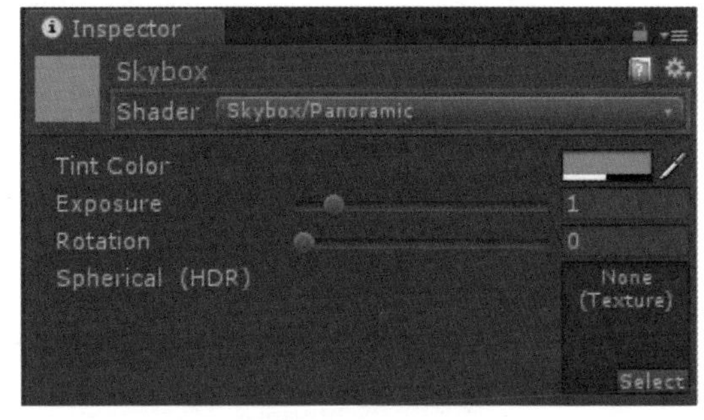

图 14-5　为天空盒材质设置 Panoramic 着色器

（7）选择 Window > Lighting > Settings 命令，打开 Lighting 面板，在 Environment 栏的 Skybox Material 属性中，选择新建的 Skybox 材质，如图 14-6 所示。

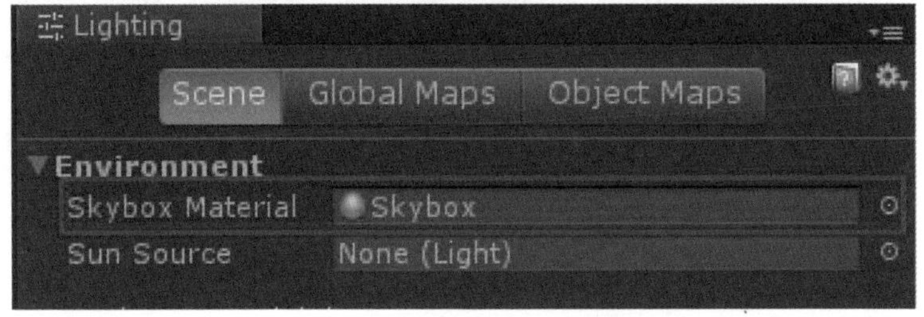

图 14-6　设置天空盒材质

保存场景，运行程序，此时可以看到导入的全景视频可以在场景中正常播放，如图 14-7 所示。

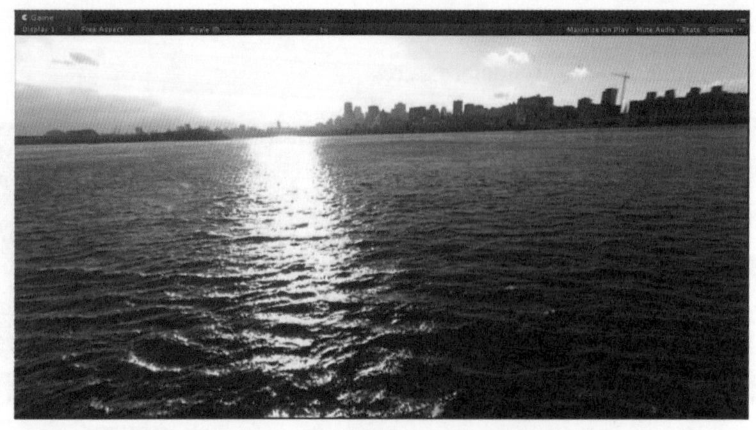

图 14-7 场景中播放的全景视频

14.3.2 在 VR 中观看全景视频

在 VR 环境中观看全景视频，需要将场景中的摄像机替换为能够渲染输出 VR 图像的摄像机组件，不同 VR 硬件平台使用不同的开发工具，此处我们以使用 SteamVR Plugin SDK 制作 VR 内容为例，执行以下步骤。

（1）在 Unity Asset Store 下载并导入 SteamVR Plugin 插件。

（2）删除场景中的主摄像机（Main Camera），保存场景。

（3）在 Project 面板中，路径 SteamVR / Prefabs 下，将预制体 [CameraRig] 拖至场景中，位置在场景中原点处（0，0，0）。

保存场景，运行程序，此时可以在 VR 头显中观看各个方向上的视频内容，如图 14-8 所示。

图 14-8 在 VR 环境中观看全景视频

14.3.3 添加 CG 内容

由于全景视频通过 Render Texture 渲染在天空盒上，这就决定了我们可以在场景中任意添加可以展示的内容，在程序运行时，全景视频作为背景，与 CG 内容一并叠加输出，同时，也可以在场景中与添加的游戏对象进行交互。

（1）在 Unity Asset Store 下载粒子特效包 Unity Particle Pack 插件，或从随书资源本章目录下找到 Unity Particle Pack.unitypackage 文件，将其导入项目中。

（2）在粒子特效包内，按照路径 FireExplosionEffects / Prefabs 找到预制体 BigExplosion-Effect，将其拖至场景中，设置其位置为（50，15，-60）。添加粒子特效后的全景视频播放效果如图 14-9 所示。

图 14-9 添加粒子特效后的全景视频播放效果

总结：在不同的平台上仅交互方式有区别，全景视频展示相同，通过后续章节的介绍，实现与场景对象的交互。其中 UI 制作可参考第 4 章的内容，在 VR 中与对象交互可参考后续章节对于不同 VR 硬件平台开发的介绍。

第 15 章

HTC VIVE 开发

15.1 HTC VIVE 硬件介绍

HTC VIVE 是基于 PC 驱动的 VR 硬件平台，主要硬件配置包括一个头戴显示器、两个控制手柄、两个基站（Lighthouse），如图 15-1 所示。

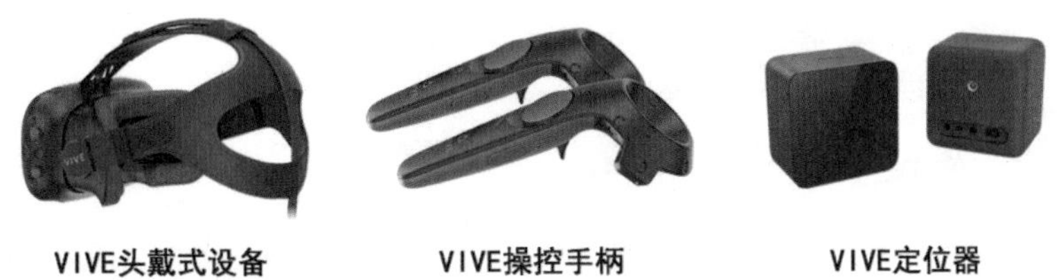

图 15-1 HTC VIVE 主要设备构成

另外，可根据项目需要，选择购买搭配使用的 VIVE 追踪器（Tracker），如图 15-2 所示。VIVE 追踪器是 VIVE 系列产品的配件，通过绑定到现实世界中的物体上来追踪物体的位置。同时，追踪器具有电气接口，通过接驳第三方设备如 PPGUN 等，可发送与手柄控制器相同的按键事件。

图 15-2 VIVE Tracker

关于 VIVE 设备的安装，VIVE 官方网站提供了专用的配置软件，可在其引导下完成。访问其官方网站即可进行下载。在配置过程中，主要完成以下工作：硬件安装指引，驱动程序、SteamVR 运行、相关系统组件（如 .NET Framework）的下载和安装，硬件的调试配置，如图 15-3 所示。

VIVE
设置 Vive 约需 38 分钟

0	1	2	3
准备	安装软件	设置硬件	完成设置
3 分钟	20 分钟 取决于连接速度	10 分钟	5 分钟

下一步 >

图 15-3 通过 ViveSetup 程序安装配置 VIVE 硬件

15.1.1 头显硬件规格

VIVE 头显通过一系列 IMU（惯性测量单元）感应体验者的头部运动，在头显前面板内部，集中了多个跟踪传感器，当头显位于定位器追踪范围内时，通过传感器提供头显的 6 自由度运动数据。通过头显右侧底部的螺杆可调整瞳距，以达到最舒适的观看体验，如图 15-4 所示。

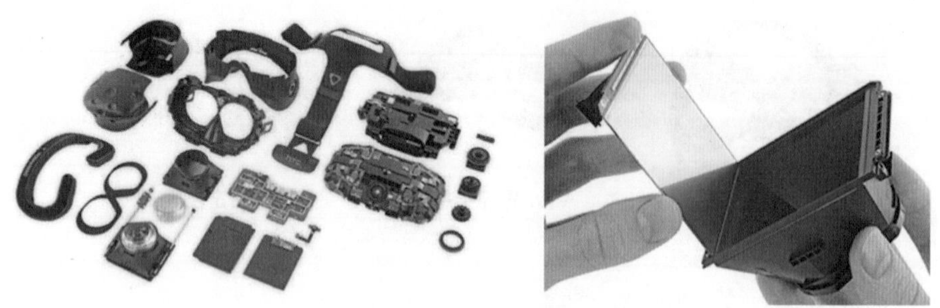

图 15-4 VIVE 头显及屏幕拆解结构

VIVE 头显采用两块三星 AMOLED 屏幕用于呈现 VR 内容，单眼分辨率为 1080 × 1200（组合分辨率为 2160 ×1200），刷新率为 90 Hz，视场角度为 110 度，每个屏幕尺寸对角线尺寸为 91.8mm（约 3.6 英寸），每英寸像素密度（PPI，Pixel Per Inch）达到了 447。

15.1.2 VIVE 实现跟踪的原理

VIVE 的位置追踪技术是典型的由外而内（Outside-In）的追踪方案。图 15-5 所示为 VIVE 定位器的内部结构，在位置追踪过程中，两个马达会快速旋转，通过 LED 灯以较高的频率在房间中发射不可见光束，被追踪设备（如头显、控制器、Trakcer 等）内部通常密布多个传感器，它们将定位器作为参考点，通过传感器感应这些光束来确定自身位置，然后将这个相对位置传送给计算机进行处理，这类似于在 AR 体验中，手机摄像头捕捉二维码等标记的过程。

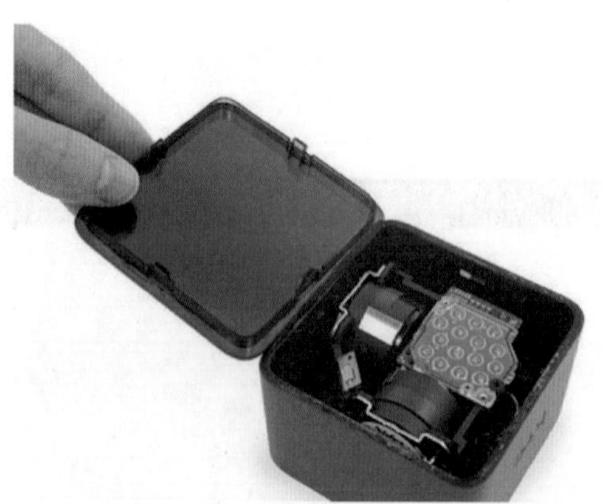

图 15-5 VIVE 定位器的内部结构

在空间允许的情况下，一对 VIVE 定位器可以追踪多个头显设备和控制器、若干 VIVE 追踪器（VIVE Tracker）。

15.1.3 控制器按键介绍

VIVE 的控制器基于 OpenVR 开发，按键符合 OpenVR 硬件标准。同样基于 OpenVR 按键映射的控制器还有 Oculus Touch、Valve Knuckles 等。VIVE 手柄控制器各按键如图 15-6 所示。

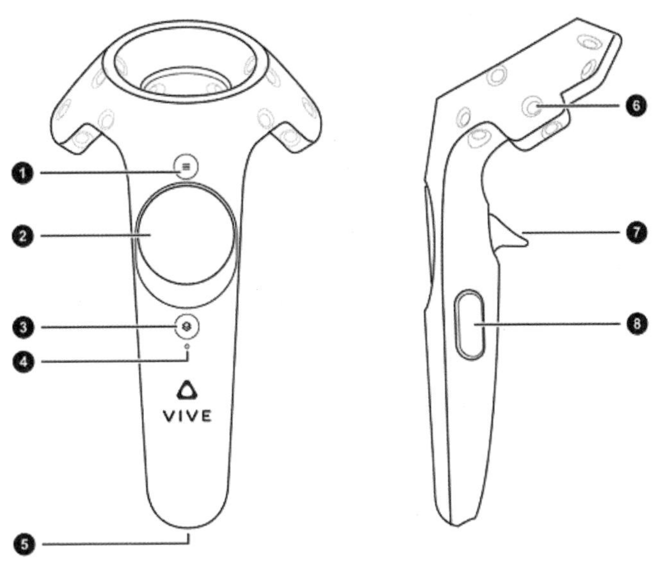

图 15-6 HTC VIVE 手柄控制器按键

❶Menu Button：菜单按钮，一般用于在 VR 应用中弹出 UI 控制菜单。

❷Trackpad/Touchpad：触控板，可接收两种交互操作，一种是直接点击，另一种是手指滑动。无论是点击还是滑动，都能获取手指与接触部位的坐标，X 轴方向为（-1,1），Y 轴方向为（-1,1），如图 15-7 所示。

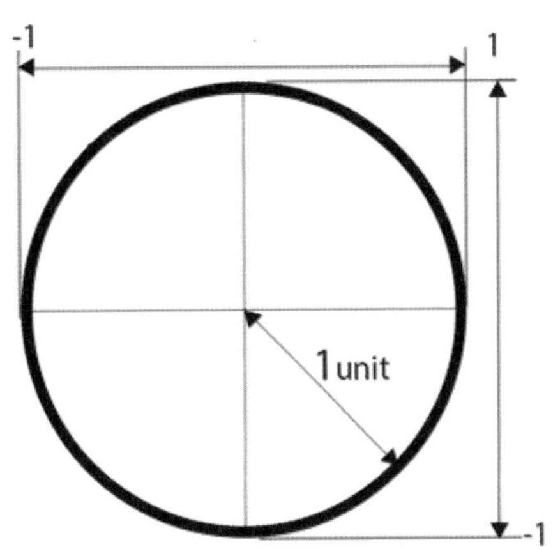

图 15-7 Trackpad 二维轴向坐标

❸System Button：系统按钮，长按可关闭控制器电源，短按可开启控制器，在程序运行时点击可跳转到 SteamVR 控制界面，一般不能对其编程。

❹Status light：指示灯，用于指示控制器状态。绿色常亮表示运转正常；红色闪烁表示电量低，此时需要使用 USB 线缆连接至电源为其充电；蓝色闪烁表示控制器等待配对。

❺Micro-USB port：Micro-USB 接口，用来进行充电和更新驱动程序。

❻Tracking sensor：跟踪传感器，内置于设备中，与 Lighthouse 基站配合实现设备的追踪。

❼Trigger Button：扳机键，一般用于对象的选择、确认等，类似于鼠标的点击动作，在射击类游戏中也常用作枪支道具的扳机。

❽Grip Button：抓取键，在每个手柄左右两侧各一个，可实现类似抓取的交互动作，一般用于对物体的抓取和释放。

15.1.4　HTC VIVE 开发推荐 PC 规格

基于 PC 的 VR 硬件平台具有较高的渲染品质和极短的响应时间，这就意味要达到理想的 VR 体验，计算机需要具备较高的数据吞吐量和较快的数据处理速度，这主要体现在对显卡和 CPU 的要求上，表 15-1 列出了 HTC 官方推荐的运行及开发 VIVE 和 VIVE Pro 所需要的计算机硬件规格。

表 15-1　HTC VIVE 推荐计算机配置（数据来源：VIVE 官方网站）

	VIVE	VIVE Pro
CPU	Intel® Core™ i5-4590、AMD FX™ 8350 同等或更高配置	Intel® Core™ i5-4590、AMD FX™ 8350 同等或更高配置
GPU	NVIDIA® GeForce® GTX 1060、AMD Radeon™ RX 480 同等或更高配置	NVIDIA® GeForce® GTX 1060、AMD Radeon™ RX 480 同等或更高配置
RAM	4 GB 或以上	4 GB 或以上
视频输出	HDMI 1.4 or DisplayPort 1.2 或更高版本	DisplayPort 1.2 或更高版本
USB 端口	1× USB 2.0 或更高版本的端口	1× USB 3.0 或更高版本的端口
操作系统	Windows 7 SP1、Windows 8.1 或更高版本、Windows® 10	Windows® 8.1 或更高版本、Windows® 10

如果用户并不确定自己计算机的硬件规格是否支持，可以在 VIVE 官方下载测试软件 ViveCheck 对计算机软硬件规格进行检测，测试通过后如图 15-8 所示。

图 15-8　使用 ViveCheck 软件检测计算机系统兼容性

15.2　OpenVR

OpenVR 是 Valve 公司的开源项目，包含一系列硬件驱动接口和软件程序接口。对于硬件厂商来说，可以根据 OpenVR 提供的驱动程序接口制造符合 OpenVR 标准的 VR 设备并为其开发驱动程序；对于开发者来说，可以使用 OpenVR 提供的 SDK（开发者工具包）和 API（应用程序接口）为支持 OpenVR 的硬件设备开发应用程序。OpenVR 是进行 HTC VIVE 开发的基础，基于 OpenVR 开发的 SteamVR 是 VR 设备的运行时环境。

图 15-9　在 Unity 编辑器中启用对 OpenVR SDK 的支持

Unity 内置支持 OpenVR SDK，在 Unity 编辑器中开启 VR 支持以后，在 SDK 列表中添加 OpenVR SDK 即可，如图 15-9 所示。

15.3　SteamVR

SteamVR 是基于 OpenVR 的运行时环境，通过调用 OpenVR 的 API 与硬件设备进行底层通信，在使用 Unity 进行 VR 应用程序开发时，只需通过 SteamVR 提供的 API 即可实现与硬件设备的交互。

15.3.1　安装 SteamVR

SteamVR 可以通过 Steam 客户端进行安装，亦可通过 VIVE 硬件安装引导程序（ViveSetup）在配置过程中进行安装。本节重点介绍前者的安装过程。

在 Steam 官方网站下载安装 Steam 客户端，注册账号登录后，在库（Library）标签页的搜索框中输入 SteamVR，右键点击搜索结果中的 SteamVR，在弹出的菜单项中选择安装游戏 ... 命令，按照对话框提示即可开始安装，如图 15-10 所示。

图 15-10　安装 SteamVR

安装过程中可以点击客户端底部的进度条查看安装进度，如图 15-11 所示。

图 15-11　SteamVR 安装进度

安装成功后，在 Steam 客户端右上角出现 SteamVR 按钮，点击该按钮即可启动 SteamVR，如图 15-12 所示。

图 15-12　Steam 客户端未开启 / 开启 SteamVR 时的按钮状态

如果不开启 SteamVR 运行时环境，则将在运行 VR 应用程序时自动将其开启。启动后会在计算机屏幕右下角显示 SteamVR 运行时窗口，通过该窗口可以对 VR 设备进行管理，如查看设备状态、更新驱动程序、进行房间设置等。如果设备全部开启并连接运行良好，会展示如图 15-13 所示的窗口状态。

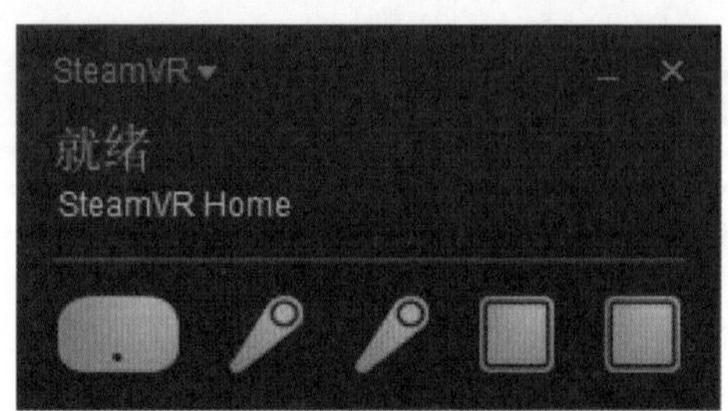

图 15-13　SteamVR 运行时窗口

如果不在 StreamVR 上运行任何 VR 应用程序，SteamVR 会展示一个名为 SteamVR Home 的待机 VR 应用，体验者可在场景中进行初步的 VR 体验，如图 15-14 所示。

图 15-14　SteamVR Home

15.3.2　SteamVR Unity Plugin

如前所述，使用 Unity 进行 HTC VIVE 平台的开发，需要使用 SteamVR 提供的 API 与硬件进行交互，VALVE 提供了针对 Unity 的 SteamVR 开发工具包，在 Unity Asset Store 中称之为 SteamVR Plugin，开发者可以将其下载，导入到 Unity 编辑器中进行使用，如图 15-15 所示。

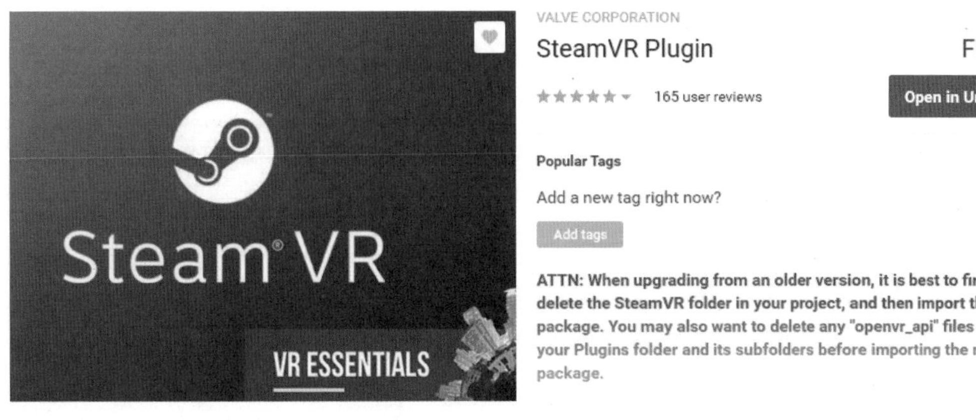

图 15-15 Unity Asset Store 中的 SteamVR Plugin

如无特别说明，本书均使用 SteamVR Plugin 1.2.3 进行介绍，并在随书资源资源中提供该版本的文件。若有后续版本更新，读者可访问其官方网站查看相关介绍。

- 导入 SteamVR Plugin

SteamVR Plugin 与导入一般 Unity 插件操作方式相同。在将其导入到 Unity 编辑器以后，会弹出 SteamVR 项目设置对话框，如图 15-16 所示。

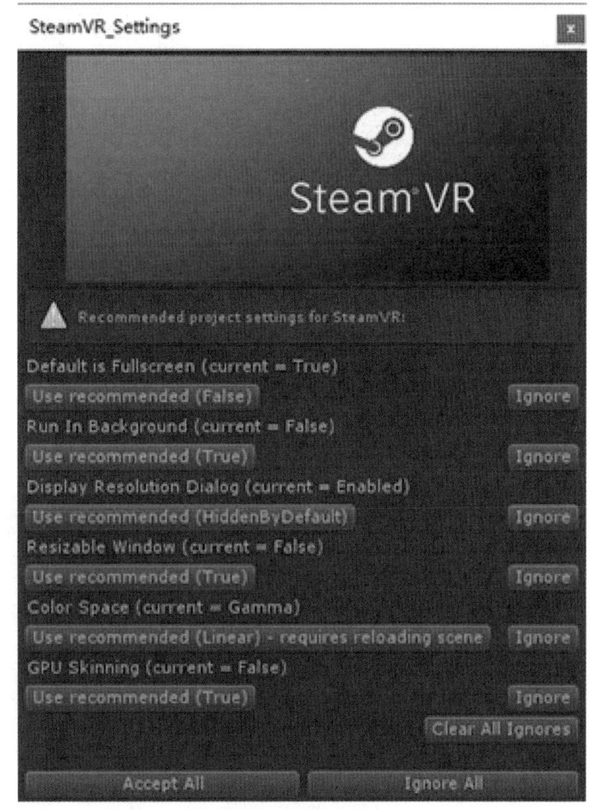

图 15-16 SteamVR Plugin 设置窗口

对话框中的每一项条目对应 Unity 编辑器中的项目属性设置，括号内显示项目当前关于该属性的设定，各项设置介绍如下。

（1）Default is Fullscreen：应用程序在发布以后，运行时默认全屏，推荐关闭。

（2）Run In Background：应用程序在发布以后，允许后台运行，即应用程序在失去焦点以后仍然保持运行，推荐允许。

（3）Display Resolution Dialog：应用程序在发布以后，运行前显示设置分辨率对话框，推荐默认隐藏。

（4）Resizable Window：应用程序在发布以后，允许用户调整窗口尺寸，推荐允许。

（5）Color Space：色彩空间，推荐使用线性空间渲染模式（Linear），以得到准确的光照渲染效果，尤其是存在 PBR 材质的场景。

（6）GPU Skinning：开启 GPU 进行动画渲染，推荐开启。

开发者可以逐条点击接受或者忽略推荐的属性设置，亦可点击窗口底部的 Accept All 或

Ignore All 按钮进行批量设定，如无特殊情况，选择 Accept All 全部接受推荐配置即可。在设置完毕之后，可在 Player Settings 面板中找到相对应的参数变化。

- SteamVR Plugin 目录结构

在将插件导入以后，即可在 Project 面板中看到 SteamVR Plugin 的目录结构，如图 15-17 所示。

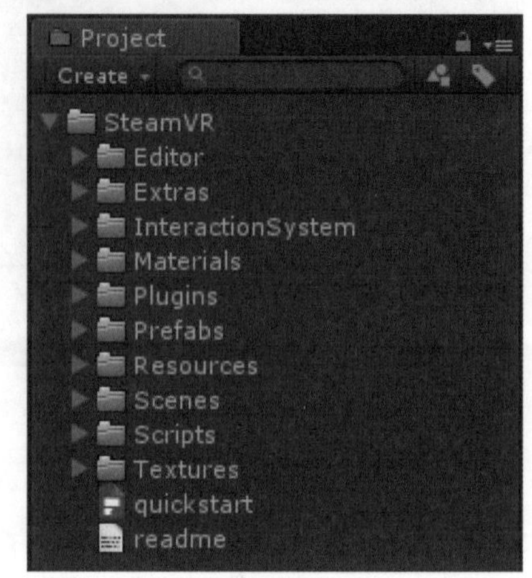

图 15-17　SteamVR Plugin 文件结构及 Interaction System

图 15-17 中相对重要的目录介绍如下。

（1）Plugins：在 SteamVR Plugin 早期版本中，该目录下会存放封装好的类库 DLL 文件以便与 OpenVR 进行交互，由于 Unity 目前已经原生支持 OpenVR SDK，所以只包含一个脚本 openvr_api.cs 用来完成渲染、调用等工作。

（2）Prefabs：预制体文件夹，包含 [CameraRig]、[Status]、[SteamVR] 三个预制体，其中 [CameraRig] 是使用 SteamVR Plugin 进行 VR 开发时的核心组件。

（3）InteractionSystem：SteamVR Plugin 提供了开发 VR 应用程序必需的脚本和预制体，除此之外，还包含一个更为方便快捷的工具集——Interaction System，该工具集基于 Valve 开发的 The Lab 应用，提供了可以实现该应用中交互效果的脚本、组件等资源，对此，我们将在第 15.3.5 节中进行详细讲解。

（4）Scripts：包含实现 SteamVR 中交互所必需的所有脚本。

- CameraRig 解析

CameraRig 预制体是 SteamVR Plugin 的核心组件，将其拖放到一个空场景中即可实现初步运行 SteamVR，查看 VR 场景内容。CameraRig 预制体结构如图 15-18 所示。

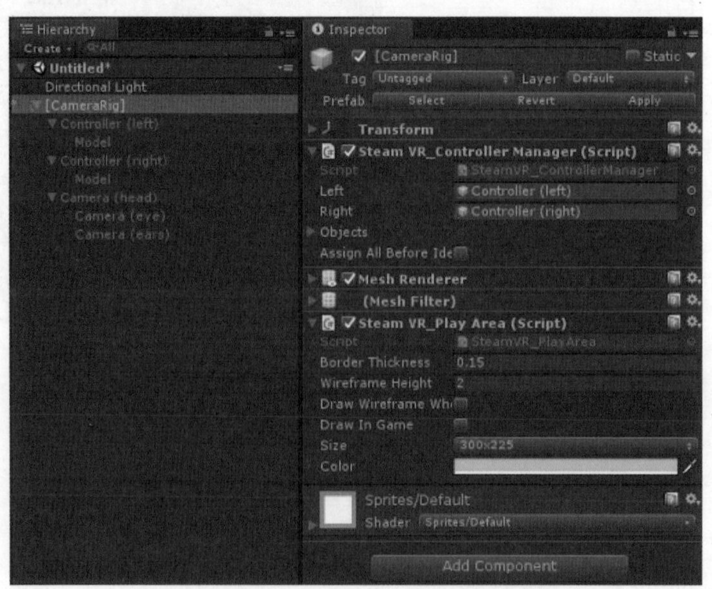

图 15-18　CameraRig 预制体组织结构及挂载组件

CameraRig 预制体上挂载了两个 SteamVR 组件，分别介绍如下。

（1）SteamVR_Controller Managerz 组件：用来管理系统中的控制器，默认情况下需要左右各一个，见属性 Left、Right。如果需要额外的控制器如 VIVE 追踪器（VIVE Tracker），可通过 Object 属性进行扩展，该属性为 GameObject 类型的数组，将其他挂载了 SteamVR_Tracked Object 组件的游戏对象赋予给数组成员即可。

（2）SteamVR_Play Area 组件：该组件在场景中为体验者绘制一个代表地面的移动范围，可通过组件的 Size 属性设定该游玩区域，其中包括大、中、小三种尺寸预设。另外还包含一个 Calibrated 选项，若选择此选项设定游玩区域的范围，并且用户此前进行了房型设置，则该区域尺寸将与设定的游玩范围相同，如图 15-19 所示。

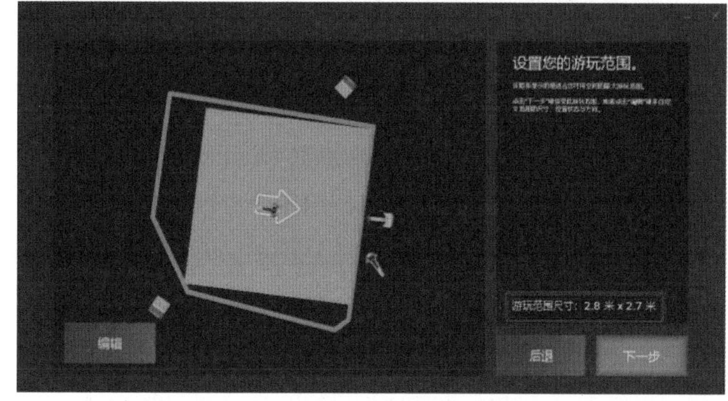

图 15-19　在房间设置中设定的游玩范围

CameraRig 的子物体包括两个对应手柄控制器的游戏对象——Controller（left）和 Controller（right），以及一个代表头显的游戏对象——Camera（head）。分别介绍如下。

（1）Controller（left）和 Controller（right）：两个游戏对象具有相同的地位和功能，代表 SteamVR 中的左右控制器，其上挂载了 SteamVR_Tracked Object 组件。在 SteamVR 中，所有可被系统追踪到的对象都被认为是 Tracked Object，故 Camera（head）也挂载该组件，如图 15-20 所示。SteamVR_Tracked Object 组件与实体控制器关联，并为系统提供与关联设备的追踪信息，SteamVR 为每个被追踪设备分配一个编号，其中默认序号 0 为头显编号，通过设定 SteamVR_TrackedObject 的 Index 属性即可实现游戏对象与实体设备的关联。

每个 Controller 对象均包含一个名为 Model 的子物体，其上挂载 SteamVR_Render Model 的组件，该组件负责在程序运行时呈现代表实体控制器的虚拟模型，并且映射实体控制器上的按键行为，如在按下和松开手柄 Trigger 键时，虚拟模型对应的按键也表现相同的行为。

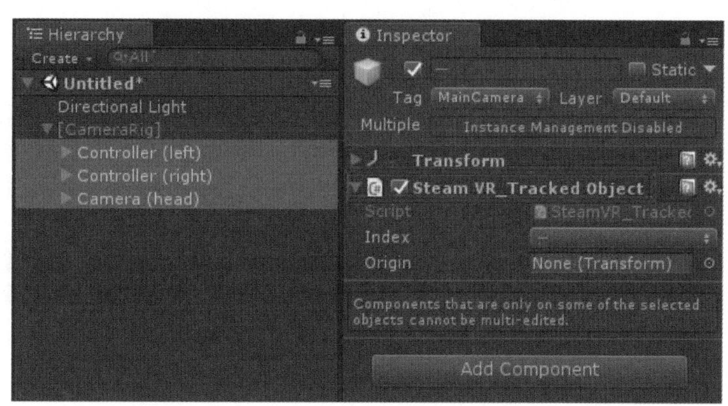

图 15-20　SteamVR_Tracked Object 组件

通过观察发现，无论在场景中的 Model 游戏对象下还是在 Project 面板中的 SteamVR 目录下，均找不到运行时呈现的控制器模型，这是因为在程序运行时，控制器模型的各个部件由 SteamVR_Render

Model 组件从 Steam 客户端的本地磁盘上动态载入。勾选该组件的 Verbose 属性，在程序运行时即可在 Console 面板中显示模型所在的磁盘目录。在某些情况下，需要使用自定义的模型替换系统默认的控制器模型，此时可将 Model 游戏对象禁用，然后将自定义的控制器模型放置在与 Model 相同层级的位置即可。

（2）Camera（head）: Camera（head）包含两个子物体，分别是 Camera（eye）和 Camera（ears）。其中 Camera（eye）挂载了 Camera 和 SteamVR_Camera 组件，实现对场景内容的渲染并保持摄像机与头显位置朝向一致。鉴于此，在将 CameraRig 预制体拖入场景以后，需要将场景中原有的 MainCamera 游戏对象隐藏或删除。

- 更新 SteamVR Plugin 和 StreamVR Runtime

需要注意的是，由于 SteamVR Plugin 与 SteamVR 运行时分别发布版本更新，所以当 SteamVR Plugin 与支持的 SteamVR Runtime 版本不匹配时，容易在 Unity 编辑器中出现警告或报错，甚至不能正常运行 VR 应用程序。所以在开发之前，要确保两者的版本匹配，或保持两者版本为最新。

SteamVR Plugin 可以在 Unity Asset Store 中查看版本，并在 Unity 编辑器的 Asset Store 窗口进行更新。查看 SteamVR Plugin 支持的 SteamVR 运行时版本的方法，是在 Unity 编辑器中打开 SteamVR 目录下的 readme 文档，查看相关说明，如图 15-21 所示。

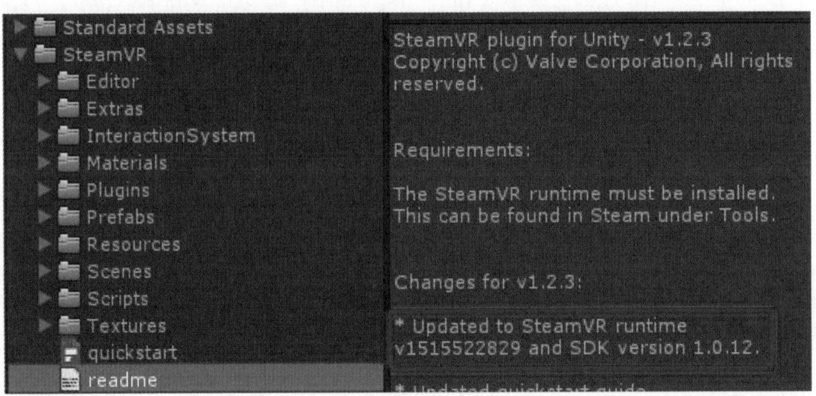

图 15-21 查看 SteamVR Plugin 支持的 SteamVR Runtime 版本

查看 SteamVR Runtime 版本的方法是在 SteamVR Runtime 窗口，选择 SteamVR > 帮助 > 关于 SteamVR，如图 15-22 所示。

图 15-22 查看 SteamVR Runetime 版本

SteamVR Runtime 的更新操作与所有在 Steam 商店的应用相同。在 Steam 客户端库（Library）标签页下右键点击 SteamVR，选择属性命令，在弹出的属性对话框中切换到更新标签页，在自动更新项中选择“始终保持此工具为最新”，如图 15-23 所示。重新开启 Steam 客户端后，如果发现新的版本，将自动更新 SteamVR。

图 15-23 更新 SteamVR

15.3.3 键值映射及获取按键输入

处理用户输入是实现 VR 交互的基础。SteamVR Plugin 使用 SteamVR_Controller.Device 类获取控制器输入，通过一系列方法，在 Update ( )、FixedUpdate ( ) 等函数中逐帧检测。

对于要指定具体的控制器按键，可以通过 SteamVR_Controller.ButtonMask 类选择相应键值，由 EVRButtonId 转换而来，由如下代码清单可以看出：

```
public class ButtonMask
{
     public const ulong System              = (1ul << (int)EVRButtonId.
k_EButton_System); // reserved
     public const ulong ApplicationMenu     = (1ul << (int)EVRButtonId.
k_EButton_ApplicationMenu);
     public const ulong Grip                = (1ul << (int)EVRButtonId.
k_EButton_Grip);
     public const ulong Axis0               = (1ul << (int)EVRButtonId.
k_EButton_Axis0);
     public const ulong Axis1               = (1ul << (int)EVRButtonId.
k_EButton_Axis1);
     public const ulong Axis2               = (1ul << (int)EVRButtonId.
k_EButton_Axis2);
     public const ulong Axis3               = (1ul << (int)EVRButtonId.
k_EButton_Axis3);
     public const ulong Axis4               = (1ul << (int)EVRButtonId.
k_EButton_Axis4);
     public const ulong Touchpad            = (1ul << (int)EVRButtonId.
k_EButton_SteamVR_Touchpad);
     public const ulong Trigger             = (1ul << (int)EVRButtonId.
k_EButton_SteamVR_Trigger);
}
```

除此之外，交互事件函数还可接收 Valve.VR.EVRButtonId 提供的键值，枚举型数据如下所示：

```
public enum EVRButtonId
```

```
{
    k_EButton_System = 0,
    k_EButton_ApplicationMenu = 1,
    k_EButton_Grip = 2,
    k_EButton_DPad_Left = 3,
    k_EButton_DPad_Up = 4,
    k_EButton_DPad_Right = 5,
    k_EButton_DPad_Down = 6,
    k_EButton_A = 7,
    k_EButton_ProximitySensor = 31,
    k_EButton_Axis0 = 32,
    k_EButton_Axis1 = 33,
    k_EButton_Axis2 = 34,
    k_EButton_Axis3 = 35,
    k_EButton_Axis4 = 36,
    k_EButton_SteamVR_Touchpad = 32,
    k_EButton_SteamVR_Trigger = 33,
    k_EButton_Dashboard_Back = 2,
    k_EButton_Max = 64,
}
```

要判断指定按键的输入，可根据具体按键的动作，使用 SteamVR_Controller 实例提供的以下 6 种方法：

- GetPress ()：按键按下期间一直返回 true。
- GetPressDown ()：按键按下的第一帧返回 true。
- GetPressUp ()：按键松开的第一帧返回 true。
- GetTouch ()：按键被触摸期间一直返回 true。
- GetTouchDown ()：按键被触摸的第一帧返回 true。
- GetTouchUp ()：按键停止触摸的第一帧返回 true。
- GetAxis ()：得到一帧内被触摸接触点的坐标。

15.3.4 使用 SteamVR Plugin 实现与物体交互

本节我们将构建一个简单场景，使用 SteamVR Plugin 提供的 API 实现手柄与物体的交互，具体效果为：当手柄控制器接触到交互对象时，手柄控制器振动一次，同时游戏对象高亮显示，此时若按下 Trigger 键，实现抓取物体效果，当松开 Trigger 键时，物体脱离手柄，自由下落。具体步骤如下：

（1）新建项目，命名为 SteamVR_InteractWithObject。

（2）导入 SteamVR Plugin。

（3）在目录 SteamVR/Prefabs 下，将 CameraRig 预制体拖入到场景中，保持选择，在属性面板中，在 Transform 组件右侧的齿轮按钮处，选择 Reset 命令，重置其位置及朝向。删除原有 MainCamera 游戏对象，保存场景并命名为 Main。此时点击 Play 按钮即可使用头显查看当前场景内容。

（4）添加地面。选择 GameObject > 3D Object > Plane 命令，新建一个面片代表地面，命名为 Floor，重置其位置。在目录 SteamVR/InteractionSystem/Samples/Materials 下，选择材质 Grey，将其赋予给该游戏对象。

（5）添加可交互对象。选择 GameObject> 3D Object > Cube 命令，新建一个立方体，命名为 TargetObject，设置其位置和缩放参数如图 15-24 所示；同时为其添加 Rigidbody 组件，确认勾选 Use Gravity 属性，以便当控制器将其释放时保持自然下坠；新建 Tag 为 InteractableObject 并指定给该游戏对象，以保证交互对象符合逻辑，例如不希望地面（Floor）参与交互；在目录 SteamVR/InteractionSystem/Samples/Materials 下，选择 ShinyWhite 材质，将其赋予给该游戏对象。

图 15-24 TargetObject 属性设置

（6）设置控制器。分别为 CameraRig 下的 Controller（left）和 Controller（right）添加碰撞器 Sphere Collider 组件，设定范围 Radius 属性为 0.06，用于检测与物体的碰撞；勾选 Rigidbody 的 Is Trigger 属性，以发送 OnTriggerEnter 和 OnTriggerExit 等事件。

（7）在 Project 面板中右键选择 Create > C# Script 命令新建脚本，并将其命名为 PickUpAndDrop.cs，双击使默认代码编辑器打开，编写代码。完整代码及注释清单如下所示：

```
using UnityEngine;

public class PickUpAndDrop : MonoBehaviour
{
    // 定义 Tag 字符串以进行比对
    private string tagStr = “InteractableObject”;
    // Trigger 键的键值
    private ulong triggerButton = SteamVR_Controller.ButtonMask.Trigger;
    // 被追踪的对象
    private SteamVR_TrackedObject trackedObject;
    // SteamVR 中的控制器
    private SteamVR_Controller.Device controller;
    // 当前交互的游戏对象
    private GameObject currentGO;
    // 游戏对象的初始材质
    private Material originalMat;
    // 高亮材质
    public Material HighlightMat;
    // 是否精确抓取
    public bool precisePick = false;
```

```
private void Awake()
{
    trackedObject = GetComponent<SteamVR_TrackedObject>();
}

private void FixedUpdate()
{
    // 根据被追踪对象的序号，将其转换为控制器
    controller = SteamVR_Controller.Input((int)trackedObject.index);

    // 确定控制器可用，即开启，否则不进行下面的操作
    if (controller == null)
        return;

    if (controller.GetPressDown(triggerButton))
    {
        // 如果 Trigger 键按下，则执行抓取物体函数
        pickUpObject();
    }
    if (controller.GetPressUp(triggerButton))
    {
        // 如果 Trigger 键松开，则执行释放物体函数
        dropObject();
    }
}

// 抓取物体函数
private void pickUpObject()
{
    if (currentGO != null)
    {
        // 将交互对象作为控制器的子物体
        currentGO.transform.parent = transform;
        Rigidbody rig = currentGO.GetComponent<Rigidbody>();
        // 由于被抓取的物体此时需要跟随控制器移动，
        // 故不使用重力，同时自身刚体将不受外力影响
        rig.useGravity = false;
        rig.isKinematic = true;
        // 如果不是精确位置抓取，
        // 则交互对象位置与控制器坐标对齐，即相对距离为 0
        if (!precisePick)
            currentGO.transform.localPosition = Vector3.zero;
    }
}

// 释放物体函数
private void dropObject()
{
```

```
        if (currentGO != null)
        {
            // 交互对象不再是控制器的子物体
            currentGO.transform.parent = null;
            Rigidbody rig = currentGO.GetComponent<Rigidbody>();
            // 刚体恢复使用重力，自然下落，
            // 同时恢复动力学，刚体受外力影响
            rig.useGravity = true;
            rig.isKinematic = false;
        }
    }

    // 处理物体进入碰撞器事件
    private void OnTriggerEnter(Collider collision)
    {
        // 比对游戏对象的 Tag，若符合逻辑则对该游戏对象进行设置
        if (collision.gameObject.tag == tagStr)
        {
            // 记录当前对象的材质以便在释放以后重新赋予
            originalMat = collision.gameObject.GetComponent<Renderer>().
material;
            // 设置当前对象材质为高亮
            collision.gameObject.GetComponent<Renderer>().material =
HighlightMat;
            currentGO = collision.gameObject;
            // 触发手柄控制器振动一次
            controller.TriggerHapticPulse(5000);
        }
    }
    // 处理物体停留在碰撞器事件
    private void OnTriggerStay(Collider collision)
    {
            if (collision.gameObject.tag == tagStr)
                currentGO = collision.gameObject;
    }
    // 处理物体离开碰撞器事件
    private void OnTriggerExit(Collider collision)
    {
        if (currentGO != null)
        {
            // 重置游戏对象的材质
            collision.gameObject.GetComponent<Renderer>().material =
originalMat;
            // 释放对游戏对象的引用
            currentGO = null;
        }
    }
}
```

返回场景，将脚本分别挂载到 Controller（left）和 Controller（right）上，同时指定高亮材质，在路径 SteamVR/InteractionSystem/Samples/Materials 下，将 ShinyWhiteHighlighted 材质指定给脚本的 Highlight Mat 属性，保存场景，点击 Unity 编辑器的 Play 按钮，最终效果如图 15-25 所示。

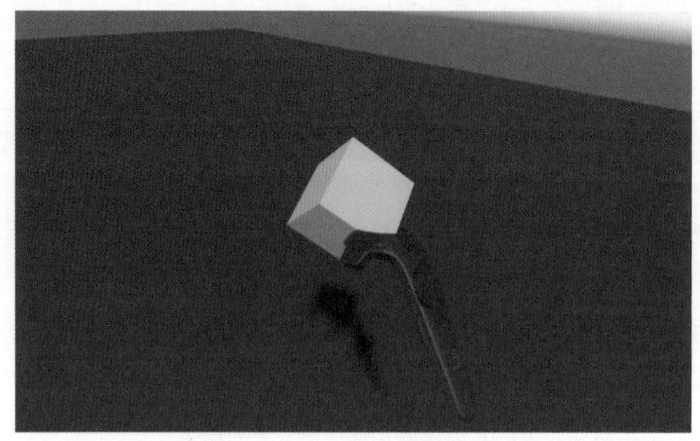

图 15-25 手柄控制器与物体交互

15.3.5 SteamVR 交互系统——Interaction System

1. 概述

在 SteamVR Plugin 1.2 之后的版本中，Valve 增加了一套新的工具集，称为 Interaction System。该工具集包含一系列脚本、预制体等资源，使开发者可以在 VR 应用中实现大部分与 The Lab 中相同的交互功能，如瞬移、抓取物体、UI 交互等。

在目录 SteamVR/InteractionSystem/Samples/Scenes 下提供了一个示例场景 Interactions_Example，展示了 Interaction System 所能实现的功能，包括抓取、与 UI 的交互、传送、射箭模块等，如图 15-26 所示。

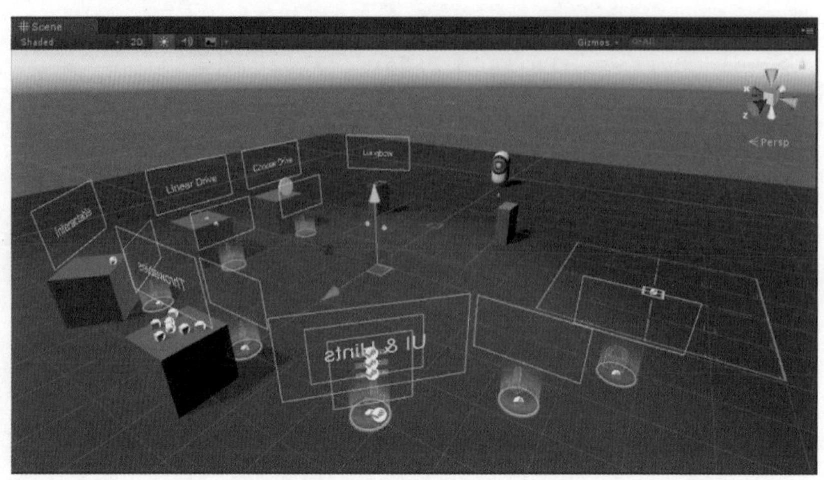

图 15-26 Interaction System 示例场景

以下是 Interaction System 中三大核心类。

- Player 类与 Player 预制体

Player 类用于追踪管理头显（HMD）与手柄控制器（Hand），以单例形式存在，如图 15-27 所示。可使用如下方式进行引用：

```
Player playerInstance = Player.instance;
```

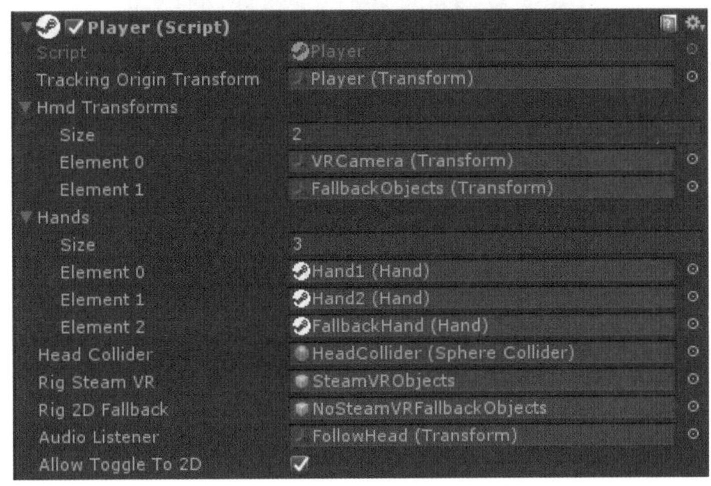

图 15-27 Player 类

◦ Tracking Origin Transform：对应现实世界的虚拟空间跟踪原点，其下子物体均相对于该位置。

◦ Head Collider：可指代头部的碰撞体，运行时与头显位置相同，可用于实现某些需要与头部交互的功能。

◦ Allow Toggle To 2D：是否允许启动 2D 反馈模式，如勾选此项，Game 窗口在程序运行时出现一个名为 2D Debug 的按钮，点击该按钮即可切换至 2D 反馈模式，开发者在此模式下可使用键盘鼠标模拟基本 VR 操作。需要注意的是，在该模式下并不能完全模拟所有控制器操作，如图 15-28 所示。

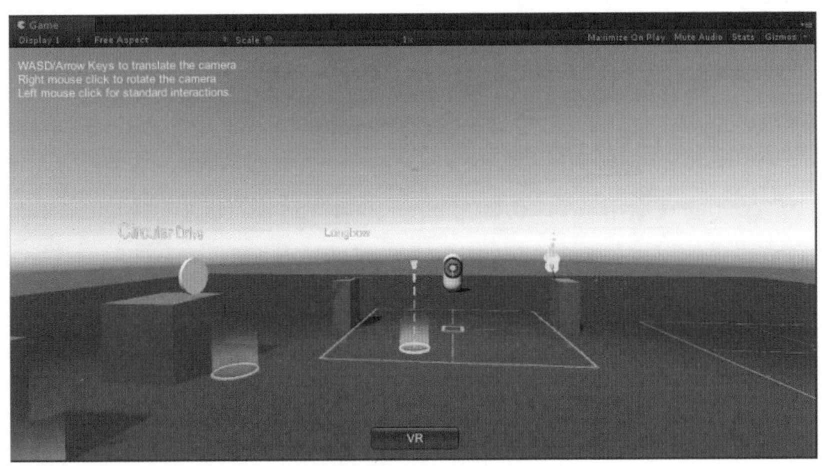

图 15-28 2D 调试模式

Player 预制体存在于路径 SteamVR/InteractionSystem/Core/Prefabs 下，集成了头显和控制器对象等基础部件，如图 15-29 所示。场景中只需保证存在一个 Player 预制体实例即可。

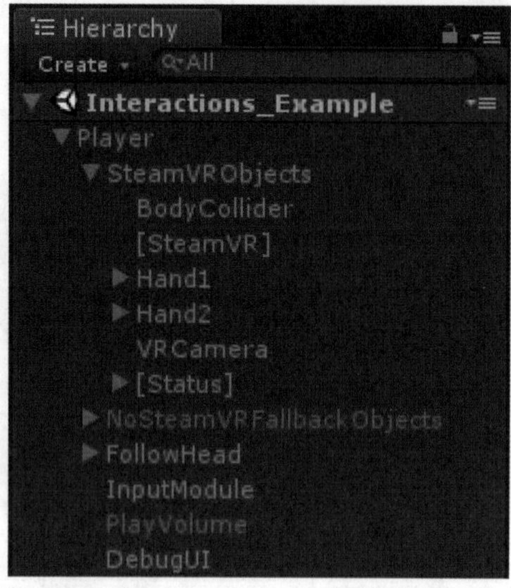

图 15-29 Player 预制体组织结构

- Hand

Hand 是 Interaction System 中实现交互的核心类。代表逻辑上的手部。

获取 Hand 发送的按键事件，新建 C# 脚本，命名为 HandAction.cs，代码清单如下：

```
using UnityEngine;
using Valve.VR.InteractionSystem;

public class HandAction : MonoBehaviour
{
    private Hand hand;

    void Awake()
    {
        hand = GetComponent<Hand>();
    }

    void Update()
    {
        if (hand.controller != null)
        {
            if (hand.controller.GetPressDown(Valve.VR.EVRButtonId.k_EButton_
SteamVR_Trigger))
            {
                Debug.Log(" 菜单按钮被按下 ");
            }

            if (hand.controller.GetPressUp(Valve.VR.EVRButtonId.k_EButton_
Grip))
            {
```

```
                    Debug.Log("Grip 键被松开 ");
                }
                if (hand.controller.GetTouch(Valve.VR.EVRButtonId.k_EButton_
SteamVR_Touchpad))
                {
                    Debug.Log("TouchPad 键此时接触点坐标为 " + hand.controller.
GetAxis(Valve.VR.EVRButtonId.k_EButton_SteamVR_Touchpad));
                }
            }
        }
}
```

将该脚本挂载于 Player 预制体下的任意 Hand 对象。

- Interactable

Interactable 组件是实现控制器与物体交互的基础，在 Interaction System 中，所有被交互的对象都需要挂载此组件。除此之外，与多数交互系统一样，Interaction System 中的交互基于控制器与游戏对象的碰撞，故被交互对象需要挂载碰撞体 Collider 组件，至于使用何种类型的碰撞体，需要根据模型外观进行选择。Interactable 组件在属性面板中没有任何可以调整的参数，更多的是起到标记的作用，另外可向被交互对象发送 onAttachedToHand 与 OnDetachedFromHand 事件，如图 15-30 所示。

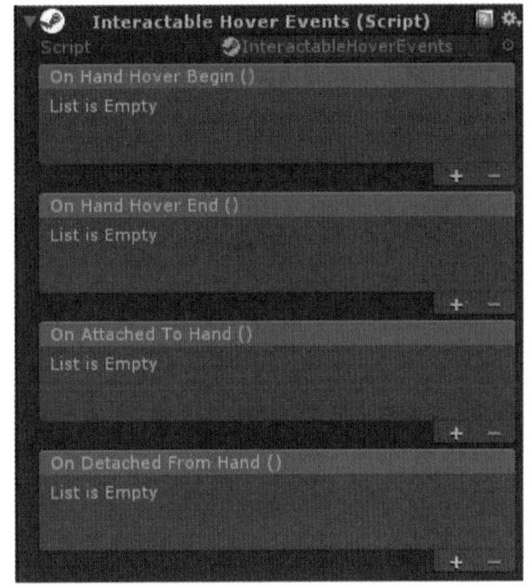

图 15-30　InteractableHoverEvents

Player 预制体包含 InputModule 和用户模拟鼠标操作，实现与物体的交互。在 Interaction System 中可使用 InteractableHoverEvents 和 InteractableButtonEvents 类向可交互对象发送事件。在挂载了 Interactable 的物体上继续挂载这两个类，通过点击相关事件右侧的”+”按钮，即可添加针对相应事件类型的处理逻辑。

- InteractableHoverEvents：该类发送一系列控制器悬停事件给可交互对象。
  - On Hand Hover Begin：Hand 悬停于可交互对象。
- On Hand Hover End：Hand 移出可交互对象。
- On Attached To Hand：可交互对象被吸附于 Hand。
- On Detached From Hand：可交互对象被 Hand 释放。
- InteractableButtonEvents：该类发送控制器按键事件给可交互对象。在属性面板上与 InteractableHoverEvents 的组织形式相同。该类中事件的发生不需要控制器与交互对象接触，如 The Lab 中使用手柄对无人机的控制，故不同的物体可针对相同的控制器事件作不同的事件处理。
  - on Trigger Down：Trigger 键按下。
  - on Trigger Up：Trigger 键松开。

- on Grip Down：Grip 键按下。
- on Grip Up：Grip 键松开。
- on Touchpad Down：Touchpad 键按下。
- on Touchpad Up：Touchpad 键松开。
- on Touchpad Touch：触摸 Touchpad。
- on Touchpad Release：停止触摸 Touchpad。

2. 使用 Interaction System 实现瞬移

瞬移是在虚拟环境中移动体验者位置的常见操作。使用 Interaction System 可以实现 The Lab 中的两种瞬移方式，一种是在限定范围内的瞬移，另一种是在特定的位置点之间的瞬移。瞬移模块存在于 InteractionSystem 工具集下的 Teleport 目录下，实现瞬移的机制包括三个核心类：Teleporting、TeleportArea 、TeleportPoint。

• Teleporting：负责处理 Interaction System 中的瞬移逻辑，该预制体挂载了 Teleport 和 Teleport Arc 组件，其中 Teleport 组件负责实现瞬移逻辑，Teleport Arc 组件负责定义指示瞬移的外观，包括瞬移指针、瞬移曲线等。

• Teleport Area：挂载了该组件的模型可被转化为一片可瞬移的区域范围，只需将该组件挂载到需要设定为瞬移区域的模型即可，一般为面片 Plane。此时模型除挂载了 Teleport Area 组件之外，还被赋予了 Shader 为 Valve/VR/Highlight 的材质。瞬移区域的选择同样基于物理碰撞，故转换为瞬移区域的模型需要挂载碰撞器组件。

• Locked：设定瞬移区域是否锁定。如勾选此项，则表示不能在此区域进行瞬移操作。如图 15-31 所示，从左至右分别为 Locked 属性设置为 true 和 false 时的瞬移区域表现。

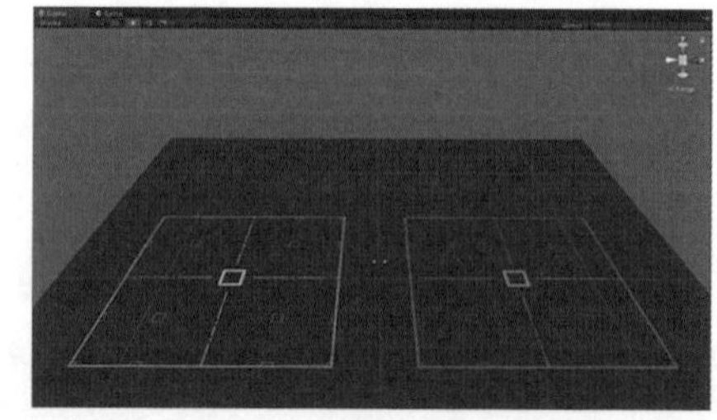

图 15-31 两个设置了不同 Locked 属性值的 TeleportArea

• Marker Active：是否保持瞬移区域激活状态。若为 true，则程序运行时一直保持该瞬移区域显示；如为 false，则只有在选择瞬移目标时显示。

• Teleport Point：相对于 Teleport Area，Teleport Point 是一个瞬移的位置点。某些情况下，我们希望用户只瞬移到指定的地点而不是在一个区域内，使用 Teleport Point 即可实现这样的功能，外观如图 15-32 所示。

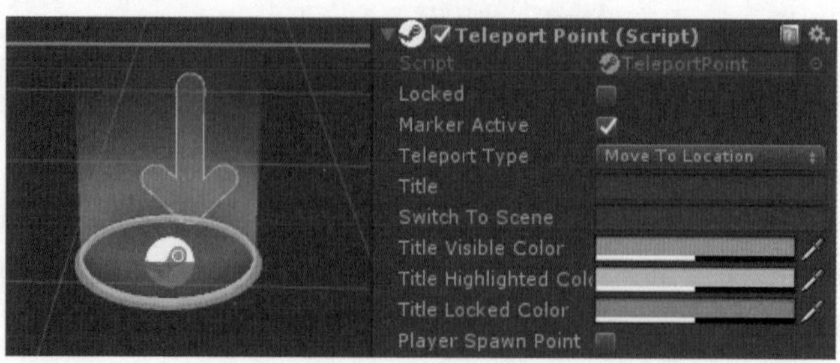

图 15-32 Teleport Point 预制体与 Teleport Point 类属性

◦ Locked：同 Teleport Area 中一样。

◦ Marker Active：同 Teleport Area 中一样。

◦ Teleport Type：设置选择此瞬移点后的行为。默认为 Move To Location，即将体验者的位置移动到该瞬移点位置；选择 Switch To New Scene 类型，则选择该瞬移点后，跳转到指定场景，场景名称由 Switch To Scene 属性设置，需要注意的是，在属性面板中指定场景名称后，尚不能实现瞬移后跳转场景的功能，需要继续在代码中添加跳转场景逻辑。在 TeleportPoint.cs 脚本的 TeleportToScene () 函数中，原代码片段如下所示：

```
public void TeleportToScene()
{
    if ( !string.IsNullOrEmpty( switchToScene ) )
    {
        Debug.Log( "TeleportPoint: Hook up your level loading logic to
switch to new scene: " + switchToScene );
    }
    else
    {
        Debug.LogError( "TeleportPoint: Invalid scene name to switch
to: " + switchToScene );
    }
}
```

若没有其他逻辑，可将第五行代码删除，在该位置编写跳转场景代码，如：

```
SceneManager.LoadScene(switchToScene)
```

在使用以上方法前需要先引入 SceneManager 类所在的命名空间：

```
using UnityEngine.SceneManagement;
```

若使用 SceneManager 实现场景跳转，需要将跳转到的场景添加至 Build Settings 面板的场景列表中，如图 15-33 所示。

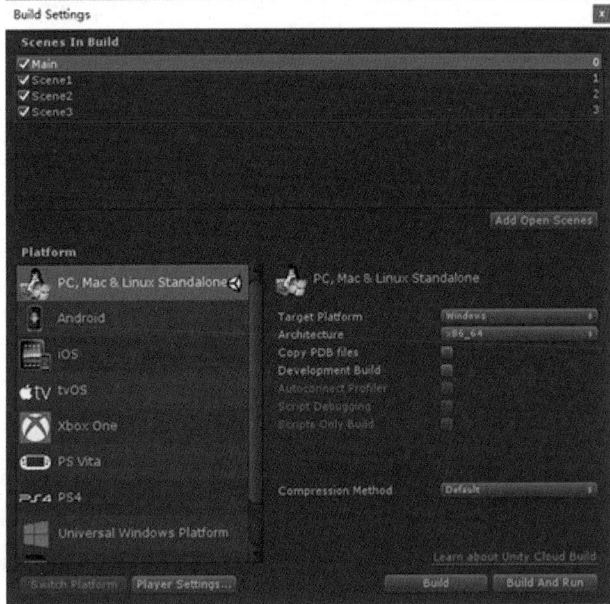

图 15-33 添加需要跳转到的场景

◦ Title：在该瞬移点显示名称。

• Switch To Scene：提供跳转场景的名称。

• Title Visible Color：Title 颜色。

◦ Title Highlight Color：瞬移点高亮时的 Title 颜色。

◦ Title Locked Color：瞬移点锁定时的 Title 颜色。

◦ Player Spawn Point：是否为出生点。如为 true，则程序开始运行时，体验者的初始位置将设定在此瞬移点。

下面我们将通过实例来看一下实现瞬移的具体过程。

（1）新建项目，命名为 SteamVR_InteractionSystem，导入 SteamVR Plugin。

（2）将场景中的 MainCamera 删除，保存场景，命名为 Main。

（3）在 Project 面板中，将路径 SteamVR/InteractionSystem/Core/Prefabs 下的 Player 预制体拖入到场景中，点击其 Transform 组件右侧齿轮按钮，选择 Reset 命令重置位置。

（4）在 Project 面板中，将路径 SteamVR/InteractionSystem/Teleport/Prefabs 下的 Teleporting 预制体拖入到场景中。

（5）添加地面。选择 GameObject > 3D Object > Plane 命令，添加一个面片作为地面，命名为 Floor，点击其 Transform 组件右侧齿轮按钮，选择 Reset 命令重置位置，同时修改缩放为原来的 3 倍。

（6）设置瞬移区域。使用相同方式继续添加一个 Plane，命名为 TeleportArea，在属性面板中设置其 Transform 组件的 Position 属性为（0，0.05，0），以防与 Floor 距离太近而发生面片穿插的效果。点击 Add Component 按钮，选择 Scripts > Valve.VR.InteractionSystem 下的 Teleport Area 组件。

（7）添加瞬移点。在 Project 面板中，将路径 SteamVR/InteractionSystem/Teleport/Prefabs 下的 TeleportPoint 预制体拖入到场景中，命名为 TeleportPoint（Normal），设置其 Transform 组件的 Position 属性值为（-6，0，-6）。

（8）添加第二个瞬移点。使用同样方式，添加第二个 TeleportPoint 预制体，命名为 TeleportPoint（Locked），设置其 Transform 组件的 Position 属性值为（0，0，6），同时勾选 Teleport Point 组件的 Locked 属性。

（9）添加第三个 TeleportPoint，命名为 TeleportPoint（SwitchToScene）。设置其 Transform 组件的 Position 属性值为（6，0，6）。设置 Teleport Point 组件的 Teleport Type 属性为 Switch To New Scene，Title 属性为示例场景，Switch To Scene 属性为 Interactions_Example。按照上文介绍的方法修改 TeleportPoint.cs 脚本的 TeleportToScene()函数，同时将当前场景和路径 SteamVR/InteractionSystem/Samples 下的场景 Interactions_Example 添加到 Build Settings 窗口的场景列表中。此时完成场景编辑，如图 15-34 所示。

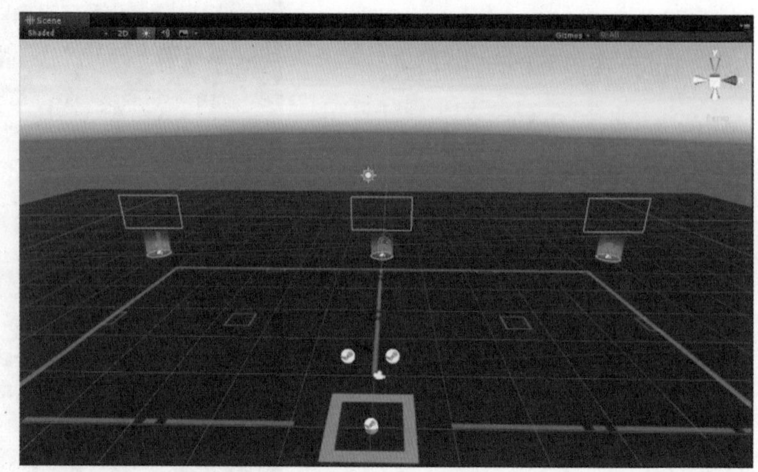

图 15-34　场景设置

（10）保存场景，点击 Unity 编辑器的 Play 按钮查看最终效果。体验者可在设定的瞬移范围 TeleportArea 内自由移动，当选择 TeleportPoint（Normal）瞬移点时，瞬移到该位置；当选择 TeleportPoint（Locked）瞬移点时，不会进行瞬移；当选择 TeleportPoint（SwitchToScene）瞬移点时，场景调转到 Interactions_Example 示例场景。

3. 使用 Interaction System 实现与物体的交互

如前所述，在 Interaction System 中实现与物体交互的基础是保证游戏对象挂载碰撞体和 Interactable 组件，但 Interactable 组件只是起到标记和发送事件的作用，要实现控制器与游戏对象的交互动作，需要使用 Interaction System 中的其他组件。

Throwable 组件可实现 Hand 与游戏对象的基本交互动作——体验者将手柄控制器放置于可交互对象内。当按下 Trigger 键后，交互对象被抓取并随手柄移动；当 Trigger 键松开时，交互对象脱离手柄控制器，并以惯性继续运动。

选择需要参与交互的对象，在属性面板中点击 Add Component 按钮，选择 Throwable 组件，此时除挂载该组件外，还自动挂载了另外三个组件，依次为：Interactable、Rigidbody、VelocityEstimator。这是因为在 Throwable 类声明前使用了 RequireComponent 特性，依赖的组件会自动挂载到当前游戏对象上，如下列代码清单所示：

```
[RequireComponent( typeof( Interactable ) )]
[RequireComponent( typeof( Rigidbody ) )]
[RequireComponent( typeof( VelocityEstimator ) )]
```

故在设置物体为可交互的过程可直接挂载 Throwable 组件而不需要依次挂载需要的组件（图 15-35）。

其中，Interactable 组件向 Throwable 类发送 Hand 相关事件；Rigidbody 使物体在被抓取前和释放后受重力及碰撞影响；VelocityEstimator 类根据被交互对象的位置变化，计算其移动速度和方向，在被 Hand 释放后获得一个初始运动状态，继续以惯性方式运动，以达到真实世界的物理运动表现。

对 Throwable 组件的介绍如下。

- Attachment Flags：附着标记，用于定义抓取时的行为模式。枚举型数据，可多选。
- SnapOnAttach：物体被抓取后吸附于设定的坐标点。该吸附点由下文的 Attachment Point 设定，如不具体制定，默认与当前 Hand 坐标对齐。
- DetachOthers：物体被抓取后，其他附着于当前 Hand 的物体被释放。
- DetachFromOtherHand：物体被当前 Hand 抓取时，如果还被另外的 Hand 抓取，则脱离原

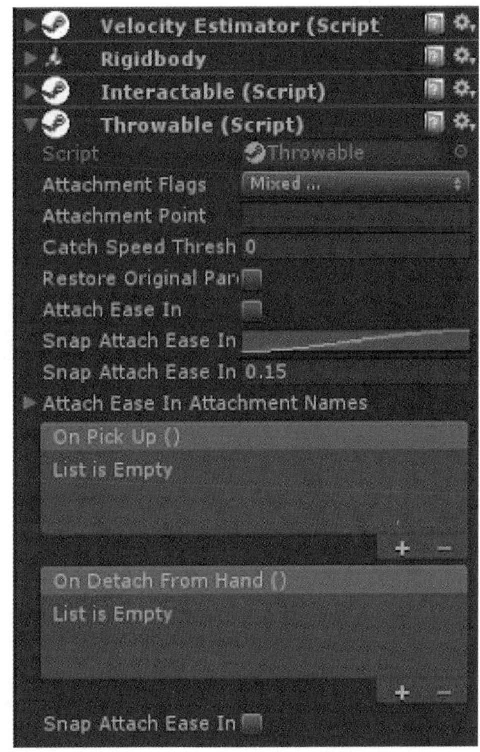

图 15-35 Throwable 组件

Hand。

• ParentToHand：物体被抓取后成为 Hand 的子物体。

• Attachment Point：物体被抓取后的吸附点的名称。该吸附点必须为 Hand 的子物体，并且只有在 Attachment Flags 中选择 SnapOnAttach 项方可生效。

• Catch Speed Threshold：抓取速度阈值。当游戏对象本身具有速度时，对它们的抓取就显得比较困难。设置该属性值的作用是当游戏对象速度大于该值时，可以提前按下抓取按键，一旦与控制器发生接触，即可吸附于控制器。

• Restore Original Parent：设定当物体在被释放时是否将其返回原父物体。

• Attach Ease In：是否采取缓动形式的吸附。若勾选，则物体在被抓取时以缓动形式到达 Hand 坐标点，旋转角度也将以缓动形式与 Hand 达到一致。如果此前在 Attachment Flags 中选择了 SnapOnAttach，此时将自动将其取消，以该方式替代。

• Snap Attach Ease In Curve：若 Attach Ease In 为 True，调节吸附过程的缓动曲线。

• Snap Attach Ease In Time：若 Attach Ease In 为 True，设置吸附过程的缓动时间。

• Attach Ease In Attachment Names：字符串数组，可指定多个位于 Hand 下的吸附点名称。若 Attach Ease In 为 True，则吸附点为与当前物体角度最小的一个。

同时，Throwable 类可发送两类事件：OnPickUp 和 OnDetachFromHand，分别代表物体被抓取时的事件、物体被释放时的事件，开发者可根据事件类型编写自定义事件处理函数。

下面我们将通过实例来看一下 InteractionSystem 实现与物体交互的具体过程。

使用上节中的项目和场景，具体操作如下。

（1）添加游戏对象。使用 GameObject > 3D Object > Cube 命令添加一个立方体，命名为 InteractCube。设置其 Transform 组件的 Position 属性值为（0，1，3），Scale 属性值为（0.3，0.3，0.3）。

（2）设置物体为可交互对象。在 InteractCube 的属性面板中，点击 Add Component 按钮，在搜索框中输入 Throwable 后确定，添加 Throwable 组件，同时，Interactable、Rigidbody、VelocityEstimator 组件被自动挂载到 InteractCube 上。

（3）添加事件处理逻辑。在 InteractCube 的属性面板中，点击 Add Component 按钮，在搜索框中输入 Interactable Hover Events 后确定。点击该组件中 On Hand Hover Begin 事件右侧"+"按钮，添加 Hand 悬停于 InteractCube 时的事件处理方法，将 InteractCube 作为接收回调对象，在右侧函数列表中选择 MeshRenderer > Material material，在函数列表下方指定 ShinyWhiteHighlighted 材质。使用相同方法为 InteractCube 添加 On Hand Hover End 事件处理方法，只是在材质选择器中选择 ShinyWhite 材质，如图 15-36 所示。

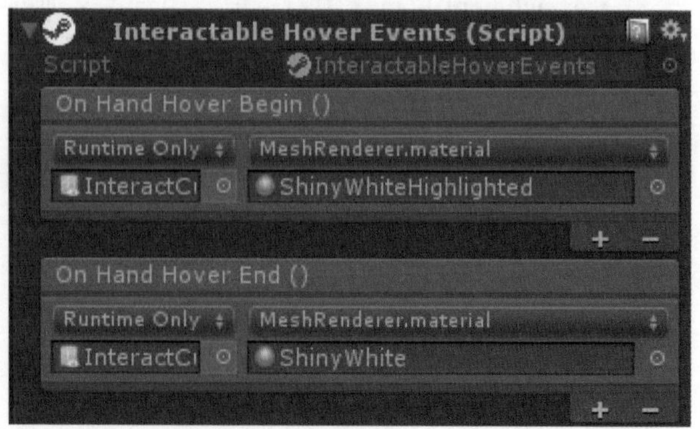

图 15-36 添加 InteractCube 的事件处理逻辑

（4）保存场景，点击 Unity 编辑器的 Play 按钮，测试场景。通过对比第 15.3.4. 节"使用 SteamVR Plugin 实现与物体交互”可见，使用 Interaction System 实现相同的交互效果要更加高效。

4.使用 Interaction System 实现与 UI 的交互

Interaction System 中与 UI 的交互方式是基于 Hand 与 UI 的接触进行交互的。与 Hand 交互的 UI 元素除需要挂载必需的 Interactable 组件外，还需要挂载 UI Element 组件。例如按钮 Button，Hand 发送模拟鼠标的悬停、点击事件，同时当 Hand 点击 UI 元素时，也会发送一个 On Hand Click 事件。

需要注意的是，由于生成的 UI 元素本身并不自带碰撞体，故需要手动添加并调整尺寸，根据感应区域的要求调整 Collider 的大小。

下面我们将通过实例来看一下实现与 UI 交互的过程。使用上节用到的项目和场景，具体操作如下。

（1）添加并设置 Canvas。在 Hierarchy 面板中，右键选择 UI > Canvas 命令，添加一个 Canvas。设置 Canvas 组件的 Render Mode 属性为 World Space；设置 Canvas Scaler 组件的 Dynamic Pixels Per Unit 属性值为 3；在属性面板中设置 Canvas 的 Rect Transform 组件的相关属性，如图 15-37 所示。

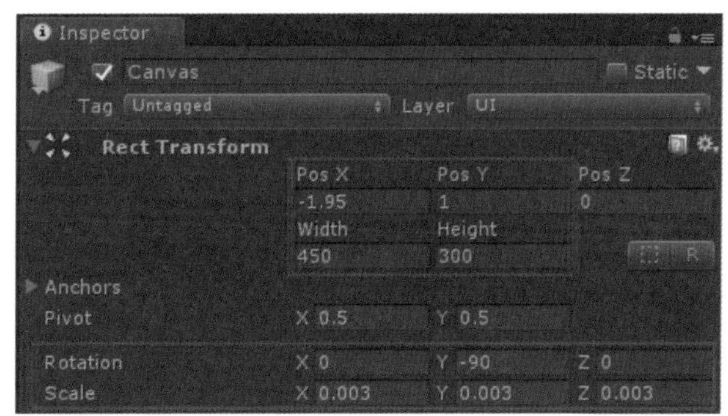

图 15-37　设置 Canvas 的 Rect Transform 组件

（2）添加按钮元素。在 Hierarchy 面板中，选中 Canvas 游戏对象，右键选择 UI > Button 命令，在 Canvas 下添加一个按钮，设置其 Rect Transform 组件的 Width、Height 属性值分别为 160、78，设置其 Button 组件的 Highlighted Color 颜色值为（R:233，G: 30，B: 99）。

（3）为按钮添加碰撞体。在 Button 的属性面板中，点击 Add Component，在搜索框中输入 Box Collider 后确定。设置碰撞体的 Size 属性值为（160，80，0）。

（4）设置按钮相应 Hand 交互。选中 Button 元素，在属性面板中点击 Add Component，在搜索框中输入 UI Element 后确定。点击 UI Element 组件中 On Hand Click 事件右侧的”+”按钮，添加一个 Hand 点击处理方法。

（5）完成按钮点击事件逻辑。在 Hierarchy 面板中，右键选择 3D Object > Cube，设置其 Transform 组件的 Position 属性值为（-2.5，0.5，1.5）。选择 Button，在属性面板中将 Cube 设置为接收 On Hand Click 事件的回调对象，在函数列表中选择 GameObject > SetActive（bool），如图 15-38 所示。

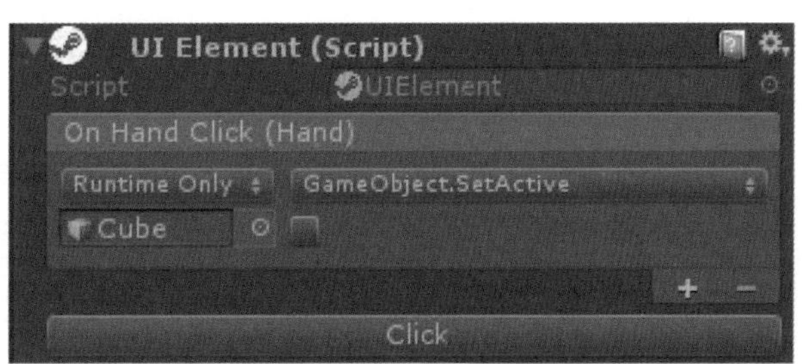

图 15-38　设置 On Hand Click 事件处理方法

（6）场景最终如图 15-39 所示，保存场景，点击 Unity 编辑器的 Play 按钮，测试交互效果。当手柄控制器悬停于按钮上时，按钮高亮显示，同时手柄高亮，此时按下 Trigger 键，右侧立方体消失。

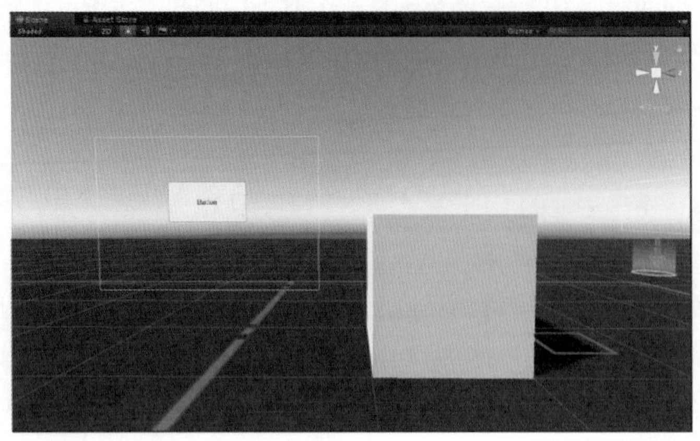

图 15-39　场景设置

5. Linear Drive 与 Circular Drive

Linear Drive 和 Circular Drive 机制被多次应用在 The Lab 中。如射箭游戏中，通过 Linear Drive 控制弓箭的拉伸动画，同时，随着弓箭的拉伸，手柄呈现不同的振动力度。

Linear Drive 与 Circular Drive 相似，都是在交互对象被抓取以后，限定在一个轨迹范围内移动。其中，Linear Drive 将物体限定在一个线性轨迹内，而 Circular Drive 则是将物体限定在圆形轨迹内。当手柄位置超出设定的轨迹范围时，物体脱离手柄，停留在限定范围的边界。

使用 Linear Drive 和 Circular Drive 更重要的意义在于，可以根据物体的位置与轨迹范围，映射出一个从 0 到 1 之间的数值，从而影响到其他对象的表现。映射出的范围值由 Linear Mapping 类承载，通过该类的 Value 值影响到其他对象的表现。可以使用 Linear Mapping 数值的对象为 LinearAnimation、LinearAnimator、LinearBlendShape、LinearDisplacement、HapticRack。这些对象使用 Linear Mapping 提供的数据，与要影响到的组件属性建立映射关系，从而改变相应的属性值。

在被交互对象与被影响对象之间，Linear Mapping 起到桥梁作用，如图 15-40 所示。

下面我们将通过实例看一下实现 Linear Drive 机制的具体过程。使用上节用到的项目和场景，具体操作如下。

（1）导入素材。在 Unity Asset Store 下载并导入资源包 Adam

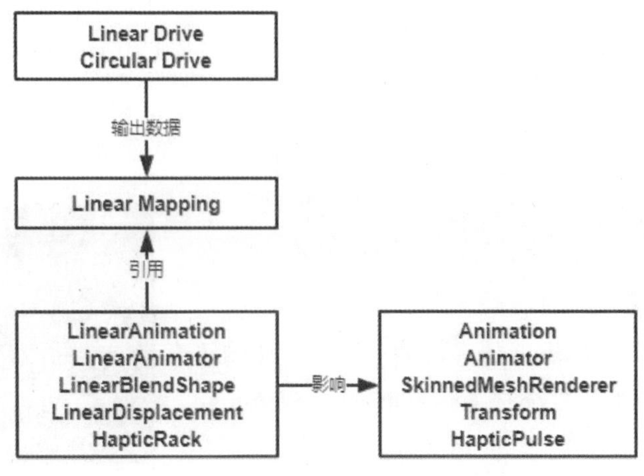

图 15-40　Liner Mapping 的工作机制

Character Pack: Adam, Guard, Lu，或在随书资源关于本章目录下找到 Adam Character Pack Adam Guard Lu.unitypackage。

（2）添加 Adam。将路径 Adam Character Pack/Adam 下的 Adam 模型拖入到场景中，并设置其 Transform 组件的 Position 属性值为（2.5，0，0），设置 Animator 组件的 Controller 为 Adam_AnimationController。

（3）添加交互对象。在 Hierarchy 面板中，右键选择 3D Object > Sphere，并命名为 Handle，设置其 Transform 组件的 Position 属性值为（1.5，1，0），Scale 属性值为（0.2，0.2，0.2）。

（4）设置 Linear Drive。选择 Handle，在属性面板中点击 Add Component 按钮，搜索框中输入 Linear Drive 后确定。

（5）设置 Linear Drive 的起点和终点。在 Hierarchy 面板中，右键选择 Create Empty，新建一个空游戏对象，命名为 StartPoint，设置其 Transform 组件的 Position 属性值为（1.5，1，0.5）。使用快捷键 Ctrl+D，创建该游戏对象的副本，命名为 EndPoint，设置其 Transform 组件的 Position 属性值为（1.5，1，-0.5）。选择 Handle 游戏对象，在 Linear Drive 组件中，将 StartPoint 游戏对象指定给 Start Position 属性，将 EndPoint 游戏对象指定给 End Position 属性，如图 15-41 所示。

图 15-41 设置 Linear Drive 的起点和终点属性

（6）制作 Linear Mapping。在 Hierarchy 面板中，右键选择 Create Empty 命令，新建一个空游戏对象，命名为 Linear Mapping，在属性面板中，点击 Add Component 按钮，在搜索框中输入 Linear Mapping 后确定；选择 Handle 游戏对象，在 Linear Drive 组件中，将 Linear Mapping 游戏对象指定给 Linear Mapping 属性。

（7）选中场景中的 Adam 游戏对象，在其属性面板中点击 Add Component 按钮，在搜索框中输入 Linear Animator 后确定；将 Linear Mapping 游戏对象指定给该组件的 Linear Mapping 属性，将 Adam 游戏对象上的 Animator 组件指定给 Animator 属性，如图 15-42 所示。

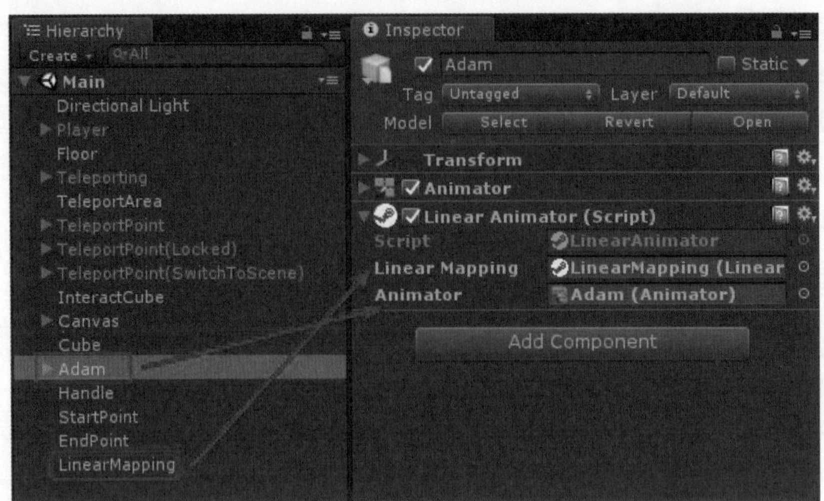

图 15-42　设置 Linear Animator

（8）保存场景，点击 Unity 编辑器的 Play 按钮，测试程序。最终效果如图 15-43 所示，当用手柄控制器抓取 Handle 时，该游戏对象只能在设定的起点和终点之间移动，在此过程中，Adam 随 Handle 的移动而播放相应进度的动画。

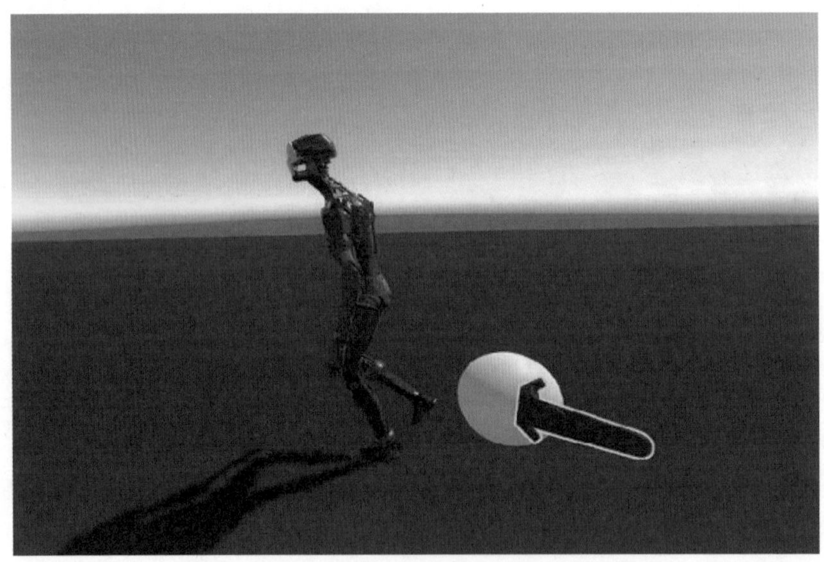

图 15-43　实例最终效果

6. Longbow 交互解析

Longbow 模块是使用 Interaction System 实现的一套完整的游戏机制。其交互方式与 The Lab 中的 Longbow 游戏场景相同，可分为如下两个阶段。

第一阶段是关于弓箭的抓取和释放——当使用任意手柄控制器在与弓的接触过程中按下 Trigger 键时，弓被抓取，同时原来位置显示一个关于弓的高亮轮廓，另一个手柄控制器上会自动生成一枚箭，当已经持有弓的手柄控制器返回高亮轮廓区域时，弓被放回原来位置，同时另一个手柄控制器所持有的箭消失，如图 15-44 所示。

第二阶段是关于拉弓和射箭的过程——当箭被搭在弦上，此时持箭的手柄控制器保持按住 Trigger 键做拉弓动作时，弓被拉伸，手柄伴有振动，松开持箭手柄控制器的 Trigger 键，箭被射出，如图 15-45 所示。

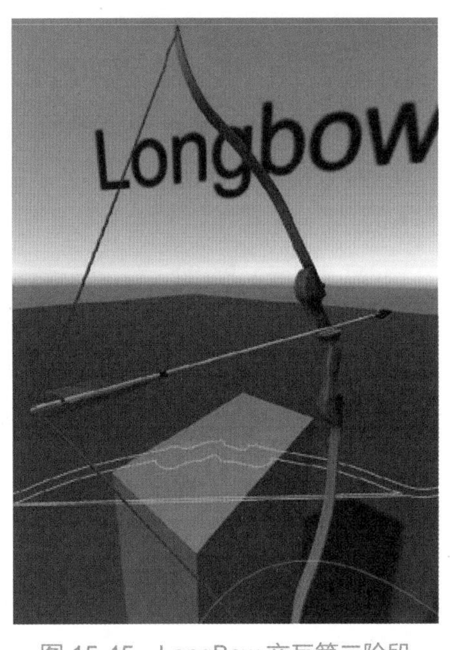

图 15-44 LongBow 交互第一阶段

图 15-45 LongBow 交互第二阶段

关于第一阶段的交互，在 The Lab 中也多处应用，例如主场景中工作台上对于各种道具的拾取，如图 15-46 所示。该交互机制基于 Item Package，其核心类是：ItemPackage、ItemPackageSpawner、ItemPackageReference。

图 15-46 The Lab 中基于 Item Package 的交互

• ItemPackage：实现该类型的交互，需要多个对象参与，ItemPackage 类便是用于引用在此过程中参与交互的对象。在 Longbow 中，对应的是 LongbowItemPackage。由于 ItemPackageSpawner 使用实例化方式（GameObject.Instantiate）生成游戏对象，故在 ItemPackage 中指定的对象多为预制体。

◦ Name：名称。

◦ Package Type：类型，即选择是否搭配出现。选择 OneHanded 表示该物体没有搭配生成的物体，被抓取时不会在另一个手柄控制器上生成游戏对象；选择 TwoHanded 表示该物体有搭配生成的物体，被抓取时需要在另一个手柄控制器上生成 Other Hand Item Prefab 属性指定的游戏对象。

◦ Item Prefab：在控制器上生成的对象。

◦ Other Hand Item Prefab：当发生抓取时，另外一个手柄控制器所持有物体的预制体。

◦ Preview Prefab：用于预览抓取对象的预制体。

◦ Faded Preview Prefab：对象在被抓取以后，在其原位置显示的物体，在 The Lab 中是高亮轮廓。

• ItemPackageSpawner：在 Longbow 中，主力手手柄控制器上生成 Longbow 预制体的实例，另一个手柄控制器上生成 ArrowHand 预制体的实例。

◦ Item Package：交互过程中用到的 Item Package 对象，根据 Item Package 清单中的游戏对象完成交互。

◦ Require Trigger Press To Take：若为 True，则在感应区域内需要按下手柄控制器的 Trigger 键拿起物体，默认选中。

◦ Require Trigger Press To Return：若为 True，则需要在感应区域内按下手柄控制器的 Trigger 键才能将持有的物体放回原处。

◦ Show Trigger Hint：是否在 Trigger 键处显示提示。

◦ Attachment Flags：附着标记，同 Throwable 组件的 Attachment Flags 属性。

◦ Attachment Point：附着点，同 Throwable 组件的 Attachment Point 属性。

• ItemPackageReference：该类只有一个属性——Item Package，用于指定此对象所属的 Item Package。

如图 15-47 所示是 Interactions_Example 示例场景中的 LongBow 设置，场景中的 BowPickup 游戏对象挂载了 Sphere Collider 组件，用于感应手柄控制器和设定感应范围，其下包含 LongbowPreview（Clone）子物体，仅用于展示需要抓取的对象。

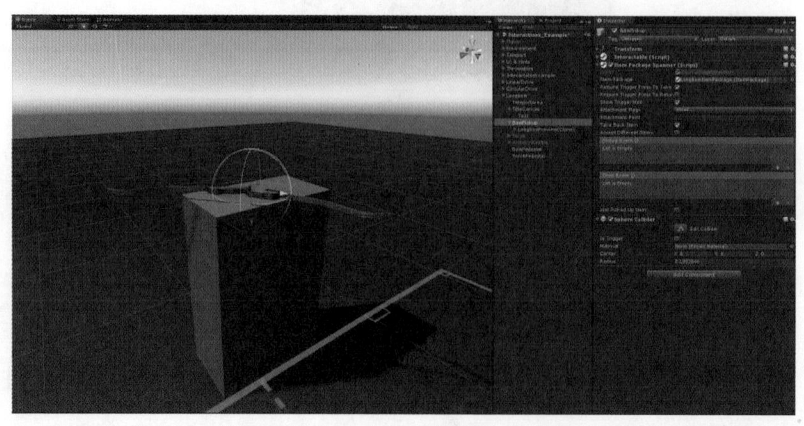

图 15-47 Interactions_Example 示例场景中的 LongBow 设置

当手柄在感应范围内按下 Trigger 键做抓取动作时，ItemPackageSpawner 根据 ItemPackage 提供的清单，生成指定的物体于当前手柄控制器，如 SpawnAndAttachObject.cs 中 SpawnAndAttachObject ( ) 方法中的代码片段所示：

```
spawnedItem = GameObject.Instantiate(itemPackage.itemPrefab);
spawnedItem.SetActive( true );
hand.AttachObject(spawnedItem, attachmentFlags,
    attachmentPoint);
```

若 Item Package 中指定了需要在另一个手柄控制器上搭配出现的对象，则将其生成，使其被持有，代码片段如下：

```
GameObject otherHandObjectToAttach = GameObject.Instantiate(
    itemPackage.otherHandItemPrefab );
otherHandObjectToAttach.SetActive( true );
hand.otherHand.AttachObject( otherHandObjectToAttach,
    attachmentFlags );
```

将高亮轮廓至于弓的原始位置，由 ItemPackageSpawner 类的 CreatePreviewObject 方法实现，代码片段如下：

```
previewObject = Instantiate( itemPackage.previewPrefab,
    transform.position, Quaternion.identity ) as GameObject;
previewObject.transform.parent = transform;
previewObject.transform.localRotation = Quaternion.identity;
```

当持有物体的手柄控制器返回感应区域时，通过接收 Interactable 组件发送的 OnHandHoverBegin 事件进行逻辑处理，将持有的物体放回原处，同时若另一个手柄控制器持有搭配的游戏对象，将其释放。

```
private void OnHandHoverBegin( Hand hand )
{
      ItemPackage currentAttachedItemPackage =
           GetAttachedItemPackage( hand );

      if ( currentAttachedItemPackage == itemPackage )
      {
             if ( takeBackItem && !requireTriggerPressToReturn )
             {
                    TakeBackItem( hand );
             }
      }

      if ( !requireTriggerPressToTake )
      {
             SpawnAndAttachObject( hand );
      }

      if ( requireTriggerPressToTake && showTriggerHint )
      {
```

```
            ControllerButtonHints.ShowTextHint( hand,
                Valve.VR.EVRButtonId.k_EButton_SteamVR_Trigger, "PickUp" );
        }
}
```

第二阶段的交互——拉弓和射箭，由三个核心类共同实现，分别为：Longbow、ArrowHand、Arrow，它们作为组件挂载于对应名称的预制体上。下面分功能介绍其实现交互的原理。

● 弓的拉伸和收缩

弓的拉伸和收缩效果主要由 Longbow 类实现。在预制体 Longbow 上挂载了如图 15-48 所示的组件，Animator 组件为弓的拉伸动画，使用 Linear Animator 和 Linear Mapping 实现弓的拉伸和收缩效果。

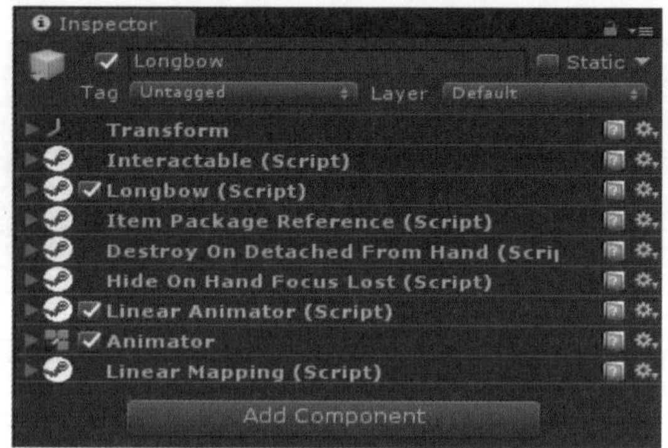

图 15-48　Longbow 预制体挂载的组件

需要注意的是，在此过程中并没有使用 Linear Drive，而是在 Longbow 类的 HandAttachedUpdate ( ) 函数中将拉伸距离映射为一个 0 到 1 之间的数值，赋予给 Linear Mapping 组件的 value 值，从而影响到 Animator 组件中动画的播放，如下列代码片段所示：

```
drawTension = Util.RemapNumberClamped( nockDistanceTravelled,0, maxPull,
                                       0f, 1f );
this.bowDrawLinearMapping.value = drawTension;
```

其中，拉伸距离 nockDistanceTravelled 通过箭扣离开起始点的距离（变量 nockToarrowHand）计算而来，可参考 Longbow 类的 HandAttachedUpdate 函数。

● 箭的扣弦、射出逻辑

根据 LongbowItemPackage 的配置信息，Other Hand Item Prefab 属性指定的预制体是 Arrow Hand，即弓被抓取以后，另一个控制器上会生成 Arrow Hand 的实例，如图 15-49 所示。

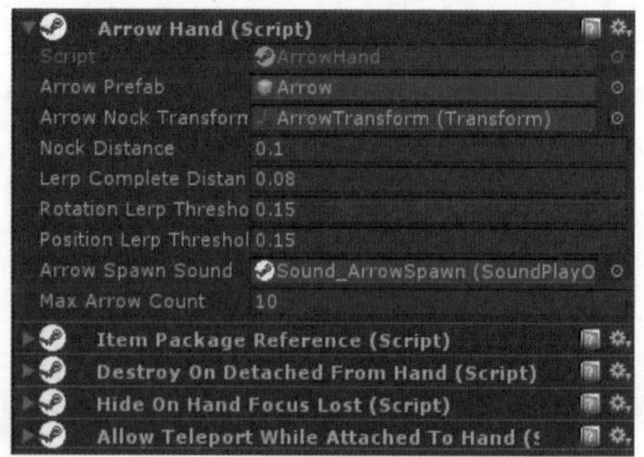

图 15-49　ArrowHand 预制体挂载的组件

ArrowHand 类实现箭的生成和发射机制，通过 InstantiateArrow 函数生成箭（Arrow）的实例。同时，ArrowHand 预制体上挂载了 Destroy On Detached From Hand 组件，当被手柄控制器释放时，将该实例销毁，而通过 ArrowHand 类生成的箭（Arrow）的箭将继续存在，并由其自身决定销毁时机。

在 Arrow 的子物体 Arrowhead collider 上，挂载了 Fixed Joint 关节组件，与 Arrow 上的 Rigidbody 连接，如图 15-50 所示。

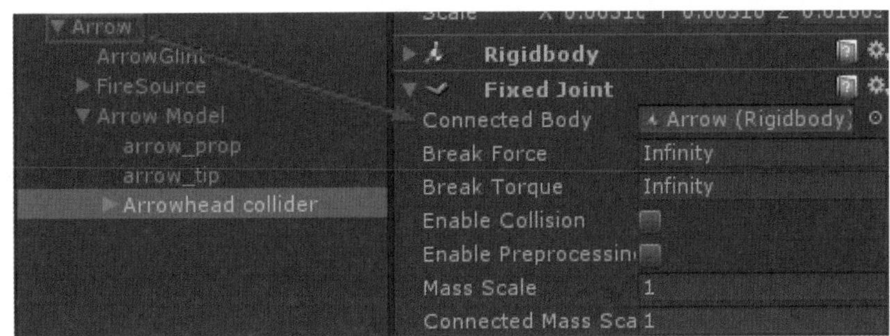

图 15-50 Arrowhead collider

当弓在扣弦状态且被拉开足够距离时，松开拉弓手柄控制器上的 Trigger 键，将箭射出。由 ArrowHand 类的 FireArrow 函数实现箭被射出的效果，通过向 Arrowhead collider 上的 Rigidbody 组件添加一个指定方向的力，Arrowhead collider 便可通过 Fixed Joint 关节组件牵引 Arrow 对象沿着力的方向运动。代码片段如下：

```
// 当前的箭脱离 Longbow
currentArrow.transform.parent = null;

arrow.arrowHeadRB.AddForce( currentArrow.transform.forward * bow.
                            GetArrowVelocity(),ForceMode.VelocityChange );
arrow.arrowHeadRB.AddTorque( currentArrow.transform.forward * 10 );
```

- 箭的击中逻辑

在 Longbow 中，箭在射出后可击中气球和靶子，而对于击中目标箭有不同的表现。击中气球，则气球爆炸，箭消失；击中靶子，箭则停留在目标表面（图 15-51）。

图 15-51 Arrow 预制体挂载的组件

击中逻辑由 Arrow 类实现，如图 15-52 所示，在箭头位置设置了 Sphere Collider 组件，该组件检测箭与其他游戏对象的碰撞。

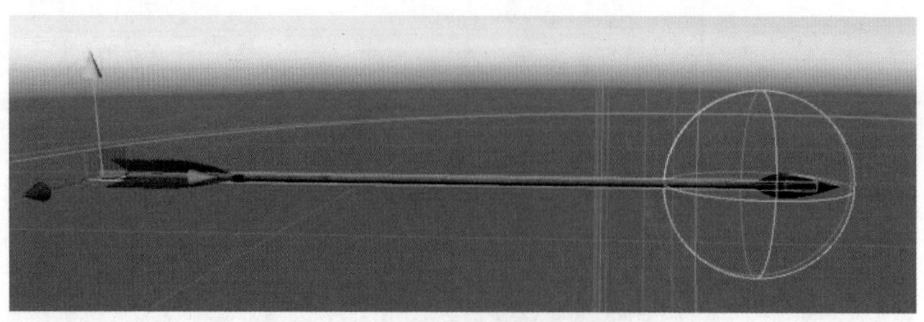

图 15-52 Arrow 预制体结构

当与靶子发生碰撞时，检测目标是否具有指定的物理材质，此处为 ArcheryTargetPhysMaterial，如符合条件并具备一定的速度，则箭将停留在物体表面，作射中状。在 Arrow 类的 OnCollisionEnter 函数中，代码片段如下：

```
bool canStick = ( targetPhysMaterial != null&&
                  collision.collider.sharedMaterial ==
                  targetPhysMaterial && rbSpeed >0.2f );

if ( canStick )
{
     StickInTarget( collision, travelledFrames <2 );
}
```

击中气球发生碰撞后，基于现实世界的物理原理，箭继续飞行，由 Balloon 类完成气球爆炸效果。在 Arrow 类的 OnCollisionEnter 函数中，代码片段如下：

```
bool hitBalloon = collision.collider.gameObject.
                  GetComponent<Balloon>() != null;

if ( hitBalloon )
{
     transform.position = prevPosition;
     transform.rotation = prevRotation;
     arrowHeadRB.velocity = prevVelocity;
     Physics.IgnoreCollision( arrowHeadRB.
                              GetComponent<Collider>(),
                              collision.collider );
     Physics.IgnoreCollision( shaftRB.
                              GetComponent<Collider>(),
                              collision.collider );
}
```

15.4 VRTK 使用指南

15.4.1 VRTK 插件简介

VRTK 全称是 Virtual Reality Toolkit for Unity，是一套免费开源的 VR 开发工具集，目前支持 SteamVR、Oculus、Windows Mixed Reality 等多种 VR 平台的 SDK。VRTK 能实现 VR

应用中的多数交互效果，开发者只需要挂载几个脚本，然后设置相关的属性，就能实现 VR 交互所需要的功能。VRTK 以其简便和高效性，深受 VR 开发者青睐，多款 VR 游戏使用 VRTK 开发，如 QuiVR、ViveSpray 等，其工具集文件结构如图 15-53 所示。

如无特别说明，本书均使用基于 SteamVR Plugin 1.2.3 的 VRTK3.2.1 版本进行介绍，并在随书资源资源中提供该版本的文件。若有后续版本更新，读者可访问其官方网址查看相关介绍。

VRTK
Editor
Examples
Materials
Prefabs
Scripts
Controls
Interactions
Internal
Locomotion
Pointers
Presence
UI
Utilities
SDK
Textures
DOCUMENTATION
README

图 15-53 VRTK 工具集文件结构

在 Scripts 目录下，集中了该工具集的核心脚本，按照分类介绍如下。

• Controls：预制了一系列模拟现实世界物体的控件，包括门、抽屉、楼梯等常见事物。

• Interactions：包含一系列使用控制器与游戏对象交互的脚本。

◦ GrabAttachMechanics：实现控制器抓取机制的脚本。

◦ Highlighters：实现对象高亮逻辑的脚本。

◦ SecondaryControllerGrabActions：提供了多种有次级控制器同时参与抓取的交互实现方案。

• Pointers：指针相关脚本。

◦ PointerRenderers：用于呈现指针的渲染器，配合 VRTK_Pointer 类使用。

• Locomotion：实现移动相关逻辑的脚本，提供了多种在 VR 环境中移动体验者位置的方案。

• UI：帮助实现在 VR 中与 Unity UI 元素交互的脚本。

• Presence：用于优化 VR 交互表现的脚本。

• Utilities：辅助脚本。

VRTK 中的脚本左侧均带有不同类型的图标，分别代表不同的意义，如图 15-54 所示，由上至下依次为内部脚本、弃用脚本、预制体、可用脚本。其中弃用脚本并不意味着该脚本在当前版本的 VRTK 工具集中不可用，而是在未来版本更新中将被弃用，在此版本中不推荐使用此脚本，或建议使用替代脚本，这在脚本注释中均有详细说明。

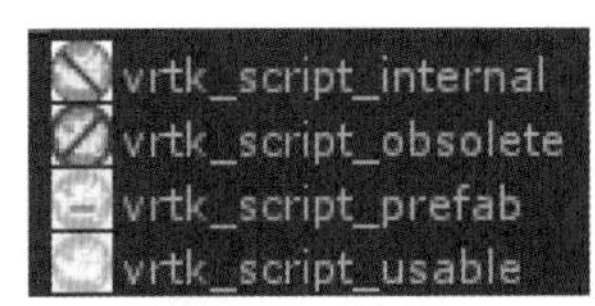

图 15-54 VRTK 脚本图标

为什么使用 VRTK

● 开源免费

如前所述，VRTK 是一套开源免费的工具集合，鉴于其开源性质，一方面，开发者可以深入到代码中去，查看脚本代码如何与原生 SDK 进行交互，是一套很好的学习资料；另一方面，开发者可以根据自己的项目需求，修改其中的代码，快速开发符合自己需要的功能，具有很强的扩展性。

● 文档说明详尽，示例众多

在 VRTK 的源代码中，处处可见注释，在 Unity 编辑器的属性面中，当鼠标悬停于 VRTK

组件的某一属性时，均有相关说明，加之多达 317 页的使用文档，使开发者可以快速上手使用 VRTK 提供的各项功能。同时，在 VRTK 的 Examples 目录下，存在 40 多个示例场景，分别演示 VRTK 所能实现的特定功能，具有非常重要的借鉴意义，如图 15-55 所示。

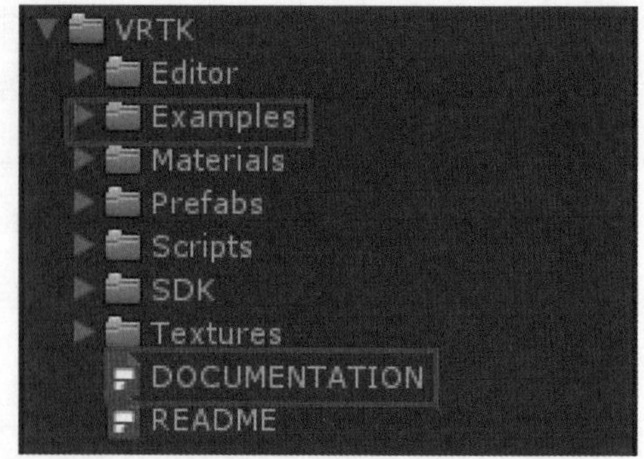

图 15-55　VRTK 示例场景和说明文档

- 活跃的开发者社群

VRTK 作为开源项目，得到了全球众多 VR 开发者的支持，目前得到的 Star 数为 2309，贡献代码的提交次数也非常频繁，如图 15-56 所示。VRTK 近期得到了 Oculus 官方资助，核心开发人员逐渐增多，新版 VRTK 也将会在未来发布。

图 15-56　VRTK 在 Github 上的活跃度

15.4.2　获取 VRTK

VRTK 源代码目前托管于 Github，在 Unity Asset Store 上以插件的形式提供免费下载，开发者可通过任一渠道获取 VRTK 应用于项目中。

- 从 Asset Store 获取 VRTK

本书使用 VRTK 版本为 3.2.1，读者可在 Asset Store 中搜索“VRTK”，如图 15-57 所示。

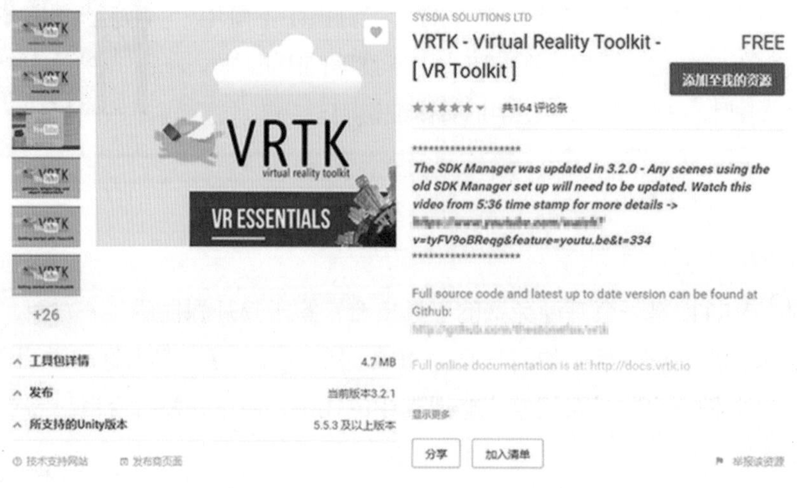

图 15-57　Asset Store 中的 VRTK

VRTK 插件的导入方式与一般 Unity 插件的导入操作相同，在此不再赘述。

- 从 Github 获取 VRTK 并保持更新

读者可在 Github 中搜索“VRTK”，如图 15-58 所示，或通过 Github 官方网址访问，使用 Git 工具（如 Sourcetree 等）将项目克隆至本地。与插件形式的 VRTK 版本不同，通过克隆方式获取的 VRTK 版本，在使用时，将 VRTK 所在的本地存储目录下的 Asset 里的 VRTK 文件夹拖入到 Unity 编辑器的 Project 面板中即可。

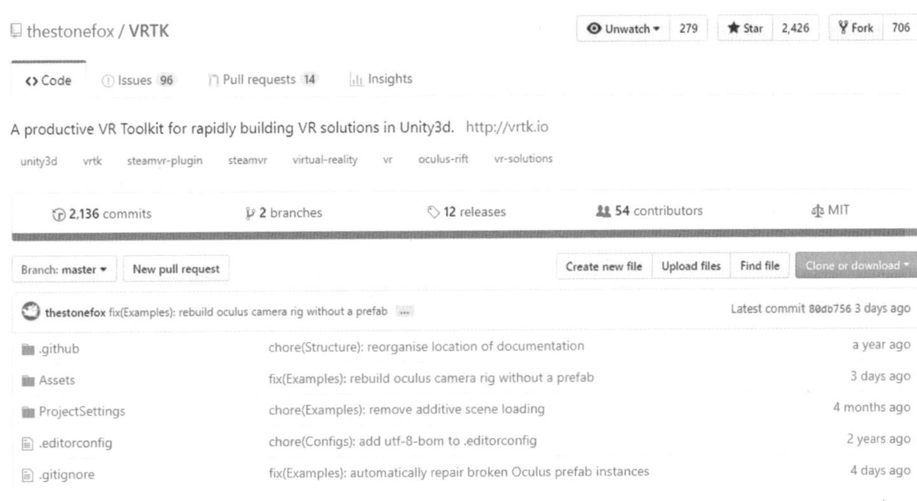

图 15-58　Github 中的 VRTK

关于两种 VRTK 版本的选择，各有其优势——Asset Store 上的 VRTK 版本经过测试发布，能够保证较高的项目稳定性；而对于 Github 上的 VRTK 版本，能够较早获得 beta 版本的新功能体验，但是由于缺少足够的测试，容易出现意想不到的问题。

15.4.3　VRTK 的配置

实现交互的基础是事件，在 VRTK 中，由 VRTK_ControllerEvents 类来处理控制器发送的事件，如图 15-59 所示。该类一方面可将接收的控制器事件映射为对应的控制器行为，供项目逻辑使用；另一方面可向监听控制器事件的对象发送相应事件。VRTK_ControllerEvents 提供了 40 多种控制器事件用于监听，包含了几乎所有控制器可能发生的事件。在 VRTK 工具包的 Examples 目录下，存在名为 002_Controller_Events 的示例场景，读者可运行此场景体会各种控制器事件的触发条件。

VRTK_Controller Events (Script)
Script　VRTK_ControllerEvents
Action Alias Buttons
Pointer Toggle Button　Touchpad Press
Pointer Set Button　Touchpad Press
Grab Toggle Button　Grip Press
Use Toggle Button　Trigger Press
Ui Click Button　Trigger Press
Menu Toggle Button　Button Two Press
Axis Refinement
Axis Fidelity　1
Trigger Click Threshold　1
Trigger Force Zero Threshold　0.01
Trigger Axis Zero On Untouch
Grip Click Threshold　1
Grip Force Zero Threshold　0.01
Grip Axis Zero On Untouch

图 15-59　VRTK_Controller Events 组件

添加 VRTK_ControllerEvents

的事件监听及处理函数，如下代码清单所示，此处以 Trigger 键按下事件为例。

```
using UnityEngine;
using VRTK;

public class TestControllerEvents : MonoBehaviour
{

    void Start()
    {
        // 注册 Trigger 键按下事件
        GetComponent<VRTK_ControllerEvents>().TriggerPressed
        += newControllerInteractionEventHandler(
        DoTriggerPressed);
    }
    // 事件处理函数
    privatevoidDoTriggerPressed(object sender,
                                ControllerInteractionEventArgs e)
    {
        Debug.Log( "序号为" +
                    VRTK_ControllerReference.GetRealIndex(
                    e.controllerReference) +
                    "的控制器 Trigger 键被按下，" +
                    "力度为：" + e.buttonPressure + " | " +
                    "Touchpad 触摸坐标为：" +
                    e.touchpadAxis +
                    "( " + e.touchpadAngle + "度)" );
    }
}
```

当 Trigger 键按下时，Unity 编辑器的 Console 面板输出如图 15-60 所示。

序号为3的控制器Trigger键被按下，力度为：0.509804 | Touchpad触摸坐标为：(0.3, -0.4)(138.9529度)
UnityEngine.Debug:Log(Object)

图 15-60　输出信息

在每个事件回调函数中均传递一个 ControllerInteractionEventArgs 类型的事件参数，通过该参数可以得到事件发生时的控制器状态信息。

在挂载了 VRTK_Controller Events 组件的对象上可添加 VRTK_Controller Events_Unity Events 组件，将 VRTK 事件转换为 Unity 事件，在属性面板中指定相应事件的处理方法，如图 15-61 所示。

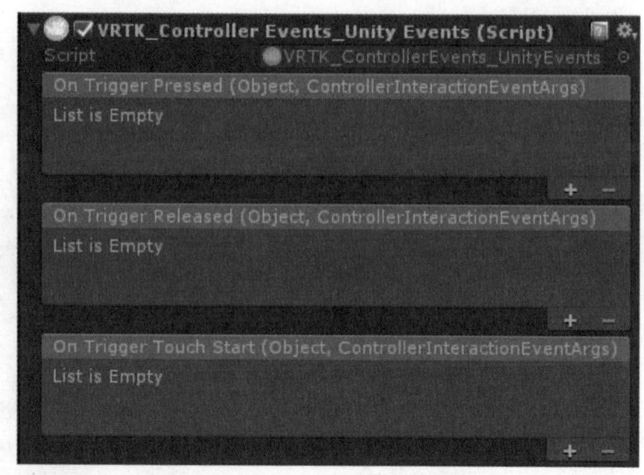

图 15-61　使用 VRTK_Controller Events_Unity Events 组件进行事件处理方法的指定

本节我们将以 Asset Store 上的 VRTK 版本（3.2.1）为例，使用 Steam VR 作为

VRTK 支持的 SDK 进行讲解。

（1）新建项目，命名为 VRTK_Demo，导入 SteamVR Plugin。

（2）从 Asset Store 下载并导入 VRTK 插件。

（3）将场景中的 Main Camera 删除，保存场景，命名为 InitScene。

（4）在 Hierarchy 面板中右键选择 Create Empty 命令，新建一个空游戏对象，命名为 [VRTK_SDK_MANAGER]，并在属性面板中为其添加 VRTK_SDK Manager 组件，用于管理本项目中 VRTK 所使用的 SDK，以及对应 SDK 的配置。

（5）继续在 Hierarchy 面板中，选中 [VRTK_SDK_MANAGER] 游戏对象，右键选择 Create Empty 命令，新建一个空游戏对象作为 VRTK_SDK_MANAGER 的子物体，命名为 [VRTK_SDK_SETUP]，并在该游戏对象上挂载 VRTK_SDK Setup 组件。

（6）将 SteamVR Plugin 中的 CameraRig 拖入到场景中，作为 [VRTK_SDK_SETUP] 游戏对象的子物体。

（7）选中 [VRTK_SDK_SETUP] 游戏对象，在其 VRTK_SDK Setup 组件的 SDK Selection 属性中选择 SteamVR，此时相关对象的引用会自动填充至该组件下方的各个属性中，若无填充，可点击 Object References 属性下的 Populate Now 按钮手动填充，如图 15-62 所示。

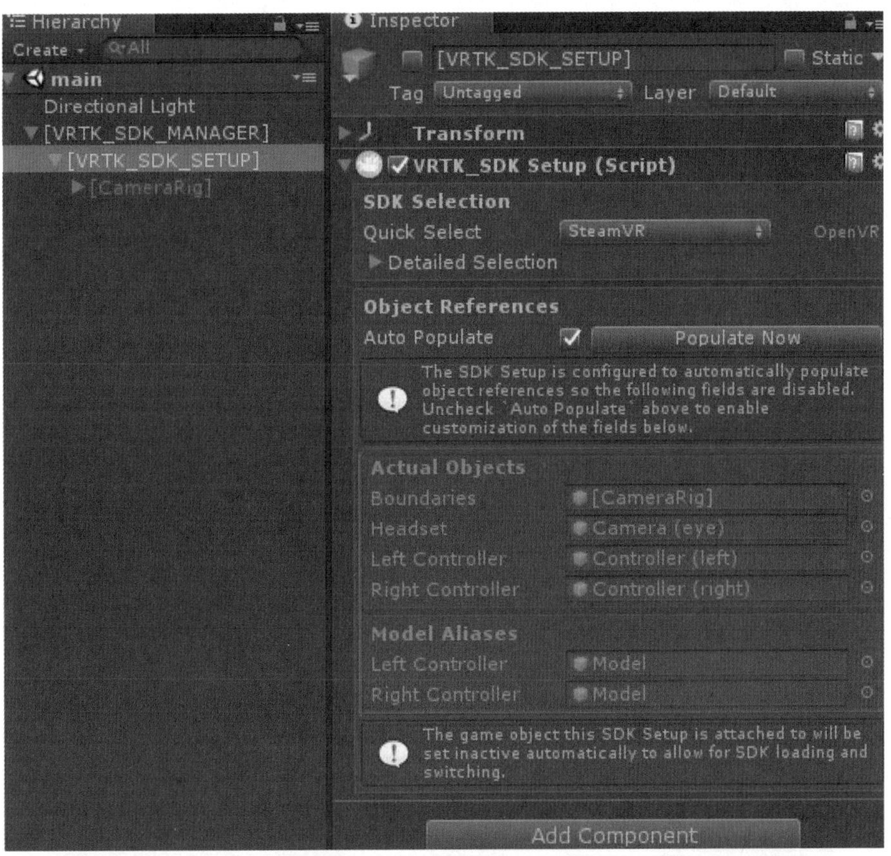

图 15-62　VRTK_SDK Setup

（8）选择 [VRTK_SDK_MANAGER] 游戏对象，在其 VRTK_SDK Manager 组件的 Setups

栏中，点击配置列表右侧的”+”按钮，添加一个 SDK 配置信息。将上一步配置过 VRTK_SDK Setup 组件的 [VRTK_SDK_SETUP] 游戏对象拖入其中，如图 15-63 所示。

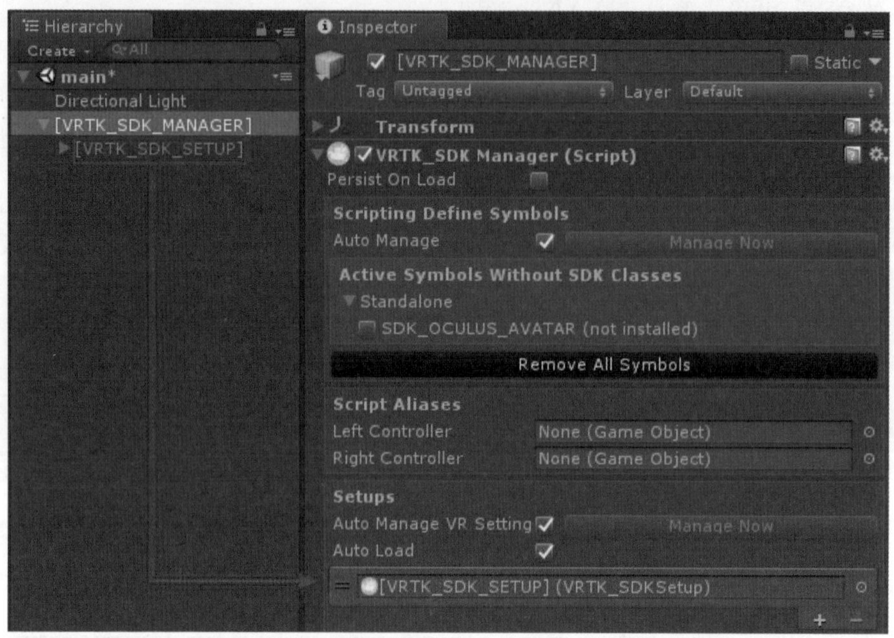

图 15-63　为 VRTK_SDK Manager 添加一个 SDK 配置信息

（9）添加控制器事件。新建一个空游戏对象，命名为 [VRTK_Scripts]，在其下新建两个空游戏对象，分别命名为 LeftController 和 RightController。同时将两个游戏对象选中，点击属性面板上的 Add Component，在搜索框中输入 VRTK_ControllerEvents 后确定。

（10）为 VRTK_SDK Manager 组件指定挂载控制脚本的游戏对象。选择 [VRTK_SDK_MANAGER]，分别将其下子物体 LeftController 和 RightController 拖入 VRTK_SDK Manager 组件的 Script Aliases 栏对应的属性中，如图 15-64 所示。

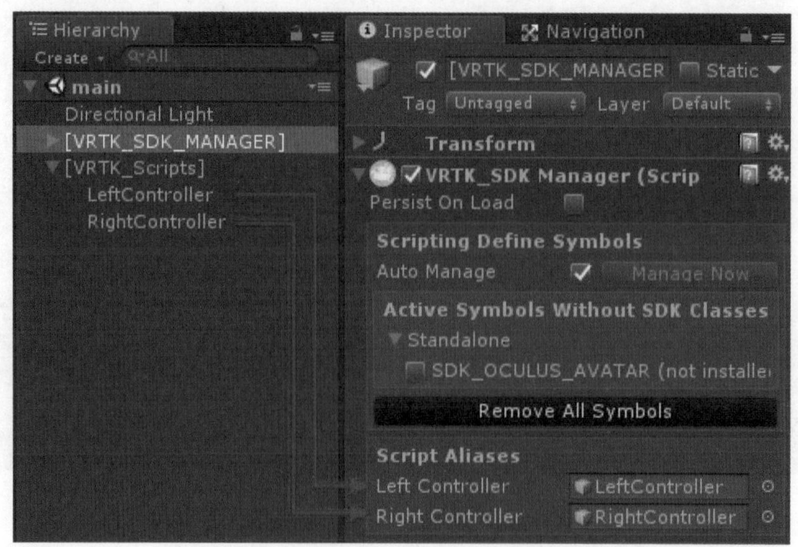

图 15-64　为 VRTK_SDK Manager 指定挂载控制器相关脚本的游戏对象

此时便完成了 VRTK 的初始配置，保存场景，点击 Unity 编辑器的 Play 按钮，可以进行初步的 VR 场景查看，同时设置了控制器事件机制，为下一步的瞬移和交互做准备。

需要注意的是，随着 VRTK 版本的迭代，初始配置方式也进行了多次变更，故在每次使用新版 VRTK 之前，需要首先阅读其说明文档，了解其初始化配置方法，说明文档见 VRTK 目录下的 README 文件，或访问地址 https://vrtoolkit.readme.io/，了解详情。

15.4.4 VRTK 中的指针

- 指针

VRTK 使用 VRTK_Pointer 类实现指针的行为逻辑，除可实现瞬移外，借助指针亦能实现与对象的交互，如选择、点击、抓取等。

首先需要构建用于瞬移指示用的指针。VRTK 的指针行为逻辑由 VRTK_Pointer 类实现，如图 15-65 所示。

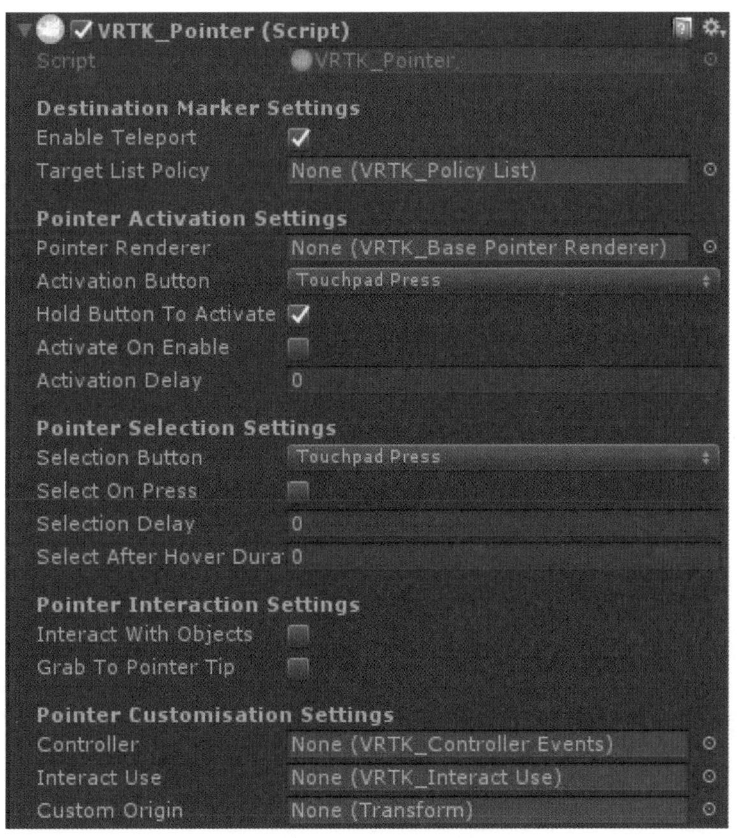

图 15-65 VRTK_Pointer

VRTK_Pointer 组件部分属性介绍如下：

• Destination Marker Settings（目标设置）

◦ Enable Teleport：启用瞬移。用于开启或关闭瞬移功能。

◦ Target List Policy：目标筛选规则。根据 VRTK_Policy List 组件设定的规则，确定响应指针交互的游戏对象。关于 VRTK_PolicyList，我们将在稍后介绍。

• Pointer Activation Settings（指针激活设置）

◦ Pointer Renderer：指针渲染器。指定用于呈现指针的渲染器。

◦ Activation Button：激活按钮。指定激活指针的按键，同 VRTK_ControllerEvents 中的 Pointer Toggle Button 属性。

◦ Hold Button To Active：保持按钮状态以激活。如勾选此项，则按键按下时指针显示，按键松开时指针消失；如不勾选此项，则每接收一次按键事件，切换一次指针显示或隐藏状态。

◦ Activate On Enable：可用时激活。如勾选此项，则在该组件可用后便激活指针。

◦ Activation Delay：激活延时。指针在激活前的等待时间，以秒为单位。

• Pointer Selection Settings（指针选择设置）

◦ Selection Button：选择按钮。执行指针选择行为的按键。

◦ Select On Press：按下时选择。若勾选此项，则指定的按键在被按下时执行指针选择行为；若不勾选此项，则在被松开后执行指针选择行为。

◦ Selection Delay：选择延时。指针在执行选择行为前的等待时间，以秒为单位。

◦ Select After Hover Duration：悬停一段时间后选择。基于时间等待的选择，类似于凝视选择交互，当指针悬停于物体之上达到设定的时间后，不按下相关按钮即可执行选择行为。如该值设定为 0，则不做该类型选择。

• Pointer Interaction Settings（指针交互设置）

◦ Interact With Objects：与对象交互。如勾选此项，则指针可以作为控制器的外延，与可交互的对象进行交互。

◦ Grab To Pointer Tip：将交互对象抓取至指针顶端。如 Interact With Objects 属性为 True，当控制器执行抓取行为时，可交互的对象将被吸附至指针顶端，而不再是控制器位置。

• Pointer Customisation Settings（指针自定义设置）

◦ Controller：控制器。可指定一个绑定了 VRTK_Controller Events 组件的游戏对象，替代当前的控制器。可为空。

◦ Interact Use：指定能够发出 Use 行为的 VRTK_Interact Use 组件，如不指定，默认使用该组件所在游戏对象上的 VRTK_Interact Use 组件。

◦ Custom Origin：自定义指针原点。

● 指针渲染器

指针在被触发后并无可见的标识，需要借助相关的指针渲染器将其呈现。VRTK 提供两种指针渲染器，分别为 VRTK_StraightPointerRenderer 和 VRTK_BezierPointerRenderer，顾名思义，前者呈现直线形式的指针外观，后者呈现贝泽尔曲线形式的指针外观。选择需要使用的指针渲染器，将该组件指定给 VRTK_Pointer 组件的 Pointer Renderer 属性即可，如图 15-66 所示。

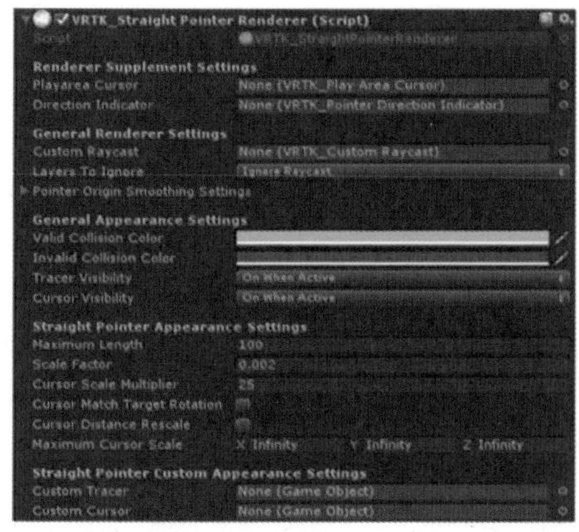

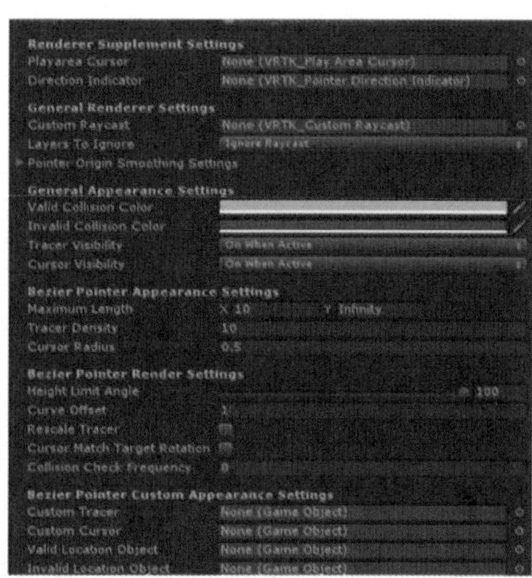

图 15-66 VRTK_StraightPointerRenderer 和 VRTK_BezierPointerRenderer 指针渲染器

继续使用 VRTK_Demo 项目，在 InitScene 场景中，具体操作步骤如下。

（1）搭建环境。在 Hierarchy 面板中，右键选择 3D Object>Plane 命令，添加一个 Plane 游戏对象作为地面，并命名为 Floor。重置其 Transform 组件，在 Mesh Renderer 组件的 Materials 属性中，点击选择按钮，在弹出列表中选择使用 Grey 材质。

（2）同时选择 [VRTK_Scripts] 下的子物体 LeftController 和 RightController，点击属性面板的 Add Component 按钮，在搜索框中输入 VRTK_Pointer 后确定。

（3）设置直线指针渲染器。为 LeftController 添加 VRTK_Straight Pointer Renderer 组件，将该组件拖入至其 VRTK_Pointer 组件的 Pointer Renderer 属性栏中，或点击该属性栏右侧的选择按钮，在弹出的对象列表中，选择 LeftController，如图 15-67 所示。

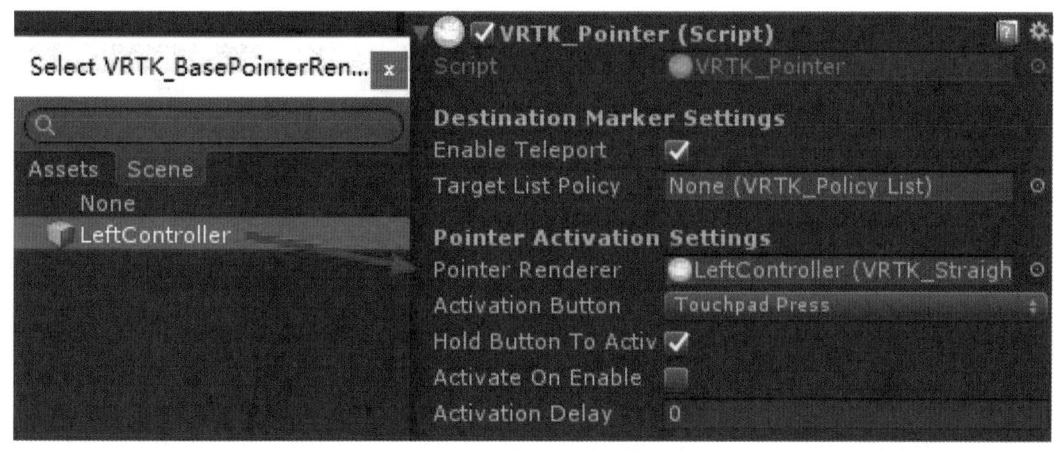

图 15-67 指定指针渲染器

（4）选择 RightController，为其添加 VRTK_Bezier Pointer Renderer 组件，将该组件指定给 RightController 上的 VRTK_Pointer 组件的 Pointer Renderer 属性。

（5）保存场景，点击 Unity 编辑器的 Play 按钮，运行程序。此时分别按下左右控制器上触发指针的默认按键 TouchPad，左侧控制器发射直线指针，右侧控制器发射曲线指针，当指向地面时均显示红色，这是因为我们还没有为其添加传送机制。松开按键时，指针消失。

15.4.5 VRTK 中的传送

VRTK 的瞬移交互与 Interaction System 类似——从控制器位置发射一条曲线或直线指针，与带有碰撞器的物体接触，当指针所接触的位置可用时，通过指定的按钮事件，实现瞬移。

1. 三种传送方式

VRTK 中基础传送方式为 VRTK_Basic Teleport，使用指针选取瞬移目标，确认后屏幕出现短暂的闪屏，之后体验者在 VR 环境中的位置被设定为指针所选择的目的地（图 15-68）。

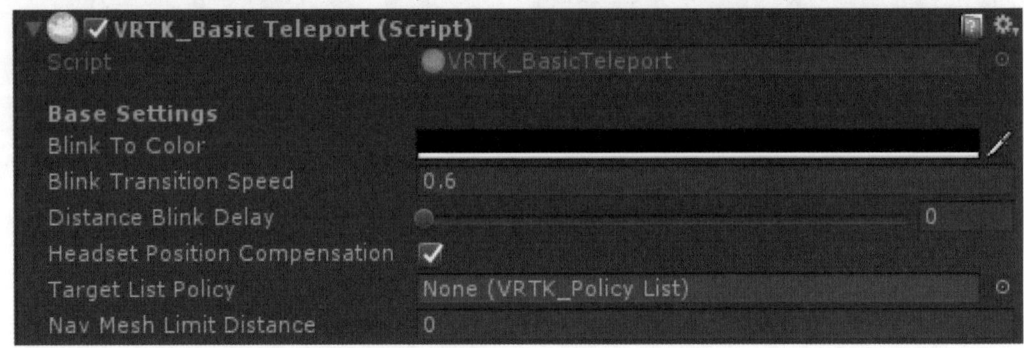

图 15-68 VRTK_Basic Teleport 组件

VRTK_Basic Teleport 组件各参数介绍如下。

• Base Settings（基础设置）

◦ Blink To Color：闪屏颜色。在每次瞬移过程中，用户视野内会出现一次闪屏，使用纯色填充，此处设定闪屏的颜色。

◦ Blink Transition Speed：闪屏过渡时间。设定闪屏从颜色出现到褪去所经历的时间，以秒为单位。

◦ Distance Blink Delay：距离与时间比的延时系数。0 到 32 之间的数值，距离越远，则闪屏持续时间越长。

◦ Headset Position Compensation：头显位置补偿。如果勾选此项，则传送后的位置会考虑头显与游玩区域的相对位置。

• Target List Policy：目标筛选规则。根据 VRTK_Policy List 组件设定的规则，确定可作为瞬移目标的游戏对象。

• Nav Mesh Limit Distance：Nav Mesh 以外最大距离，若设定值为 0，表示传送不受 Nav Mesh 限制。

VRTK_BasicTeleport 同时还提供两类事件，分别为 Teleporting 和 Teleported，其中 Teleporting 在传送过程开始前发送，Teleported 在传送过程结束时发送。

初步实现传送机制。继续使用 VRTK_Demo 项目，具体操作步骤如下。

（1）在 Project 面板中，选择 InitScene 场景文件，使用快捷键 Ctrl+D，创建场景的副本，命名为 Teleport。

（2）在 [VRTK_Scripts] 下添加一个空物体，命名为 PlayArea，为其添加 VRTK_Basic Teleport 组件。

（3）新建 C# 脚本，命名为 BasicTeleportExample.cs，双击使用默认代码编辑器打开，编写脚本，实现获取传送距离和传送后位置的功能。需要注意的是，在使用 VRTK 工具集进行开发前，必须先引入 VRTK 命名空间，代码清单如下：

```
using UnityEngine;
using VRTK;

public class BasicTeleportExample : MonoBehaviour
{
    private void Awake()
    {
        GetComponent<VRTK_BasicTeleport>().Teleported +=
        BasicTeleportExample_Teleported;
    }

    // 传送结束事件处理函数
    private void BasicTeleportExample_Teleported
    (object sender,DestinationMarkerEventArgs e)
    {
        Debug.Log("移动距离:" + e.distance + " | 当前位置为:" +
                 e.destinationPosition);
    }
}
```

（4）返回场景，将脚本挂载 PlayArea 游戏对象上。保存场景，点击 Unity 编辑器的 Play 按钮，运行程序，当按下任意控制器的 TouchPad 键时，显示指针，当指针与地面接触时，由于地面含有碰撞体组件，此时指针显示传送有效状态，默认为绿色，当松开 TouchPad 按键时，体验者被传送至指针选定的位置，Console 面板输出信息，如图 15-69 所示。

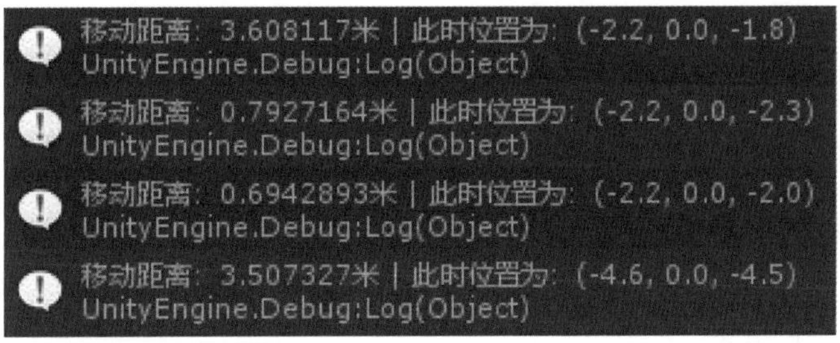

图 15-69　根据传送事件获取移动距离和传送后位置

使用 VRTK_BasicTeleport 的限制是，体验者只能在某个水平面，即 X 轴与 Z 轴方向上进行传送，并不会受目标位置高度的影响，但是在某些 VR 交互中，体验者需要传送至具有一定高度的目标点。在 VRTK 中，提供了能够实现自适应目标点高度的组件——VRTK_Height Adjust Teleport 组件，如图 15-70 所示。

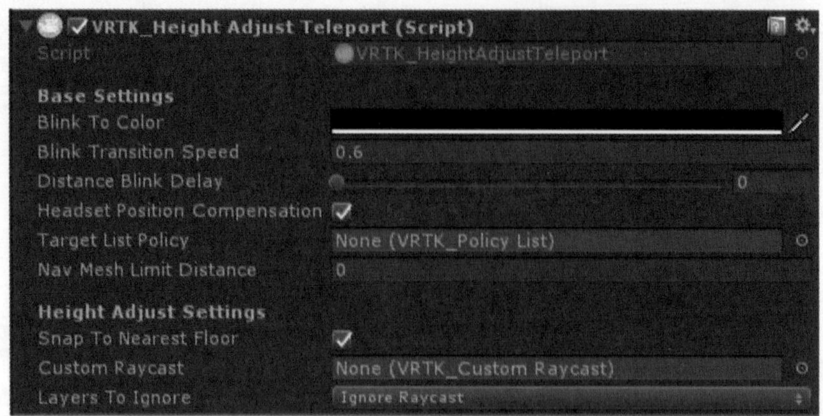

图 15-70　VRTK_Height Adjust Teleport 组件

VRTK_HeightAdjustTeleport 是能够进行自适应高度传送的类，可以根据选择的目标点高度，在传送过程中改变体验者的高度、传送位置。当选择的目标点没有可以停留的平面时，将定位于垂直方向上距离目标点下方最近的平面上。007_CameraRig_HeightAdjustTeleport、010_CameraRig_TerrainTeleporting 、020_CameraRig_MeshTeleporting 演示了更多使用 VRTK_HeightAdjustTeleport 组件的应用示例。

VRTK_HeightAdjustTeleport 类继承自 VRTK_BasicTeleport，基础设置相同，此处不再赘述，关于高度适应设置，介绍如下。

• Height Adjust Settings（高度适应设置）

◦ Snap To Nearest Floor：若勾选此项，则传送时，将体验者定位于垂直方向上距离目标点下方最近的平面；若不勾选此项，则传送时，将体验者定位于选择的目标点位置。

◦ Custom Raycast：自定义 Raycast，使用 VRTK_CustomRaycast 类型数据作为属性值。自适应高度的传送是基于射线发射的原理查找可用的平面，VRTK_CustomRaycast 提供一种过滤规则，确定可以接受射线检测的游戏对象。

◦ Layers To Ignore：在射线检测中，指定需要忽略的游戏对象所在的层。该属性已被合并在 VRTK_CustomRaycast 类中，此处属性不再使用。

继续在 VRTK_Demo 项目的 Teleport 场景中执行如下步骤。

（1）在 Hierarchy 面板中，右键选择 3D Object > Cube，添加一个立方体，命名为 Base，设置 Transform 组件的 Position 属性值为（2，0.5，1.5），在 Mesh Renderer 组件中，点击 Materials 属性第一个元素右侧的选择按钮，在弹出列表的搜索框中输入“Red”后确定。

（2）继续添加一个立方体，命名为 Pole，设置 Transform 组件的 Position 属性值为（2，2.5，1.5），Scale 属性值为（0.3，3，0.3）。

（3）选择 PlayArea 游戏对象，移除原有的 VRTK_BasicTeleport 和 BasicTeleport Example 组件，添加 VRTK_Height Adjust Teleport 组件。

（4）保存场景，点击 Unity 编辑器的 Play 按钮，运行程序。当指针指向 Base 或 Pole 游戏对象顶端时，可被传送至选定的平面而不是垂直于目标点的 Floor 平面上。

（5）停止程序，先后设置 VRTK_Height Adjust Teleport 组件的 Snap To Nearest Floor 属性

值为 true 和 false 后运行程序，使用能够发射直线指针的左手控制器，如图 15-71 所示。若该属性为 True，当指针选择箭头所指位置为目标点时，体验者被传送至 Base 游戏对象顶端的平面上；若该属性为 False，则将体验者放置在箭头所指的 Pole 的位置，实现类似使用指针交互的攀爬效果。

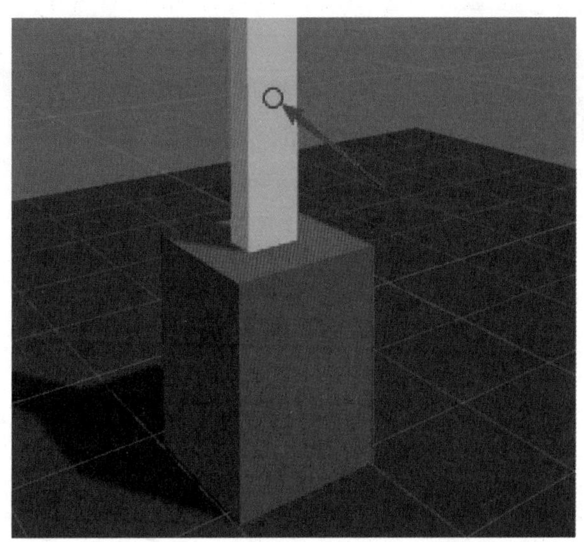

图 15-71 VRTK_HeightAdjustTeleport 属性示意

对于前两种传送方式，从交互体验的角度看，均是将体验者直接定位到目标点，在此过程中只有闪屏，没有移动过程。VRTK 提供了另外一种传送方式——在选定目标位置后，体验者可在短时间内快速冲刺至目标点，从而避免了由于长时间移动而引起的不适。这种传送方式由 VRTK_DashTeleport 类实现，在该类的 LerpToPosition 函数中实现了快速移动的过程，代码片段如下所示：

```
while (t <1)
{
    // 在一个时间段内，体验者以缓动形式由起始点接近目标点
    playArea.position = Vector3.Lerp(startPosition,
                                       targetPosition, t);
    elapsedTime += Time.deltaTime;
    t = elapsedTime / lerpTime;
    if(t >1)
    {
        if (playArea.position != targetPosition)
        {
            playArea.position = targetPosition;
        }
        t = 1;
    }
    yield return new WaitForEndOfFrame();
}
```

该类继承自 VRTK_HeightAdjustTeleport，故具有 VRTK_HeightAdjustTeleport 和 VRTK_

BasicTeleport 相同的属性，如图 15-72 所示。

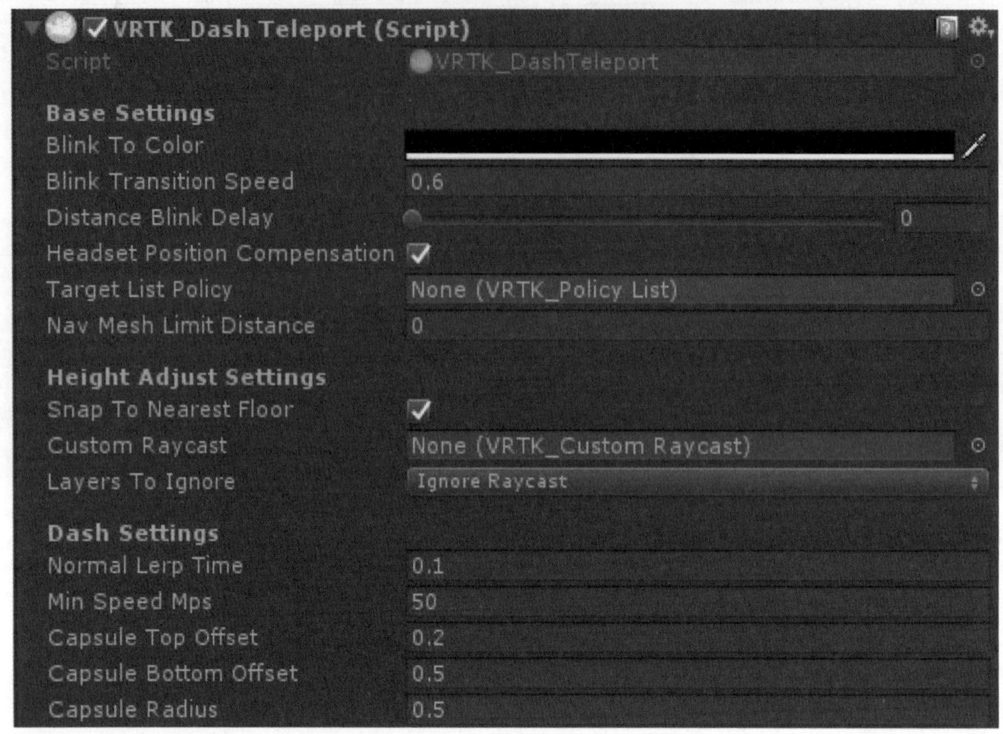

图 15-72　VRTK_Dash Teleport 组件

除此之外，VRTK_DashTeleport 还包含属于自己的扩展属性，介绍如下：

• Dash Settings（快速移动设置）

◦ Normal Lerp Time：移动过程持续时间。

◦ Min Speed Mps：移动速度，单位：米 / 秒。

◦ Capsule Top Offset：胶囊顶端相对摄像机的偏移量。该属性及以下两个属性用于构建一个胶囊体发射的范围，模拟出一个虚拟人形，在移动过程中，使用 Physics.CapsuleCastAll 检测与周围障碍物的碰撞，以发送角色穿越障碍物事件。

◦ Capsule Bottom Offset：胶囊底部相对摄像机的偏移量。

◦ Capsule Radios：胶囊的半径。

关于上文提到的事件，分别为 WillDashThruObjects 和 DashedThruObjects，前者在即将越障碍物时发送，后者在穿过障碍物后发送。

继续在 VRTK_Demo 项目中进行如下操作。

（1）在 Project 面板中选择 Init 场景，使用快捷键 Ctrl+D，创建该场景的副本，双击打开。

（2）将 PlayArea 游戏对象上的 VRTK_Basic Teleport 组件移除，挂载 VRTK_Dash Teleport 组件。

（3）新建三个立方体作为障碍物，分别命名为 ObstacleA、ObstacleB、ObstacleC，在 Floor 范围内任意摆放，如图 15-73 所示。

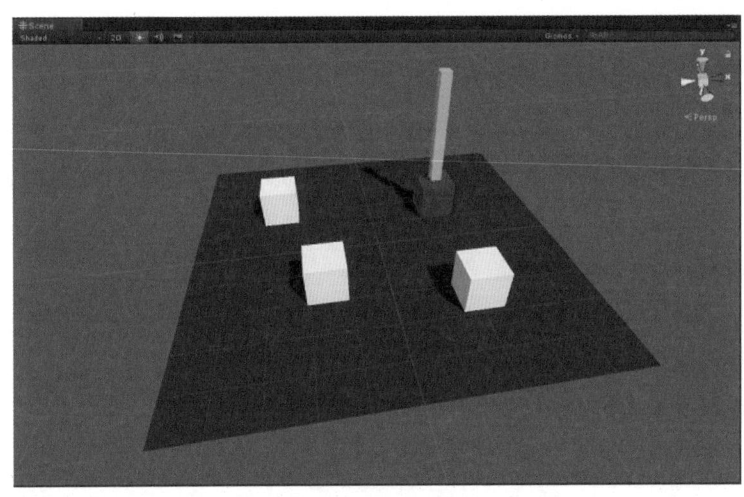

图 15-73 在场景中设置三个障碍物

（4）新建 C# 脚本，命名为 DashTeleportExample.cs，双击使用默认代码编辑器打开，编写脚本，实现获取移动过程中体验者所穿过障碍物名称的功能，代码清单如下所示：

```
using UnityEngine;
using VRTK;

public class DashTeleportExample : MonoBehaviour
{
    void Awake()
    {
            GetComponent<VRTK_DashTeleport>().DashedThruObjects +=
onDashedThruObjects;
    }

    private void onDashedThruObjects(object sender,DashTeleportEventArgs e)
    {
        foreach (RaycastHit hitInfo in e.hits)
        {
            Debug.Log("穿越障碍物：" +
                        hitInfo.collider.gameObject.name);
        }
    }
}
```

（5）返回场景，将该脚本挂载于 PlayArea 游戏对象。保存场景，点击 Unity 编辑器的 Play 按钮，运行程序。Console 面板输出信息如图 15-74 所示。

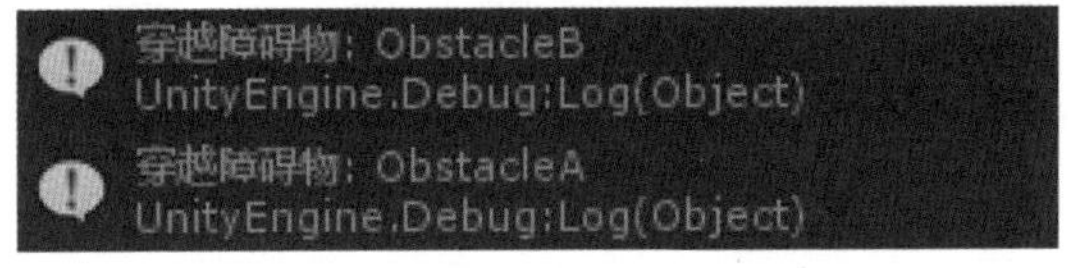

图 15-74 快速移动中穿越的物体

2. 限定瞬移区域

在某些情境下，我们并不希望所有游戏对象都可以作为传送目的地，例如游戏项目中的敌人、样板间项目中的家具等。使用 VRTK 可以非常方便地设定符合要求的传送区域，并把不需要的参与的游戏对象排除在外。本节将分别介绍三种限定瞬移区域的方法。

<1> 使用过滤规则

VRTK_PolicyList 类定义一条游戏对象的筛选规则，使用它的组件可根据此规则。在使用时，将该组件指定给使用该规则的相关属性即可，如 VRTK_BasicTeleport 组件的 Target List Policy 属性，如图 15-75 所示。

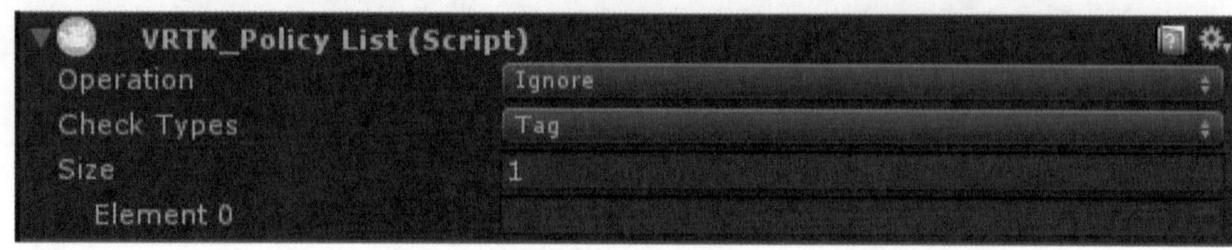

图 15-75　VRTK_Policy List 组件

VRTK_Policy List 组件属性介绍如下。

• Operation：应用于筛选列表的操作。Ignore 为忽略，Include 为包含。

• Check Types：查找类型。包括三种查找维度，分别为：Tag、Script、Layer，其中 Tag、Layer 对应 Unity 中用于标识游戏对象的 Tag、Layer，Script 表示挂载了指定脚本的游戏对象。

• Size：名称列表。字符串类型，对应查找类型的具体名称。

举例说明，若设定属性 Operation 为 Ignore，Check Type 为 Tag，Size 为 1，元素名称为 Player，则该筛选规则为：忽略 Tag 为 Player 的游戏对象。此时在瞬移过程中，指针若悬停于符合该过滤规则中的游戏对象上时，显示不可瞬移状态。

需要注意的是，VRTK_PolicyList 被不同的组件使用，代表不同的意义，在此处可用于筛选可作为瞬移目标的游戏对象，而当被 VRTK_Pointer 组件使用时，则用于筛选可响应指针交互的游戏对象。

<2> 使用导航网格

三种传送方式——VRTK_BasicTeleport、VRTK_HeightAdjustTeleport、VRTK_DashTeleport，均包含 Nav Mesh Limit Distance 属性，通过构建 NavMesh，可构建一个符合导航逻辑的传送区域，同时又能将障碍物排除在可传送范围之外。

<3> 使用 DestinationPoint 预制体

DestinationPoint 预制体实现的功能类似于 Interaction System 中的 TeleportPoint，体验者可被传送至 DestinationPoint 所在的位置。DestinationPoint 上挂载了 VRTK_Destination Point 组件，用于实现该传送逻辑，如图 15-76 所示。

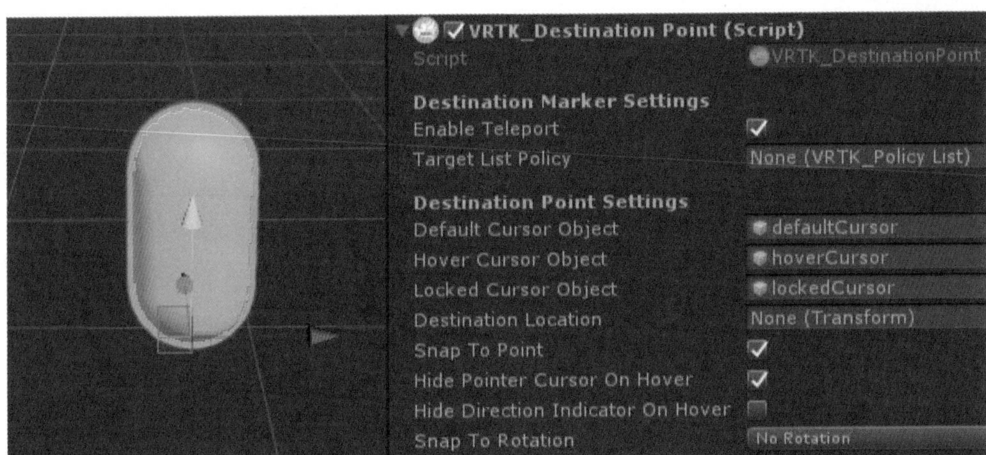

图 15-76 DestinationPoint 预制体及 VRTK_Destination Point 组件

VRTK_Destination Point 组件参数介绍如下。

- Destination Marker Settings（目标标记设置）
  - Enable Teleport：开启传送功能。
  - Target List Policy：目标过滤规则。可根据提供的规则确定目标点是否有效。
- Destination Point Settings（目标点设置）
  - Default Cursor Object：默认光标对象。用于呈现默认状态下光标样式的游戏对象。
  - Hover Cursor Object：悬停光标对象。用于呈现悬停状态下光标样式的游戏对象。
  - Locked Cursor Object：锁定光标对象。用于呈现锁定状态下光标样式的游戏对象。
  - Destination Location：可选项，用于决定实际目标点位置。当指定该属性时，目标位置为该属性指定的位置；当不指定时，目标位置为 DestinationPoint 的位置。
  - Snap To Point：吸附于该点。若勾选此项，则当体验者被传送至该点后，位置与该点位置相同；若不勾选此项，则定位于 DestinationPoint 碰撞体内任意位置。
  - Hide Pointer Cursor On Hover：当指针光标悬停其上时，将指针光标隐藏。

在 VRTK_Demo 项目的 Teleport 场景中进行如下操作。

（1）选择场景中的 ObstacleC，新建一个 Tag，名称为 ExcludeTeleport，将其指定给该游戏对象，如图 15-77 所示。

（2）设置过滤规则。选择 PlayArea，为其添加 VRTK_Policy List 组件，设置相关属性值如图 15-78 所示。

图 15-77 设定 ObstacleC 的 Tag 为 ExcludeTeleport

图 15-78 设置过滤规则

（3）将 VRTK_Policy List 组件拖入至当前游戏对象上 VRTK_Dash Teleport 组件的 Target List Policy 属性中。

（4）保存场景，点击 Unity 编辑器的 Play 按钮，运行程序。在应用该过滤规则以后，当指针指向 ObstacleC 时，呈现无效状态，默认颜色为红色。

（5）同时选中场景中的游戏对象 ObstacleA、ObstacleB、ObstacleC、Base、Floor，在属性面板中设置它们为 Navigation Static，如图 15-79 所示。

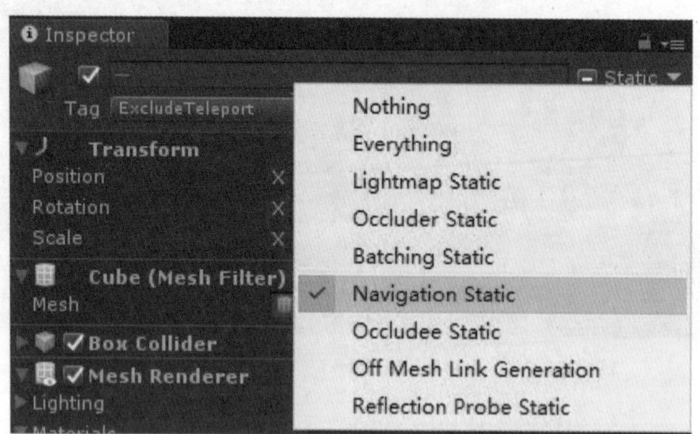

图 15-79 设置游戏对象为 Navigation Static

（6）选择 Window > Navigation 命令，打开 Navigation 窗口，参数默认，在 Bake 标签页中点击 Bake 按钮。

（7）烘焙完毕后，选择游戏对象 PlayArea，设置其 VRTK_Dash Teleport 组件的 Nav Mesh Limit Distance 属性值为 0.1。

（8）如图 15-80 所示，若将 Nav Mesh Limit Distance 属性值设定为 0.3，则场景中有 Nav Mesh 数据的蓝色区域，以及该区域向外延伸 0.3 个单位的区域可为目标传送区域。此时，指针指向任意一个立方体时，均呈现无效状态。

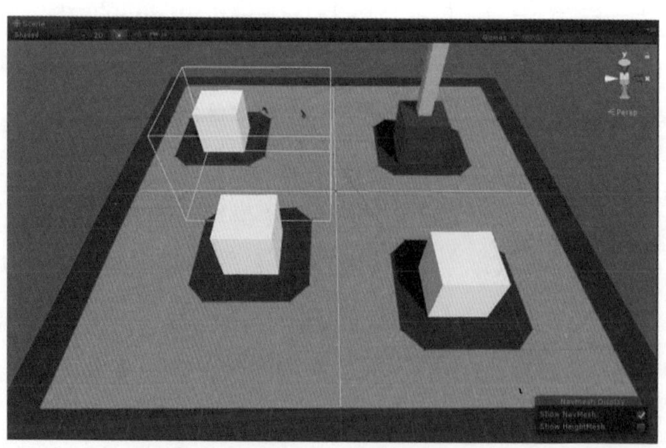

图 15-80 使用 Navmesh 限定瞬移区域

鉴于 DestinationPoint 预制体与 Interaction System 中的 TeleportPoint 预制体使用方式类似，不再赘述。

15.4.6 使用 VRTK 实现与物体的交互

VRTK 提供三种使用控制器与物体交互的方式，分别是 Touch、Grab、Use。在控制器方面，对应实现交互逻辑的类分别为 VRTK_InteractTouch、VRTK_InteractGrab、VRTK_InteractUse，可根据具体交互需求，选择挂载需要完成交互动作的组件，依赖于 VRTK_ControllerEvents 发送的事件与物体实现交互，故均需要挂载于含有 VRTK_ControllerEvents 组件的游戏对象上。对于 Use 行为，需要开发者针对 Use 事件编写相应的交互逻辑；在交互对象方面，实现交互逻辑的核心类为 VRTK_InteractableObject。

配置窗口的作用，是根据用户的选择，挂载需要的组件（主要是 VRTK_InteractableObject 组件），并设置这些组件的属性，其中多数属性与 VRTK_InteractableObject 中的属性相同，如图 15-81 所示。

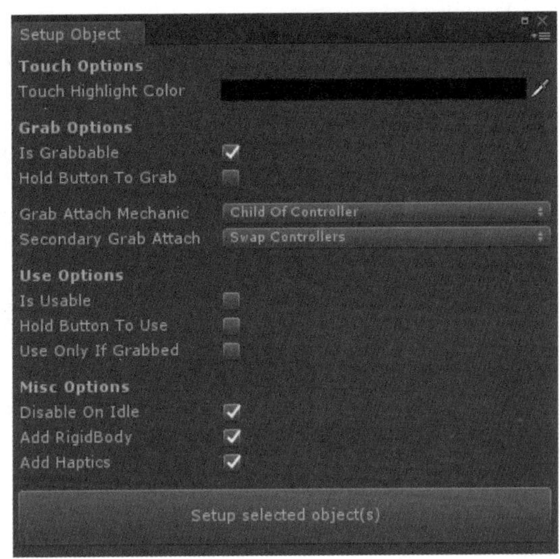

图 15-81 交互对象配置窗口

VRTK 使用 VRTK_Interact Grab 组件实现控制器对交互对象的抓取操作，如图 15-82 所示。当控制器与物体发生接触时，按下抓取键（默认为 Grip 键），物体以指定的抓取机制与控制器保持运动关系；当松开抓取键时，物体被释放。

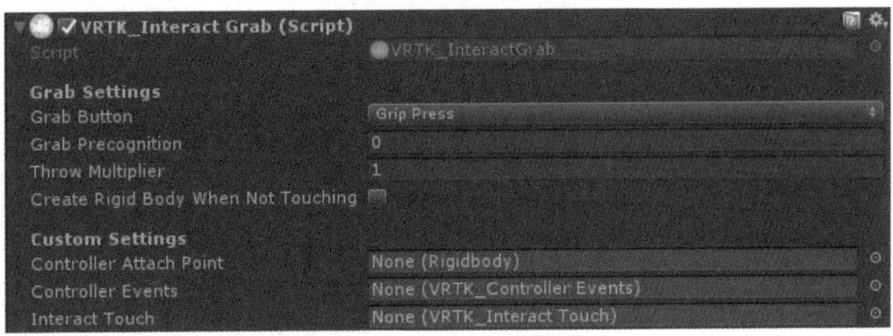

图 15-82 VRTK_Interact Grab 组件

该组件参数介绍如下。

• Grab Settings（抓取设置）

◦ Grab Button：发出抓取行为的按钮。

◦ Grab Precognition：抓取预判，可以设定从控制器按下抓取按钮到接触物体之间的时间，以此来抓取移动速度比较快的物体。

◦ Throw Multiplier：投掷增益。当控制器以一定速度将对象释放时，交互对象获得在此速度基础上的倍数，以使交互对象获得更大的速度。

◦ Create Rigid Body When Not Touching：若勾选此项，则当不与任何交互对象接触时，按下抓取按钮，会在控制器上添加一个刚体，此时控制器可与其他带有刚体的游戏对象发生碰撞，做出如推动、打击等动作。

• Custom Settings（自定义设置）

◦ Controller Attach Point：用于自定义抓取位置。

◦ Controller Events：指定替代的控制器事件组件。若不指定，则默认使用该组件所在游戏对象上的 VRTK_ControllerEvents 组件。

◦ Interact Touch：指定替代的接触交互组件。若不指定，则默认使用该组件所在游戏对象上的 VRTK_ControllerTouch 组件。

VRTK_InteractUse 类实现 Use 行为逻辑，如图 15-83 所示。当控制器与物体接触时，默认按下 Trigger 键时触发，该行为类似于物体被鼠标点击，需要开发者根据事件编写对应的处理方法，就好比当持有一把枪的时候，它可被认为是开枪，至于发射子弹及播放声音的功能，需要编写相应的 StartUsing 事件处理方法。

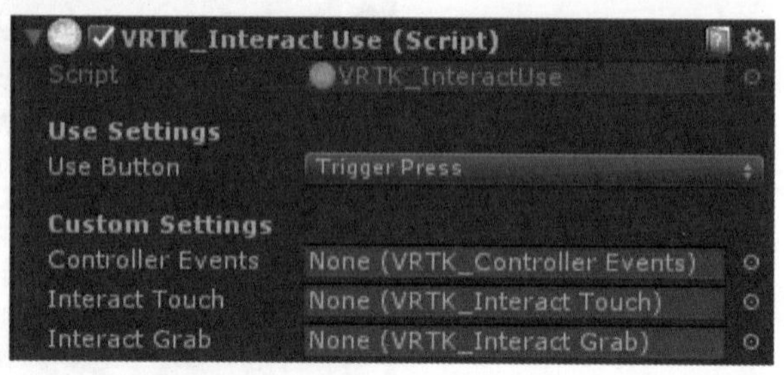

图 15-83　VRTK_Interact Use 组件

• Use Settings（使用设置）

◦ Use Button：激发使用行为的按钮动作。

• Custom Setting（自定义设置）

◦ Controller Events：同 VRTK_Interact Grab 组件中的一样。

◦ Interact Touch：同 VRTK_Interact Grab 组件中的一样。

◦ Interact Grab：指定替代的抓取交互组件。若不指定，则默认使用该组件所在游戏对象上的 VRTK_Interact Grab 组件。

对于交互对象，就像使用 Interaction System，需要对可交互的对象进行标记，VRTK 中使用 VRTK_Interactable Object 类实现，所不同的是，除了标记物体，该组件还提供了更加丰富的选项设置，如图 15-84 所示。

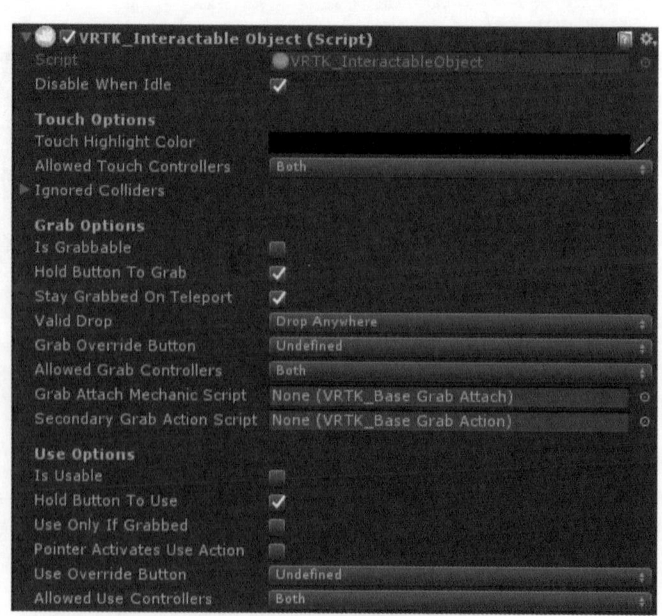

图 15-84　VRTK_Interactable Object 组件

• Touch Options（触摸行为选项）

◦ Touch Highlight Color：控制器与物体接触时，该物体显示的高亮颜色。

◦ Allowed Touch Controllers：响应接触的控制器。

◦ Ignored Colliders：不响应控制器接触的碰撞体。如果该物体包含多个子物体，可通过此属性设定不需要响应控制器接触的碰撞体。

• Grab Options（抓取行为选项）

◦ Is Grabbable：可抓取。若勾选此项，则交互对象可被抓取；若取消勾选，则交互对象不可被抓取。

◦ Hold Button To Grab：是否一直按下抓取键来保持抓取状态。

◦ Stay Grabbed On Teleport：在传送过程中保持被抓取。若勾选此项，则在瞬移过程中，物体始终保持被控制器抓取；若不勾选此项，则在瞬移开始时，物体被控制器释放。

◦ Valid Drop：有效释放条件。默认为 Drop Anywhere，可释放于任何位置；选择 No Drop 为在任何条件下都不释放；选择 Drop Valid Snap Drop Zone，该物体只能在捕捉释放区域内释放，其中捕捉释放区域是一个预定义的区域，该区域中可以呈现交互对象的预览，当交互对象进入该区域时，即被固定在此区域，可参见 VRTK 开发工具包中的预制体 SnapDropZone 以及 VRTK_SnapDropZone 类。

◦ Grab Override Button：替代的抓取按钮。可为该对象设置响应可发送抓取行为的其他按键。

◦ Allowed Grab Controllers：允许抓取该对象的控制器。

◦ Grab Attach Mechanic Script：设置抓取机制。

◦ Secondary Grab Action Script：次级控制器抓取行为。在有第二个控制器参与抓取该对象时的反应机制。

• Use Options（使用行为选项）

◦ Is Usable：是否可被使用。

◦ Hold Button To Use：按下按键维持使用状态。若选择此项，则按键按下时，交互对象处于使用状态，松开按键时，交互对象被停止使用；若取消选择此项，则按键按下时，交互对象处于使用状态，再次按下按键时，交互对象停止使用。

◦ Use Only If Grabbed：交互对象只有在抓取的状态下才可响应控制器的使用行为。

◦ Pointer Activates Use Action：若勾选此项，当控制器发射的指针悬停于该对象时，该对象响应使用行为，调用响应使用行为的方法。此时若 Hold Button To Use 属性为 true，则在指针悬停时响应；若 Hold Button To Use 属性为 false，则在指针消失时响应。在此情况下，指针（如 VRTK_Pointer）不会发送传送事件，以防在使用该对象时发生不必要的位置移动，即使该对象属于可被传送至的目标对象。

◦ Use Override Button：替代的使用按键。可针对该对象设置响应可发送使用行为的其他按键。

◦ Allowed Use Controllers：该对象响应使用行为的控制器。

VRTK 提供了多种交互对象的抓取机制，通过不同的连接方式，决定了交互对象在被抓取以后不同的运动方式，在路径 VRTK/Interactions/GrabAttachMechanics 下，它们均继承自 VRTK_BaseGrabAttach，可提供给 VRTK_Interactable Object 组件的 Grab Attach Mechanic Script 属性。

VRTK_Child Of Controller Grab Attach 是常用的抓取机制，能够将被抓取对象作为控制器的子物体，如图 15-85 所示。

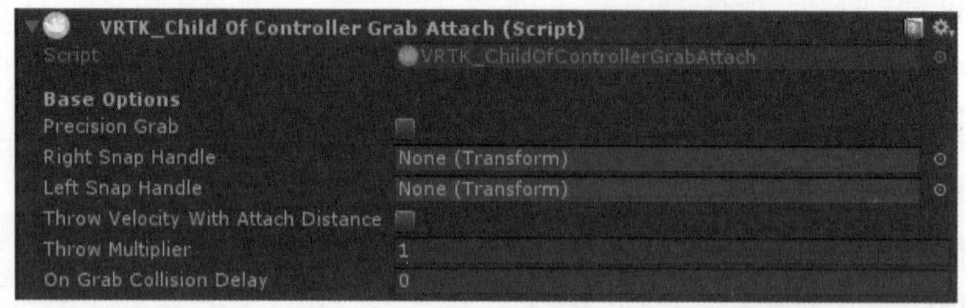

图 15-85 VRTK_Child Of Controller Grab Attach 组件

组件部分参数介绍如下。

• Precision Grab：是否精确抓取。若勾选此项，则物体被抓取时，在抓取点与控制器保持相对距离，而不是被自动吸附到控制器中心点。

• Right Snap Handle：使用右手控制器抓取时，用于指定物体吸附于右手控制器的位置。

• Left Snap Handle：使用左手控制器抓取时，用于指定物体吸附于左手控制器的位置。

• Throw Velocity With Attach Distance：用于决定是否根据物体吸附位置与控制器吸附位置的距离来决定物体被扔出以后的速度。

• Throw Multiplier：物体被扔出以后的速度增益值。

VRTK_ClimbableGrabAttach 机制将被抓取对象标记为一个可攀爬对象，使用该机制可实现使用控制器在场景中攀爬的效果。在 VRTK 提供的示例场景 037_CameraRig_ClimbingFalling 中演示了该抓取机制的应用。VRTK_Climbable Grab Attach 组件在属性面板上的参数与 VRTK_Child Of Controller Grab Attach 组件相同，限于篇幅，不再赘述。

VRTK_CustomJointGrabAttach 机制为被抓取对象添加一个自定义的关节组件，如图 15-86 所示。通过该关节与控制器连接。交互对象的运动特性符合指定的关节特性。

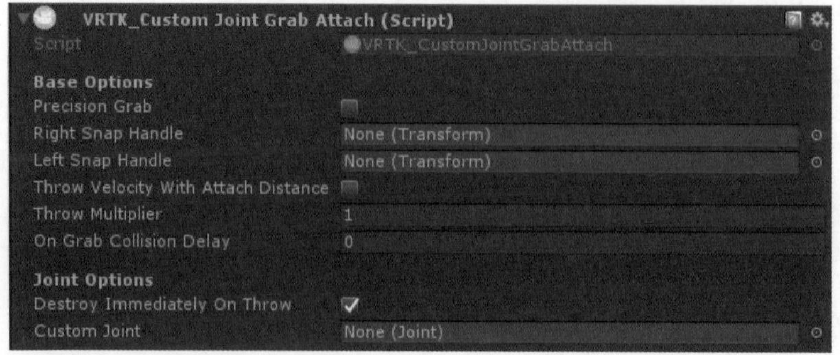

图 15-86 VRTK_Custom Joint Grab Attach 组件

该组件 Joint Options 选项介绍如下。

• Destroy Immediately On Throw：在交互对象被释放后立即销毁该关节组件。若勾选此项，则该关节组件在交互对象被释放后立即销毁；若不勾选此项，则该关节组件在当前帧结束时销毁。

- Custom Joint：指定用户自定义的关节组件。

VRTK_Fixed Joint Grab Attach 机制为被抓取对象添加一个固定关节组件，通过该关节与控制器连接，如图 15-87 所示。

图 15-87　VRTK_Fixed Joint Grab Attach 组件的关节选项

该组件 Joint Options 参数介绍如下。

- Destroy Immediately On Throw：同 VRTK_CustomJointGrabAttach 中一样。
- Break Force：使交互对象摆脱关节连接的力度，即脱离控制器需要的力度。

VRTK_SpringJointGrabAttach 机制为被抓取对象添加一个 Spring Joint 组件，使物体在被抓取以后，与手柄控制器之间保持类似 Unity 物理引擎中的 Spring Joint 的运动关系，如图 15-88 所示。

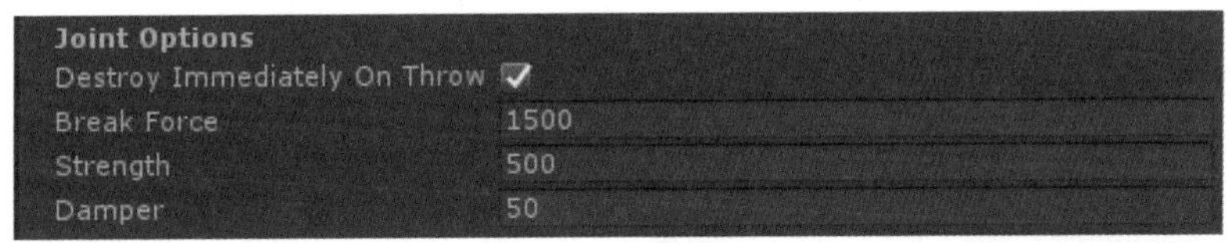

图 15-88　VRTK_Spring Joint Grab Attach 组件的关节选项

Joint Options 参数介绍如下。

- Destroy Immediately On Throw：物体被释放后，关节组件随即销毁。
- Break Force：使物体脱离关节的力度。
- Strength：弹簧的力度。
- Damper：弹簧的伸缩幅度。

VRTK_TrackObjectGrabAttach 机制既不将交互对象作为控制器的子物体，也不通过关节与控制器连接，而是通过计算，跟踪控制器的位置。

VRTK_RotatorTrackGrabAttach 机制与 VRTK_TrackObjectGrabAttach 类似，该类继承自 VRTK_TrackObjectGrabAttach，与之不同的是，该机制可根据交互对象与控制器的位置关系，对自身进行角度的旋转。图 15-89 所示为两种抓取机制的跟踪选项。其中，Detach Distance 属性为脱离距离，当控制器与物体之间距离大于此值时，物体将自动脱离控制器，不再跟踪。

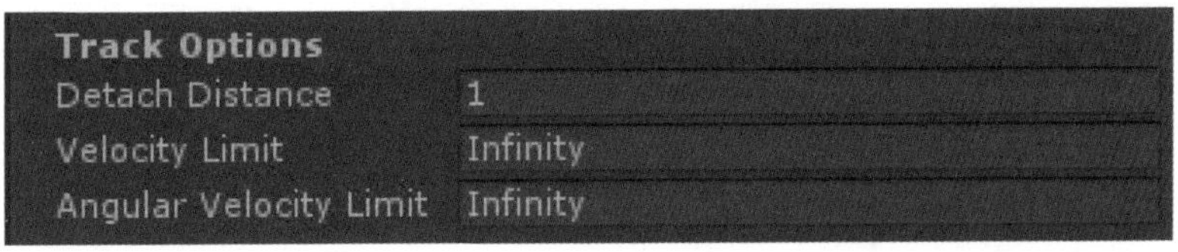

Track Options
Detach Distance　1
Velocity Limit　Infinity
Angular Velocity Limit　Infinity

图 15-89　两种抓取机制的跟踪选项

另外，VRTK 提供了副控制器参与抓取的行为机制，即当交互对象被主控制器抓取时，若另外一个控制器参与做出抓取动作，该交互对象的反应机制包括以下三种：

• VRTK_AxisScaleGrabAction：当副控制器参与抓取时，根据两个控制器之间的位置关系，使该交互对象在指定轴向上进行缩放。

• VRTK_ControlDirectionGrabAction：当副控制器参与抓取时，根据两个控制器之间的位置关系，使该交互对象以其原点为中心进行角度旋转。

• VRTK_SwapControllerGrabAction：当副控制器参与抓取时，该交互对象被主控制器释放，交换至副控制器上保持抓取状态。

下面我们将通过实例演示如何使用 VRTK 实现与物体的交互。在 VRTK_Demo 项目中进行如下操作。

（1）在 Project 面板中，选择 Teleport 场景，使用快捷键 Ctrl+D，创建该场景的副本，命名为 InteractWithObject。

（2）将随书资源中关于本章目录下的 Gun.unitypackage 文件导入 Unity。

（3）将路径 Gun/Prefab 下的预制体拖入到场景中，为其添加一个 Box Collider 组件。点击该组件的编辑按钮，调整碰撞体的尺寸，使其完全覆盖可见的模型区域，如图 15-90 所示。

图 15-90　为模型添加碰撞体并调节尺寸

关于调节碰撞体的操作，比较高效的方法是将摄像机视图切换至正交模式，分别在任意两个不同轴向上进行调整，如图 15-91 所示。

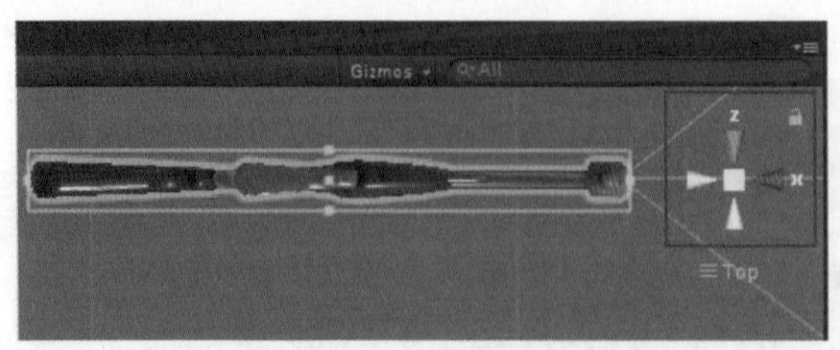

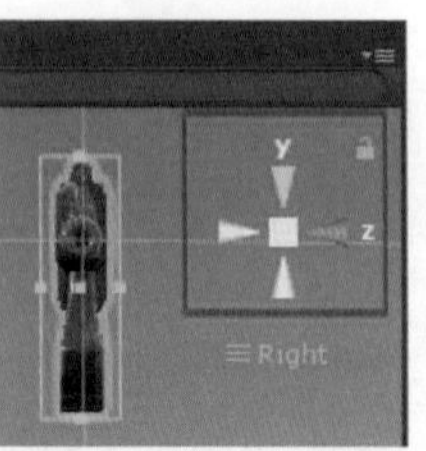

图 15-91　摄像机正交模式下，在任意两个轴向上调节 Box Collider 的范围

（4）为游戏对象 Gun 添加 Rigidbody 组件，使其在被释放后因为重力坠落到地面。

（5）为游戏对象添加 VRTK_Interactable Object 组件，勾选 Is Grabbable 属性，使其能被

抓取，即持枪行为；取消勾选 Hold Button To Grab，使持枪后不需要再保持按住 Grip 键；勾选 Is Usable，使其能被使用，即开枪行为。

（6）为游戏对象 Gun 添加一个空的子物体，命名为 Handle，作为枪的抓取点。调整其位置和角度，Transform 组件各属性值设置如下：Position（0，0，0），Rotation（65，0，0）。为方便调整，可为其指定可视化的图标，如图 15-92 所示。

图 15-92　为游戏对象设置可视化图标

（7）为游戏对象 Gun 添加 VRTK_Child Of Controller Grab Attach 组件，即枪被抓取以后作为控制器的子物体。将游戏对象 Handle 先后拖入该组件的 Right Snap Handle 和 Left Snap Handle 属性中。

（8）为游戏对象 Gun 添加 VRTK_Control Direction Grab Action 组件，实现两个控制器同时持枪时，能够控制枪口位置，进行瞄准。

（9）同时选中游戏对象 LeftController 和 RightController，为其挂载 VRTK_Interact Touch、VRTK_Interact Grab、VRTK_Interact Use 三个组件。

（10）新建 C# 脚本，命名为 GunShooter，双击使用默认代码编辑器打开，编写开枪逻辑，代码清单如下：

```
using UnityEngine;
using VRTK;

public class GunShooter : MonoBehaviour
{
    // 射程
    public float range = 100f;
    // 枪口位置
    public Transform Muzzle;
    // 计时器
    float timer;
    // 子弹发射间隔
    float timeBetweenBullets = 0.15f;
    // 射击特效持续时间
    float effectsDisplayTime = 0.2f;
    // 射击音效
    AudioSource gunAudio;
    // 枪口灯光，照射位于枪口前方的场景范围
    Light gunLight;
    //
    public Light faceLight;
    // 射击粒子特效
    ParticleSystem gunParticles;
    // 用于指示子弹射程
    LineRenderer gunLine;
    // 可被射击的游戏对象所在的层
```

```
int shootableMask;
 // 定义射线，用于碰撞检测
Ray shootRay = newRay();
RaycastHit shootHit;

VRTK_InteractableObject interactableObject;

private void Awake()
{
    // 获取 Layer Mask，用于过滤不需要被射线击中的游戏对象
    shootableMask = LayerMask.GetMask("Shootable");
    // 获取相关组件
    gunParticles = GetComponentInChildren
                   <ParticleSystem>();
    gunLine = GetComponent<LineRenderer>();
    gunAudio = GetComponentInChildren<AudioSource>();
    gunLight = GetComponentInChildren<Light>();
    // 注册监听使用事件
    GetComponent<VRTK_InteractableObject>().
                    InteractableObjectUsed +=
                    Gun_InteractableObjectUsed;
}

private void Gun_InteractableObjectUsed(object sender,
                 InteractableObjectEventArgs e)
{
    Shoot();
}

private void FixedUpdate()
{
    // 计时器累加
    timer += Time.deltaTime;
    // 当计时器大于设定时间时，将相关组件隐藏
    if (timer >= timeBetweenBullets * effectsDisplayTime)
    {
        DisableEffects();
    }
}

public void DisableEffects()
{
    // 隐藏灯光和指示射程的直线
    gunLine.enabled = false;
    faceLight.enabled = false;
    gunLight.enabled = false;
}

public void Shoot()
```

```
    {
        // 重置计时器
        timer = 0f;
        // 播放开枪音效
        gunAudio.Play();
        // 打开灯光
        gunLight.enabled = true;
        faceLight.enabled = true;
        // 显示开枪例子特效，如果正在播放，先将其停止
        gunParticles.Stop();
        gunParticles.Play();
        // 打开指示射程的直线，设置起点为枪口位置
        gunLine.enabled = true;
        gunLine.SetPosition(0, Muzzle.position);
        // 设置用于检测碰撞的射线
        shootRay.origin = Muzzle.position;
        shootRay.direction = Muzzle.forward;
        // 射线碰撞检测
        if (Physics.Raycast(shootRay, out shootHit,
                            range, shootableMask))
        {
            // 若击中物体，则将直线终点设置为射线与物体的碰撞点
            gunLine.SetPosition(1, shootHit.point);
            // 将被击中物体隐藏，作为击中效果
            shootHit.collider.gameObject.SetActive(false);
        }
        else
        {
            // 若没有击中任何物体，
            // 则将直线终点设为沿枪口方向向前 range 个单位的位置
            gunLine.SetPosition(1, shootRay.origin +
                                    shootRay.direction * range);
        }
    }
}
```

（11）返回场景，将以上脚本挂载于游戏对象 Gun 上。在 Gun 的属性面板中，设置 Gun Shooter 组件的各属性，如图 15-93 所示。

图 15-93　设置 Gun Shooter 组件的各项属性

（12）保存场景，点击 Unity 编辑器的 Play 按钮，运行程序。当按下 Trigger 键时，触发

InteractableObjectUsed 事件，实现了开枪射击的效果。

15.4.7 VRTK 中的高亮和振动

高亮和振动是 VR 中常见的交互反馈机制。VRTK 可分别针对控制器和交互对象设置高亮表现。在交互对象方面，可在当前对象的 VRTK_Interactable Object 组件中设定 Touch Highlight Color 属性，当与控制器接触时，交互对象以设定的颜色进行高亮显示；在控制器方面，可使用 VRTK_Controller Highlighter 组件实现控制器的高亮逻辑，该组件不仅能够实现控制器虚拟模型的整体高亮效果，还可对具体按键部位进行高亮显示。

对于高亮呈现效果，除整体改变模型材质颜色外，可使用 VRTK_Outline Object Copy Highlighter 组件实现模型边缘轮廓高亮效果。

下面我们将通过实例演示如何使用 VRTK 的高亮组件。

（1）在 VRTK_Demo 项目中，选择 Project 面板中的 InitScene 场景文件，使用快捷键 Ctrl+D 创建该场景的副本，命名为 HighlightObject。

（2）同时选择游戏对象 LeftController 和 RightController，为其添加 VRTK_Interact Touch，该实例中仅使用控制器的接触行为。

（3）在 Hierarchy 面板中，右键选择 3D Object > Cube 命令，添加一个立方体，并挂载 VRTK_Interactable Object 组件，将其转化为可交互对象，同时设置其 Touch Highlight Color 属性颜色值为（242，235，0）。

（4）为游戏对象 Cube 添加 VRTK_Outline Object Copy Highlighter 组件。

（5）保存场景，点击 Unity 编辑器的 Play 按钮，运行程序。移动至立方体附近，当使用控制器与立方体发生接触时，该立方体呈现轮廓高亮效果，如图 15-94 所示。

图 15-94 轮廓高亮的立方体

接下来实现控制器方面的高亮逻辑——当控制器与交互对象接触时，控制器高亮显示，当按下控制器上的按键时，相应虚拟模型上的按键部位高亮。

（1）同时选中游戏对象 LeftController 和 RightController，为其添加 VRTK_Controller Highlighter 组件。

（2）选择 RightController，为其挂载 VRTK_Outline Object Copy Highlighter 组件，设置该组件的 Thickness 属性值为 0.2；在当前游戏对象上的 VRTK_Controller Highlighter 组件中，找到 Element Highlighter Override 栏下的 Body 属性，将 VRTK_Outline Object Copy Highlighter 组件拖入到该属性栏中。

（3）新建 C# 脚本，命名为 ControllerHighlight.cs，双击使用默认代码编辑器打开，编写脚本，代码清单如下所示：

```
using UnityEngine;
using VRTK;
using VRTK.Highlighters;
public class ControllerHighlight : MonoBehaviour
{
    VRTK_ControllerEvents events;
    VRTK_ControllerHighlighter highlighter;
    VRTK_OutlineObjectCopyHighlighter outlineHighlighter;

    private void Awake()
    {
        events = GetComponent<VRTK_ControllerEvents>();
        events.TriggerPressed += onTriggerPressed;
        events.TriggerReleased += onTriggerReleased;
        highlighter = GetComponent<VRTK_ControllerHighlighter>();
        outlineHighlighter = GetComponent<VRTK_OutlineObjectCopyHighlighter>();
    }

    // 当 Trigger 键按下时，高亮显示控制器虚拟模型上的 Trigger 按钮
    private void onTriggerPressed(object sender,
                                   ControllerInteractionEventArgs e)
    {
        highlighter.HighlightElement(SDK_BaseController.
ControllerElements.Trigger, Color.yellow);
        // 设置控制器虚拟模型透明，以方便体验者发现高亮的按键
        VRTK_ObjectAppearance.SetOpacity(VRTK_DeviceFinder.
GetModelAliasController(events.gameObject), 0.5f);
    }

    // 当 Trigger 键松开时，取消高亮
    private void onTriggerReleased(object sender,Controller InteractionEventArgs e)
    {
        highlighter.UnhighlightElement(SDK_BaseController.ControllerElements.Trigger);
        VRTK_ObjectAppearance.SetOpacity(VRTK_DeviceFinder.
GetModelAliasController(events.gameObject), 1.0f);
    }

        // 当控制器与碰撞器接触时，控制器虚拟模型高亮
```

```
        private void OnTriggerEnter(Collider other)
        {
            if (outlineHighlighter != null)
                // 当挂载轮廓高亮组件时，
                // 仅高亮显示控制器虚拟模型的 Body 部件
                highlighter.HighlightElement(SDK_BaseController.
ControllerElements.Body, Color.yellow);
            else
                // 当没有挂载轮廓高亮组件时，
                // 高亮显示整个控制器虚拟模型
                highlighter.HighlightController(Color.yellow);
    }

    // 当控制器离开交互对象时，控制器虚拟模型取消高亮
    private void OnTriggerExit(Collider other)
    {
        highlighter.UnhighlightController();
    }
}
```

（4）返回场景，将脚本分别挂载于游戏对象 LeftController 和 RightController 上。

（5）选择游戏对象 Cube，重置其 VRTK_Interactable Object 组件，使其不显示高亮效果，以方便观察。

（6）保存场景，运行程序。当按下控制器的 Trigger 键时，控制器虚拟模型上的 Trigger 部件高亮，同时模型整体透明，如图 15-95 所示；移动至立方体附近，当两个控制器与其接触时，高亮效果如图 15-96 所示。

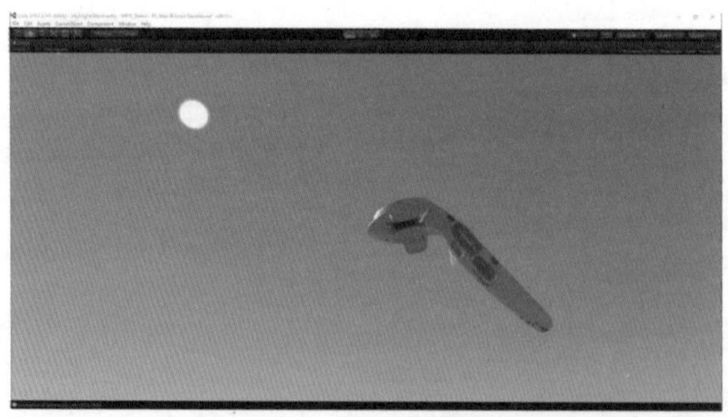

图 15-95　按下 Trigger 键时，控制器虚拟模型的高亮表现

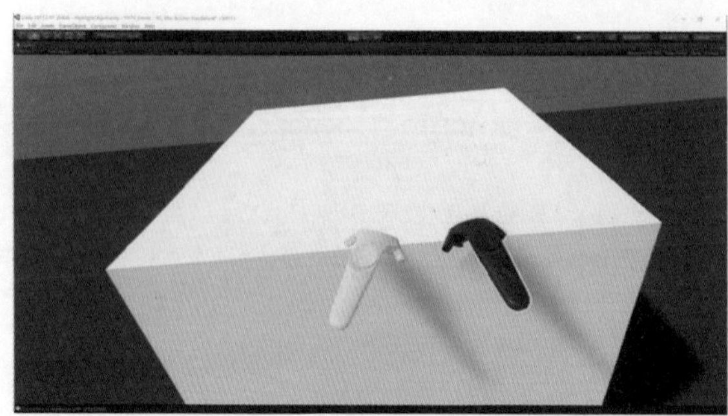

图 15-96　当两个控制器与交互对象接触时，分别呈现的高亮效果

VRTK 中使用 VRTK_Interact Haptics 组件实现控制器的振动逻辑，只需将该组件挂载于已经设置为可交互的对象上，然后调整针对控制器相关行为的参数即可，如图 15-97 所示。

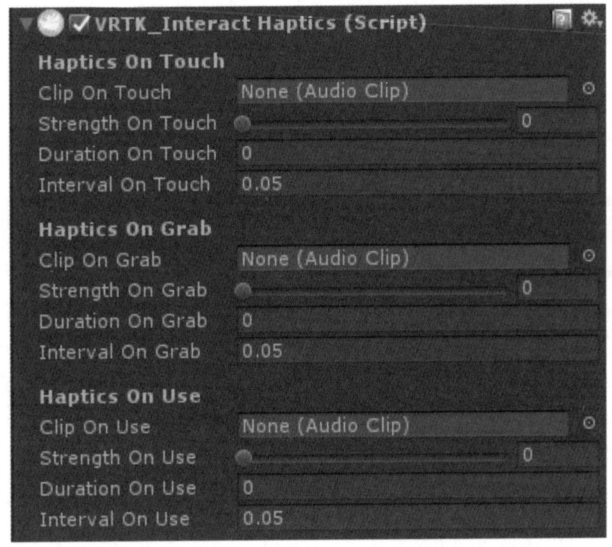

图 15-97　VRTK_Interact Haptics 组件

该组件分别针对控制器的三种交互行为——接触、抓取、使用，对振动节奏进行设置，下面以接触行为为例介绍各参数的意义，抓取和使用行为的属性与之相同。

- Clip On Touch：与交互对象接触时，控制器按照提供的音频节奏进行振动。
- Strength On Touch：与交互对象接触时，控制器的振动力度。
- Duration On Touch：与交互对象接触时，控制器振动持续时间。
- Interval On Touch：与交互对象接触时，控制器的振动间隔。

举例说明，若 Strength On Touch 属性值为 0.5，Duration On Touch 属性值为 1，Interval On Touch 属性值为 0.05，则代表的意义为：当与交互对象接触时，控制器以 50% 的力度，每隔 0.05 秒振动一次的频率，持续振动 1 秒钟。

15.4.8　VRTK 中与 UI 的交互

要使 Unity UI 元素响应控制器交互操作，在 UI 方面，需要在 UI 容器（Canvas）上挂载 VRTK_UI Canvas 组件；在控制器方面，需要挂载 VRTK_UI Pointer 组件，如图 15-98 所示。另外，在 VRTK 的示例 034_ControlsInteractingWithUnityUI 场景中，演示了使用控制器与 UI 元素的交互。

图 15-98　VRTK_UI Canvas 组件

VRTK_UI Canvas 组件选项介绍如下。

• Click On Pointer Collision：当控制器指针与 Canvas 发生碰撞时，决定是否认定为 UI 单击操作。若勾选此项，则指针指向 Canvas 时即认为是单击 UI 元素操作；若不勾选此项，则指针指向 Canvas 时需要按下控制器上相应按键才认为是单击 UI 元素操作。

• Auto Activate Within Distance：当控制器与 Canvas 距离在设定属性值以内时，激活指针，若该属性值设置为 0，则不执行此逻辑。当 UI 距离体验者距离比较近时，可通过设置此属性，以使用控制器与 UI 接触的形式进行 UI 元素的选择，如图 15-99 所示。

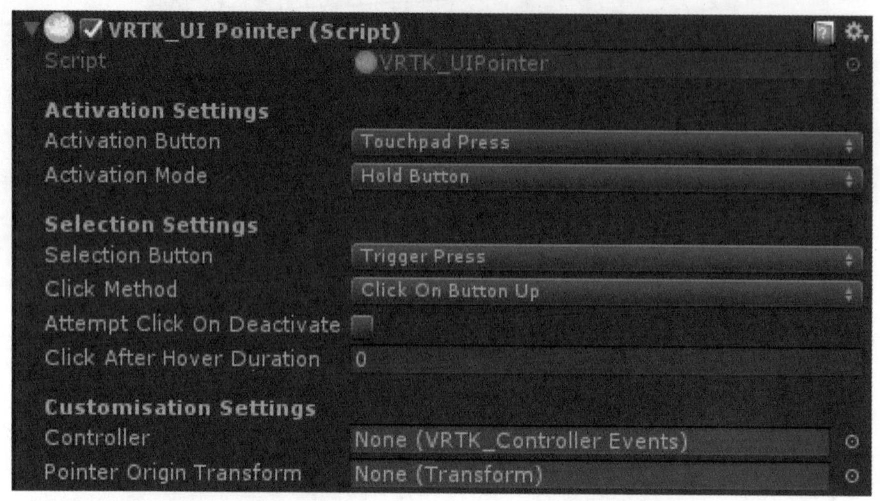

图 15-99 VRTK_UI Pointer 组件

VRTK_UI Pointer 部分选项介绍如下。

• Activation Settings（激活设置）

◦ Activation Button：激活按钮。用于指定控制器上激活指针的按键。

◦ Activation Mode：激活模式。用于指定激活指针的按键行为，包括三种模式，分别为：保持按键按下状态、点击按键、始终保持激活状态。

• Selection Settings（选择设置）

◦ Selection Button：选择按钮。用于指定做出点击 UI 元素行为的控制器按键。

◦ Click Method：点击方式。用于指定做出点击 UI 元素行为的按键状态，包括两种模式，分别为：按键按下、按键松开。

◦ Attempt Click On Deactivate：是否在指针消失时触发点击 UI 元素事件。

◦ Click After Hover Duration：设定一个等待时间，当指针悬停在 UI 元素上超过该时间后，自动触发点击事件。

• Customisation Settings（自定义设置）

◦ Controller：其他可发送控制器事件的对象。

◦ Pointer Origin Transform：可选项，指定一个 Transform 作为指针发射原点，若不指定，默认以组件所在的游戏对象的 Transform 作为原点。

与 Interaction System 不同，VRTK 认为 Canvas 的尺寸范围即为交互响应区域，故在制作过程中，需要合理设置 Canvas 的 Rect Transform 组件的 Width 和 Height 属性。如果尺寸过大，则容易使指针过早呈现可用状态；如果尺寸过小，没有覆盖需要响应控制器的 UI 元素，则指针在需要响应的 UI 元素上不会呈现可用状态。

使用控制器与 UI 元素交互，相关步骤如下所示。

（1）在 VRTK_Demo 项目的 Project 面板中，选择场景 InteractWithObject，使用快捷键 Ctrl+D，创建该场景的副本，命名为 InteractWithUI，双击打开。

（2）清理场景，除游戏对象 Floor 外，删除其他可见的游戏对象。场景层级列表如图 15-100 所示。在游戏对象 PlayArea 上，移除 DashTeleportExample 和 VRTK_Policy List 组件。

图 15-100　初始场景

（3）选择游戏对象 LeftController，为其挂载 VRTK_UI Pointer 组件，使其可与 UI 元素进行交互。

（4）新建一个 Canvas，按照 4.2.1 节 WorldSpaceUI 中介绍的操作方式，将其转换为 3D UI 容器。设置 Rect Transform 组件各属性如图 15-101 所示，同时为其添加 VRTK_UI Canvas 组件，设置该组件的 Auto Active Within Distance 属性值为 0.1。

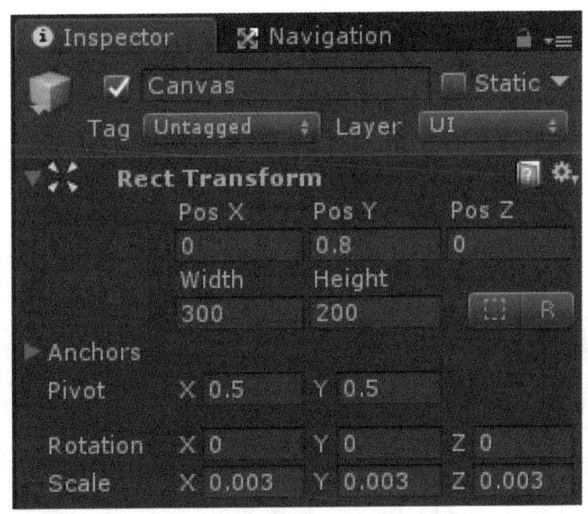

图 15-101　Canvas 的 Rect Transform 组件参数设置

（5）选择 Canvas，为其添加一个 Panel 控件，并在 Panel 上挂载 Vertical Layout Group 组件。

（6）选择 Panel，添加一个 Button 控件。设置其 Button 组件的 Highlighted Color 和 Pressed Color 属性为分别为（216，36，36）和（28，227，30），以方便按钮观察对控制器的响应。

（7）选择 Panel，添加一个 Slider 控件。

（8）选择 Panel，添加一个 Dropdown 控件。

（9）设置 Panel 上的 Vertical Layout Group 组件 Child Alignment 属性为 Middle Center。

（10）新建 C# 脚本，命名为 UIExample.cs，双击使用默认代码编辑器打开，编写脚本，代码清单如下所示：

```
using UnityEngine;
using UnityEngine.UI;
public class UIExample : MonoBehaviour
{
    public Button Button;
    public Slider Slider;
    public Dropdown Dropdown;

    // 按钮点击行为
    public void OnClick()
    {
        Debug.Log("按钮被点击！");
    }

    // 进度条拖动行为
    public void OnSliderValueChanged()
    {
        Debug.Log("进度条当前值为:" + Slider.value);
    }

    // 下拉列表选择行为
    public void OnDropdownValueChanged()
    {
          Debug.Log("下拉列表选择第" + (Dropdown.value + 1).ToString() +
"项");
    }
}
```

（11）返回场景，将脚本挂载于 Canvas 上，设置属性如图 15-102 所示。

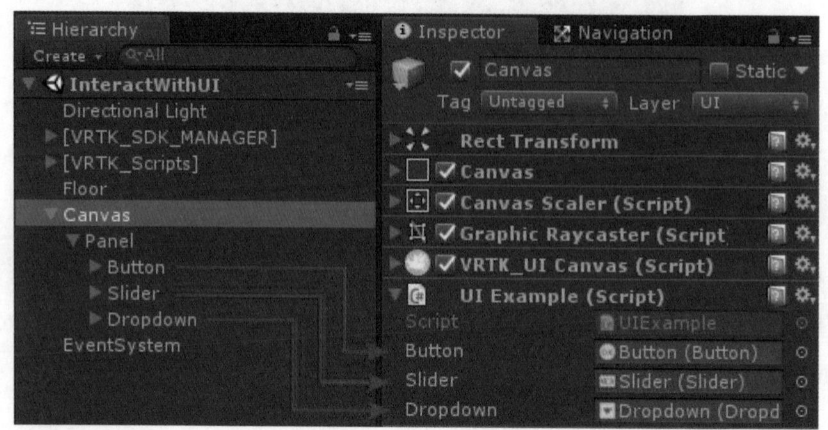

图 15-102 设置脚本属性

（12）选择 Panel 下的 Button 控件，设置 Button 组件的 On Click 事件行为为 Canvas 上 UIExample 脚本的 OnClick ( ) 函数，如图 15-103 所示；使用相同的操作方式，设置 Slider 控件的 On Value Changed 事件行为为 Canvas 上 UIExample 脚本的 OnSliderValueChanged ( ) 函数；设置 Dropdown 控件的 On Value Changed 事件行为为 Canvas 上 UIExample 脚本的 OnDropdownValueChanged ( ) 函数。

图 15-103　设置 Button 组件的 On Click 事件行为

（13）保存场景，点击 Unity 编辑器的 Play 按钮，运行程序。传送至 UI 界面前，当使用指针指向三个控件时，按下 Trigger 键，实现点击 Button 按钮、拖动 Slider 控件、选择下拉列表选项的交互操作，同时 Console 面板输出如图 15-104 所示的信息。

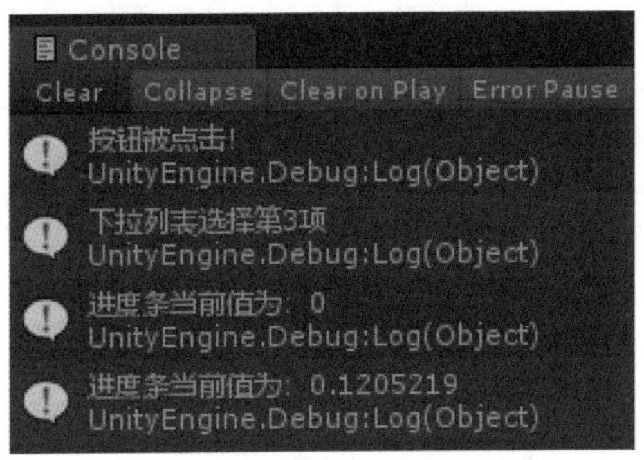

图 15-104　控制器与 UI 交互时输出的调试信息

15.4.9　实例：实现攀爬功能

本节我们将使用 VRTK 实现在 VR 环境中的攀爬功能，在 VRTK_Demo 项目中，相关步骤如下所示。

（1）在 Project 面板中，选择 InitScene 场景，使用快捷键 Ctrl+D，创建场景副本，重命名为 Climb。

（2）同时选择游戏对象 LeftController 和 RightController，为其挂载组件 VRTK_Interact Touch 和 VRTK_Interact Grab 组件，因为本例中用到的控制器行为是抓取操作。

（3）选择游戏对象 PlayArea，为其添加 VRTK_Basic Teleport 组件，实现场景中的传送。

（4）为 PlayArea 添加 VRTK_Player Climb 组件，实现控制器方面的攀爬逻辑，同时看到自动挂载了 VRTK_Body Physics 组件。

（5）在 Asset Store 中下载 Free Steel Ladder Pack 免费插件，或从随书资源关于本章目录下找到 Free Steel Ladder Pack.unitypackage 文件，导入 Unity。

（6）在 Project 面板中，路径 Free Steel Ladder Pack/Prefabs 下，将预制体 Ladder Combination Sample Long 拖入到场景中，重置其 Transform 组件。

（7）在 Hierarchy 面板的搜索框中输入“collision”，此时列出梯子模型下所有带碰撞体的子物体，由于抓取交互基于碰撞，所以需要将这些子物体转换为可交互对象。

（8）全选这些子物体，在属性面板中为其添加 VRTK_Interactable Object 组件，勾选该组件的 Is Grabbable 属性；添加 VRTK_Climbable Grab Attach 组件，实现交互对象方面的攀爬逻辑；添加 VRTK_Swap Controller Grab Action 组件，当副控制器抓取该物体时，主控制器释放该交互对象。

（9）保存场景，点击 Unity 编辑器的 Play 按钮，运行程序。移动到梯子前，先后按下左右控制器默认的抓取按钮 Grip 键，做上下拖拽动作时，体验者的位置与被抓取的交互对象相向移动。当松开所有控制器按键时，体验者从此高度坠落到地面，至此实现了攀爬效果，最终效果如图 15-105 所示。

图 15-105　实现攀爬效果

15.4.10　实例：实现开关门操作

在一般的室内场景中，都会有道具门的元素，VR 中使用控制器实现开关门的操作也是比较常见的交互。VRTK 内置了常见的道具交互操作，以控件的形式存在，只需配置相关参数，即可完成特性道具类型的交互逻辑，本节我们将通过与门的交互，演示 VRTK 中控件的使用方法。

相关步骤如下所示。

（1）在 VRTK_Demo 项目中，选择场景文件 InitScene，使用快捷键 Ctrl+D，创建该场景的副本，并命名为 Door。

（2）同时选中游戏对象 LeftContrller 和 RightController，因该交互与抓取动作相关，故为其添加 VRTK_Interact Touch 和 VRTK_Interact Grab 组件。

（3）选择游戏对象 PlayArea，为其添加 VRTK_Basic Teleport 组件，使体验者可在场景中自由移动。

（4）在随书资源关于本章目录下找到素材文件 Door.unitypackage，将其导入到本项目中。

（5）在 Project 面板中，路径 Door/Prefab 下，将 Door 预制体拖入到场景中，重置其 Transform 组件，模型及结构如图 15-106 所示。

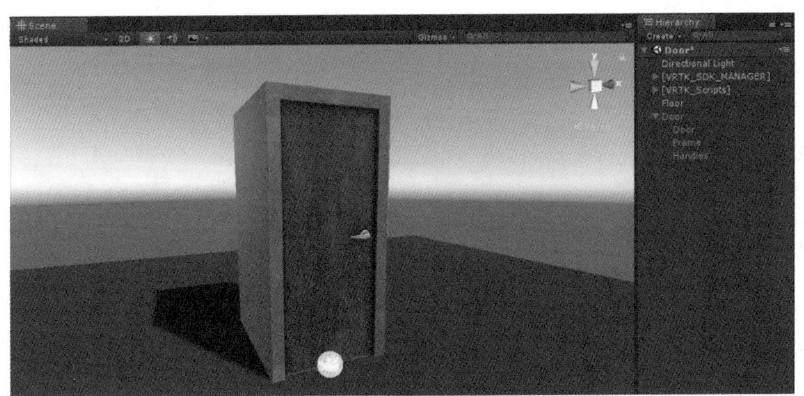

图 15-106　模型及结构

（6）在 Project 面板中，路径 SteamVR/InteractionSystem/Longbow/Prefabs 下，将预制体 ArcheryWeeble 拖入到场景中，放置在门口位置，Y 轴方向旋转 180 度，参考位置 Position 属性值为（0，0，0.8）。

（7）选择游戏对象 Door，为其添加组件 VRTK_Door，此时模型变为红色，代表该控件尚未配置完毕。设置该组件相关属性值，如图 15-107 所示。

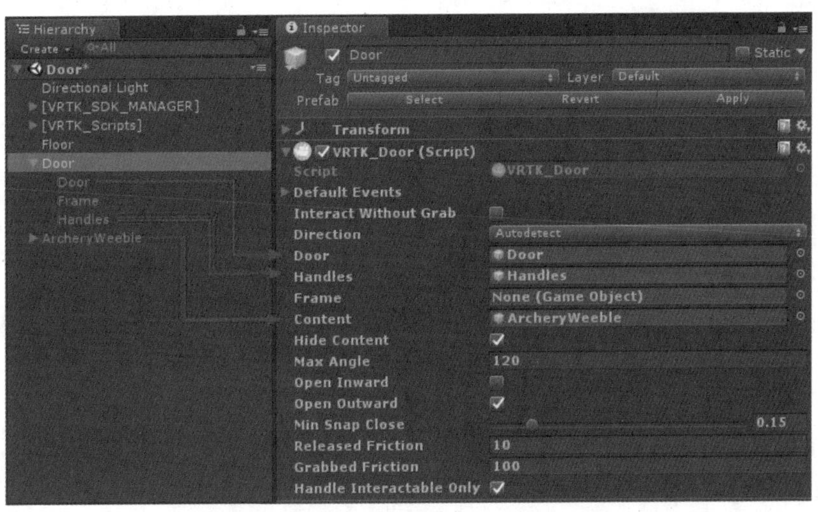

图 15-107　设置 VRTK_Door 组件

其中，Direction 默认为 Autodetect，即自动检测门的旋转轴向，可根据模型情况，设置特定的轴向；若勾选 Hide Content 属性，则门在关闭状态下会自动隐藏 Content 指定的游戏对象，当门被打开时显示 Content 指定的游戏对象，在当前示例中，需要隐藏和显示的对象为门后的靶子；Max Angle 属性为打开的最大角度，门敞开角度将不大于该角度值；Open Inward 与 Open Outward 属性设定门可向内或向外打开；Min Snap Close 为 0 到 1 之间的程度值，用于设定门自动关闭的条件，当门小于设定的敞开范围时，将自动关闭；Handle Interactable Only 属性为是否只在抓取把手的时候实现交互。

（8）保存场景，点击 Unity 编辑器的 Play 按钮，运行程序。首先移动至门后，可以看到此时游戏对象靶子处于隐藏状态，移动至门前，当按下默认的 Grip 键时，门随手柄位置进行旋转，实现了开关门的操作，同时门后的靶子显示出来。最终效果如图 15-108 所示。

图 15-108　开关门操作最终效果

在本实例中，虽然没有对门和把手进行特别设置，但是通过运行程序可以看到，VRTK_Door 组件根据属性信息，对相关交互对象进行了设置，如图 15-109 和图 15-110 所示。

图 15-109　程序运行时，VRTK_Door 组件为门添加的组件

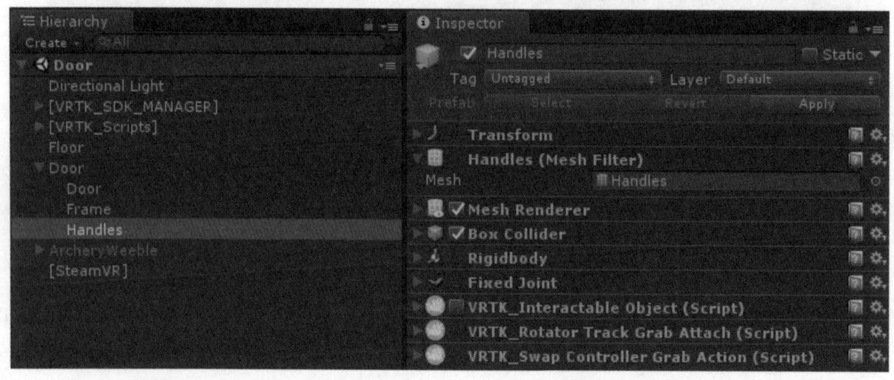

图 15-110　程序运行时，VRTK_Door 为把手添加的组件

在程序运行时，为门添加一个 Hinge Joint 组件并设置其 Limits 属性，使其可沿 Y 轴在设定范围内旋转。将把手设置为可交互对象，通过 Fixed Joint 与门连接，当控制器拖动把手时，实现了门的开关交互。

15.4.11 头显穿透模型的用户体验优化

通过之前的章节，我们已经实现了在 VR 场景中的自由移动，但是在某些情况下，由于体验者选择的目标位置靠近场景中的道具，如墙体、障碍物等，同时，头显的位置可由体验者自由控制，因此容易出现头显进入道具内部的情况，从而使体验者感到疑惑。VRTK 提供了优化关于这种情况的体验优化方案——当头显进入模型内部时，屏幕显示黑屏，直到头显移出该模型。

（1）继续在场景 Door 中，将游戏对象 CameraRig 放置在门前位置，参考 Position 属性值为（0，0，1.5）。

（2）选择游戏对象 PlayArea，为其添加 VRTK_Headset Collision Fade 组件，如图 15-111 所示，此时会自动挂载另外两个组件——VRTK_Headset Collision 和 VRTK_Headset Fade。

图 15-111 VRTK_Headset Collision Fade 组件

其中自动挂载的 VRTK_Headset Collision 组件用于检测头显与游戏对象的碰撞——在程序运行时，生成一个 Sphere Collider，放置于 CameraRig 的子物体 Camera（eye）下，属性 Collider Radius 用于设置 Sphere Collider 的感应范围。同时，若希望某些特定的游戏对象可被头显穿透进行观察，可制定一条过滤原则（VRTK_Policy List），赋予给该组件的 Target List Policy 属性。

（3）VRTK_Headset Collision 组件发送 HeadsetCollisionDetect 和 HeadsetCollisionEnded 事件，开发者可据此自定义事件处理逻辑，如播放警告音频等。新建 C# 脚本，命名为 HeadsetCollisionDetect，双击使用默认代码编辑器打开，编写脚本，实现头显进入道具内的事件处理。代码清单如下所示：

```
using UnityEngine;
using VRTK;

public class HeadsetCollisionDetect : MonoBehaviour
{
    // 用于标记碰撞状态，防止持续输出调试信息
    bool isEntered = false;
    void Awake()
    {
        VRTK_HeadsetCollision headsetCollision = GetComponent<VRTK_
HeadsetCollision>();
```

```
        headsetCollision.HeadsetCollisionDetect += onHeadsetCollisionDetected;
        headsetCollision.HeadsetCollisionEnded += onHeadsetCollisionEnded;
    }

    private void onHeadsetCollisionDetected(object sender, HeadsetCollision-
EventArgs e)
    {
        if (!isEntered)
        {
            Debug.Log("头显进入模型" +
                      e.collider.gameObject.name +
                      "内部，请返回规定区域！");
            isEntered = true;
        }
        else
        {
            return;
        }
    }

    private void onHeadsetCollisionEnded(object sender, HeadsetCollision
EventArgs e)
    {
        Debug.Log("已离开模型内部，进入规定区域！");
        isEntered = false;
    }
}
```

（4）返回场景，将脚本挂载于游戏对象 PlayArea 上，保存场景，点击 Unity 编辑器的 Play 按钮，运行程序。在场景中，当头显靠近门并试图穿过时，场景显示黑屏效果，同时 Console 面板输出如图 15-112 所示内容。

图 15-112　头显进入和离开模型时的输出信息

第 16 章

Gear VR 开发

16.1 Gear VR 硬件环境准备

Gear VR 是移动 VR 中智能手机硬件方案的代表，使用三星 Gear VR 设备搭配一部三星 Galaxy 系列智能手机即可实现 VR 内容体验。利用手机的传感器感应头部旋转，由于缺少位置追踪，所以 Gear VR 提供头显和手柄控制器的 3 自由度运动跟踪信息。

在体验前，需要将智能手机通过 Gear VR 上的 USB 接口进行连接，如图 16-1 所示，由于几代智能手机的接口不同，所以 Gear VR 提供了 Type-C 和 Micro USB 接口配件，可根据不同的智能手机接口，选择相应的配件固定在头显上。

目前 GearVR 支持的智能手机型号为 Samsung Galaxy S9、S9+、Note8、S8、S8+、S7、S7 edge、Note5、S6 edge+、S6、S6 edge、A8（2018）、A8+（2018）。

Gear VR 默认使用头显右侧的触摸板和按钮进行交互，在触摸板上可以进行手指滑动、点击等操作，如图 16-2 所示，顶部左侧按键为主页按钮，点击可返回 Gear VR 控制台，一般不可对其编程，顶部右侧按键为返回按钮，用于执行返回操作。

图 16-1　Gear VR 与智能手机的连接接口

图 16-2　Gear VR 右侧触摸板

作为可选项，用户可以使用 Gear VR 手柄控制器进行交互。另外，Gear VR 支持使用蓝牙协议进行连接的游戏手柄，如 Xbox 游戏手柄等。

Gear VR 开发流程同样适用 Oculus Go 和小米 VR 一体机。

Gear VR 手柄控制器介绍

Gear VR 手柄（图 16-3）通过蓝牙与 Gear VR 进行通信，控制器提供以其底部为中心，3 自由度（3DOF）的旋转反馈，即 X、Y、Z 轴向上的旋转，但并不能跟踪位置信息。

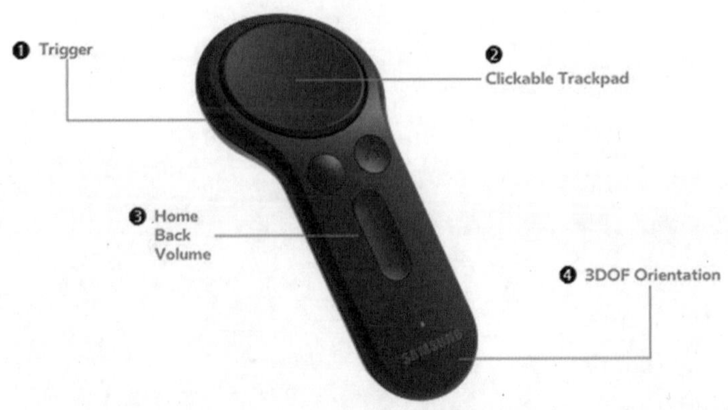

图 16-3　Gear VR 控制器按键示意图

Gear VR 手柄控制器按键介绍如下。

❶Trigger：交互方式同 VIVE 手柄控制器的 Trigger 键

一样，用于虚拟物体的选取，也常作为道具枪的扳机使用。

❷Clickable Trackpad：可以实现触摸操作，也可以进行点击操作。

❸Home Back Volume：音量调节键。

❹3DOF Orientation：3 自由度传感器。

16.2 Gear VR 开发环境配置

16.2.1 软件准备

在 Gear VR 平台进行应用程序开发，可以使用 OS X 或 Windows 两个操作系统平台。除了使用 Unity 编辑器以外，还需要准备以下工具及软件：

a. Java JDK（Java SE Development Kit）

b. Android SDK

c. Oculus Utilities for Unity

● 下载安装 Java JDK

JDK 是 Java 语言开发工具包，Android 应用程序的构建，需要借助其完成编译工作。在搜索引擎搜索 JDK 或在浏览器中输入 Oracle 官方网站地址，进入 JDK 下载页面，如图 16-4 所示。

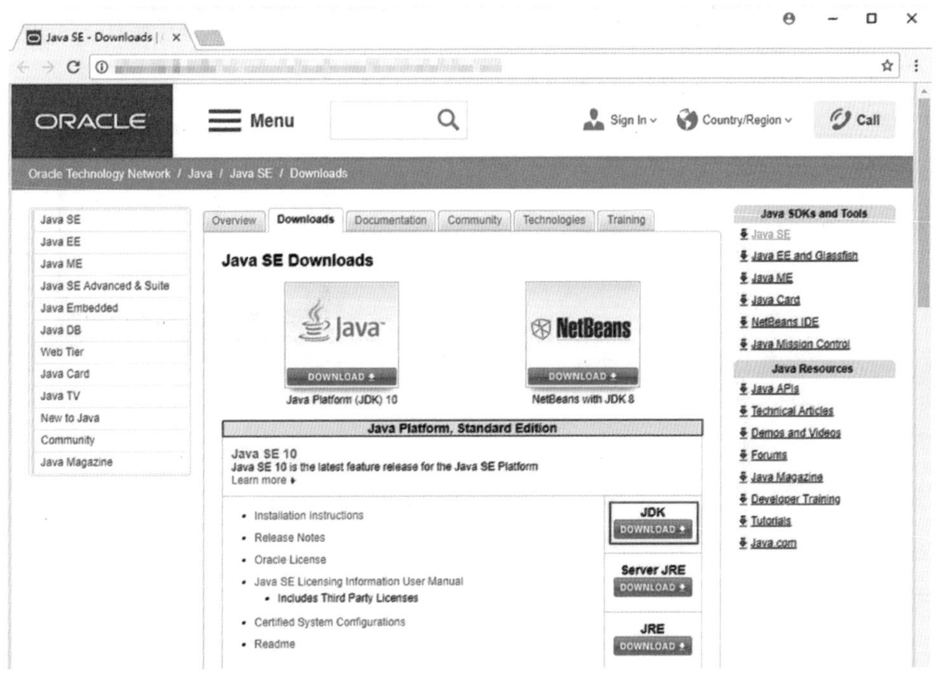

图 16-4 JDK 下载页面

在页面中选择相应版本的 JDK 进行下载，由于当前 Unity 不支持 JDK 9，请使用 JDK 8 进行应用程序的构建。点击 Download 按钮，进入相应版本的下载页面，在该页面中选择对应操作系统版本进行下载，如图 16-5 所示。

Java SE Development Kit 8u161

You must accept the Oracle Binary Code License Agreement for Java SE to download this software.

○ Accept License Agreement ○ Decline License Agreement

Product / File Description	File Size	Download
Linux ARM 32 Hard Float ABI	77.92 MB	jdk-8u161-linux-arm32-vfp-hflt.tar.gz
Linux ARM 64 Hard Float ABI	74.88 MB	jdk-8u161-linux-arm64-vfp-hflt.tar.gz
Linux x86	168.96 MB	jdk-8u161-linux-i586.rpm
Linux x86	183.76 MB	jdk-8u161-linux-i586.tar.gz
Linux x64	166.09 MB	jdk-8u161-linux-x64.rpm
Linux x64	180.97 MB	jdk-8u161-linux-x64.tar.gz
macOS	247.12 MB	jdk-8u161-macosx-x64.dmg
Solaris SPARC 64-bit (SVR4 package)	139.99 MB	jdk-8u161-solaris-sparcv9.tar.Z
Solaris SPARC 64-bit	99.29 MB	jdk-8u161-solaris-sparcv9.tar.gz
Solaris x64	140.57 MB	jdk-8u161-solaris-x64.tar.Z
Solaris x64	97.02 MB	jdk-8u161-solaris-x64.tar.gz
Windows x86	198.54 MB	jdk-8u161-windows-i586.exe
Windows x64	206.51 MB	jdk-8u161-windows-x64.exe

图 16-5 选择对应的操作系统版本下载 JDK

下载完毕后，打开安装文件，按照默认配置进行安装即可。

- 下载安装 Android SDK

在浏览器中输入 Android Studio 官方网址，进入 Android Studio 下载页面，如图 16-6 所示。

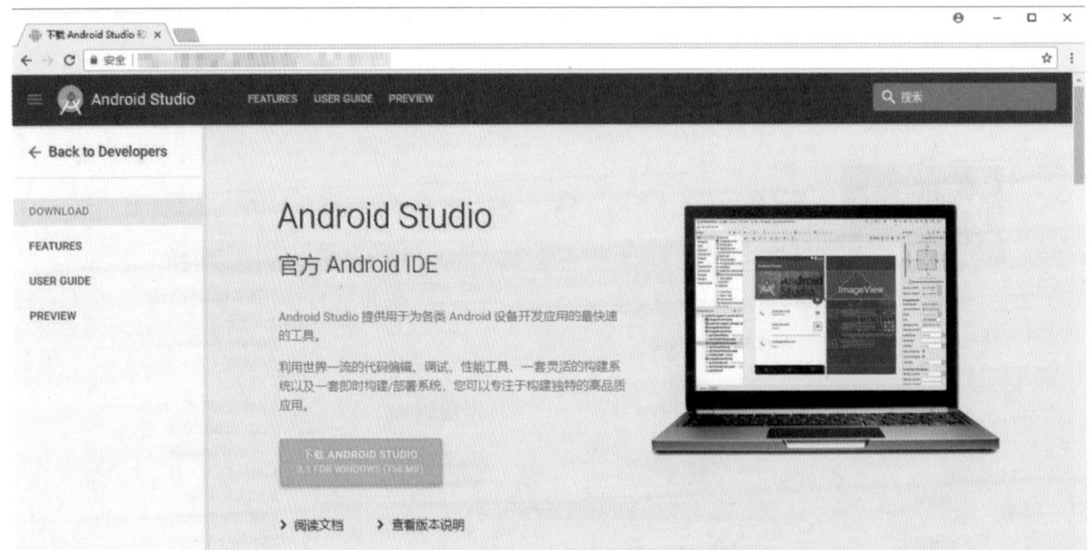

图 16-6 下载 Android Studio

点击下载 Android Studio，下载完毕双击安装文件进行 Android Studio 的安装，一切配置按照默认。安装完毕以后，启动 Android Studio，如图 16-7 所示。

在启动页上选择打开 SDK Manager，或在安装过程中设定的 SDK 目录下打开 SDK Manager，如图 16-8 所示。

图 16-7 启动 Android Studio

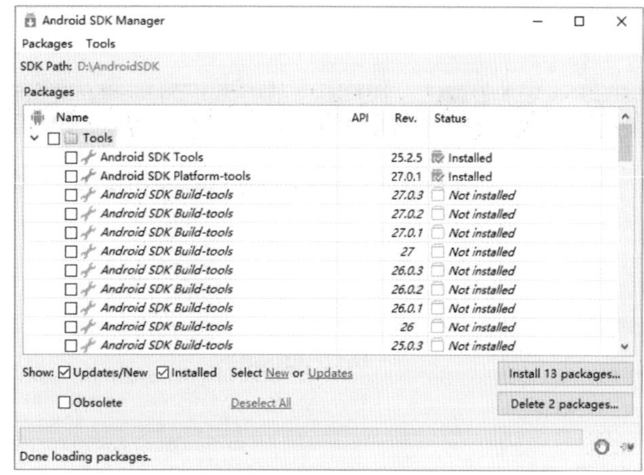

图 16-8 Android SDK Manager

其中，Android SDK 版本要求为 API Level 21 及以上。对于 JDK，如果使用 Unity2017.3，建议使用的版本为 8。

- 手机端设置

要在 Android 设备上测试和调试应用程序，需要在设备上开启 USB 调试。本书以使用三星 Galaxy S8 进行 Gear VR 开发为例，在 Android 系统中，依次选择设置 > 关于手机 > 软件信息，找到版本号选项，连续点击 7 次，此时系统开启开发者模式。返回到设置页面，在列表底部，进入开发者选项，启用 UBS 调试选项，如图 16-9 所示。开启该选项以后，Unity 可以通过与手机连接的 USB 线缆安装和启动打包的应用程序。

图 16-9 启用 USB 调试

- 制作 Oculus 数字签名文件

制作数字签名文件，需要使用 Oculus 账号登录。登录 Oculus 官网进行操作，如图 16-10 所示。

Oculus Signature File (osig) Generator

Device ID:

This is not your device's serial number or IMEI.

Download File

See instructions below for how to determine your 8- to 31-digit device ID.

Instructions

Apps that access VR functionality must be built with a unique signature in order to access low-level device functions through APIs provided by our SDK. Once your app is ready for publication we'll sign the APK file. However, to test your app prior to submission you'll need to generate a temporary developer signature file that's unique to your device.

1. Locate your device ID. Note that this is not your phone's serial number. To retrieve your phone's device ID, connect to your device via USB, open an OS shell or command window, and enter:

```
adb devices
```

You should see a list of attached devices like this:

```
List of devices attached
  ce0551e7 device
```

In this example the Device ID is ce0551e7.

For more information on Android debugging tools and adb including troubleshooting, see Android Debugging.

2. Enter your Device ID in the field above and click "Download File". After agreeing to the terms of use, you should see a download prompt for your signature file in the form oculussig_{device id}.

3. Store this signature file in a safe location. Whenever you want to allow an application to use VR functionality, place a copy of this file in your application's assets folder then recompile and sign your APK.

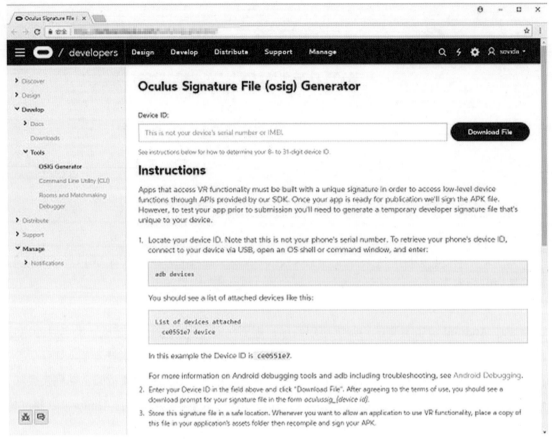

图 16-10　制作 Oculus 数字签名文件

制作数字签名之前，需要得到手机的设备 ID，需要注意的是，此处的设备 ID 并不是机身背面的设备序列号。设备 ID 的获取，可将手机使用 USB 数据线连接至计算机，确保打开 USB 调试选项，打开一个 OS shell（mac 系统）或命令行窗口（Windows 系统），输入：

```
adb devices
```

回车以后，窗口即显示连接的设备的 ID 号，类似如下形式：

```
List of devices attached
ce0551e7 device
```

此处，ce0551e7 即为设备 ID。

将获取到的设备 ID 填入页面的 Device ID 栏内，点击 Download File 按钮，即可下载该数字签名文件。

在 Unity 编辑器的 Project 面板中，依次建立文件夹，并保持路径顺序：Plugins/Android/assets/，如图 16-11 所示。将生成的数字签名文件放置在 assets 文件夹下。

图 16-11　存放数字签名文件

16.2.2 Unity 编辑器设置

- 切换目标平台

对 Gear VR 的开发，本质上是对 Android 平台的开发，所以在使用 Unity 进行 Gear VR 平台内容开发之前，需要将目标平台切换至 Android。选择 File> Build Settings...，在 Platform 中选择 Android，同时，在 Texture Compression 中，选择 ASTC 纹理压缩方案，以达到性能和品质的良好平衡，如图 16-12 所示。

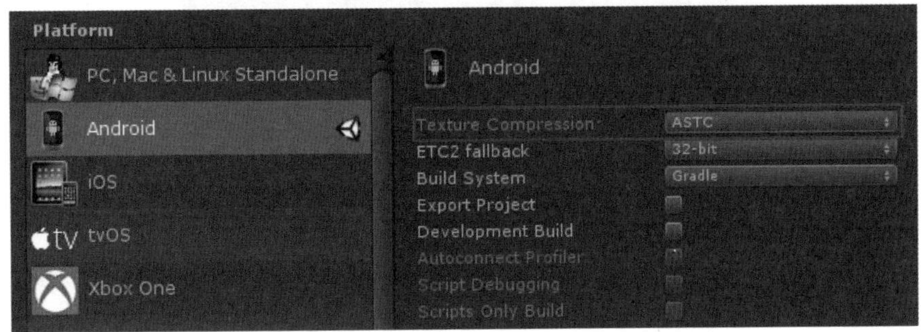

图 16-12 切换目标平台为 Android 以进行 Gear VR 开发

- 设置 Unity 支持 VR 模式

点击 Player Settings...，在 XR Settings 栏中，勾选 Virtual Reality Supported，如图 16-13 所示。

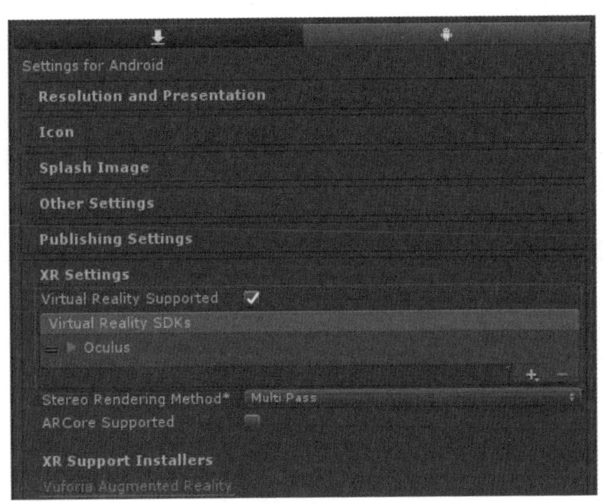

图 16-13 设置 VR 支持及 Oculus SDK

如果 Virtual Reality SDKs 栏中没有任何 SDK，点击右侧加号按钮，添加 Oculus 作为开发使用的 SDK。

- 配置 Android SDK 和 Java JDK

初次开发 Gear VR 应用程序，需要在 Unity 中配置 Android SDK 和 Java JDK（Java Development Kit）使用路径，以便 Unity 构建 Android 应用。选择 Edit > Preferences...，在弹出对话框中分别设置 SDK 与 JDK 所在的路径，如图 16-14 所示。如果系统尚未安装两者，可

点击 Download 按钮进行下载安装。需要注意的是，若使用 Unity2017.3.1 版本进行 Gear VR 的开发，应使用 JDK 8 进行应用程序的构建。

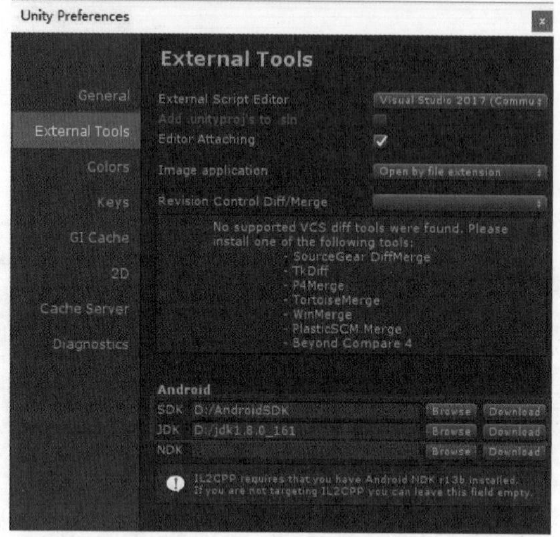

图 16-14　配置 Android SDK 和 Java JDK 路径

- 设定应用程序刷新率

为了保证 Gear VR 应用程序运行的刷新率为 60Hz，即每秒运行 60 帧，在 Unity 中设置时间步长。在 Unity 编辑器中，选择 Edit > Project Settings > Time，打开时间管理器，在属性面板中，设置 Fixed Timestep 和 Maximum Allowed Timestep 值均为 0.0166666，如图 16-15 所示。

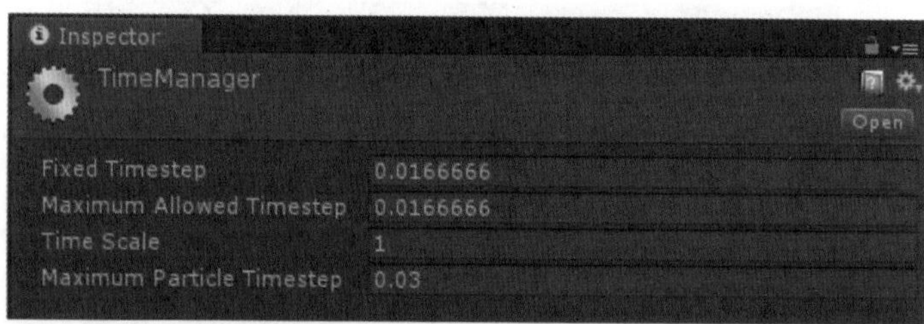

图 16-15　设置时间步长

- 品质和性能设定

为了使 Gear VR 应用程序达到良好的品质和性能要求，Oculus 给出了一系列推荐品质设定参数。选择 Edit> Project Settings >Quality，打开项目品质设置面板，在 Renderring 栏中，作如图 16-16 所示的设置。

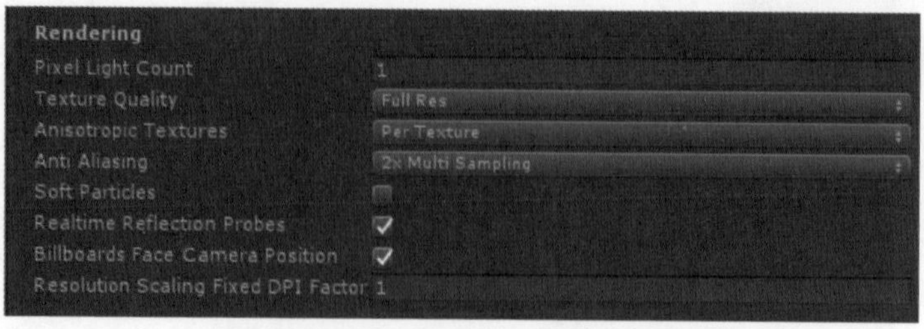

Rendering	
Pixel Light Count	1
Texture Quality	Full Res
Anisotropic Textures	Per Texture
Anti Aliasing	2x Multi Sampling
Soft Particles	☐
Realtime Reflection Probes	☑
Billboards Face Camera Position	☑
Resolution Scaling Fixed DPI Factor	1

图 16-16　针对 Gear VR 的品质设置

其中，Anti Aliasing 为抗锯齿设置，官方推荐使用 2 倍采样，如果应用程序性能允许，可以启用 4 倍采样，因为更高的倍数需要消耗更多的系统性能。同时，不建议使用 8 倍采样。

16.2.3 Oculus Utilities for Unity

虽然 Unity 已经原生支持 Gear VR 和 Oculus Rift 的开发，Oculus 依然提供了功能更加丰富的开发工具包，包括模块化的预制体、C# 脚本、示例场景等，开发者可以在 Oculus 官方开发者页面下载 Oculus UtilitiesforUnity 插件，如图 16-17 所示。

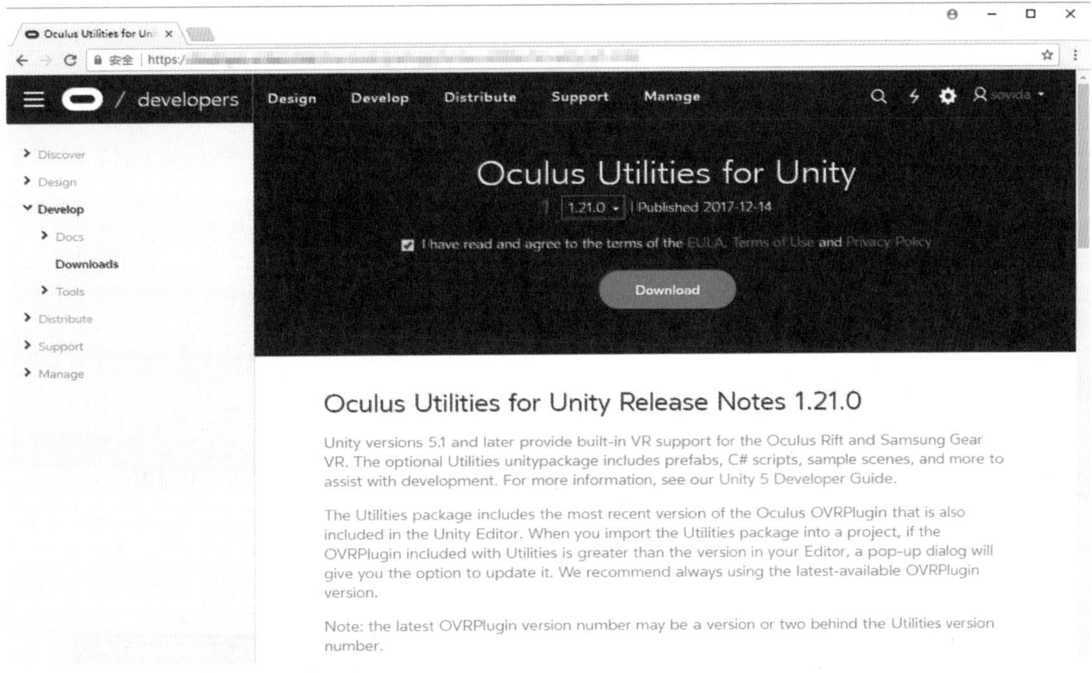

图 16-17 Oculus Utilities for Unity

该工具以 Unity 插件（OculusUtilities.unitypackage）形式存在，用户可以按照一般插件导入流程将其导入至 Unity 编辑器中，如图 16-18 所示。

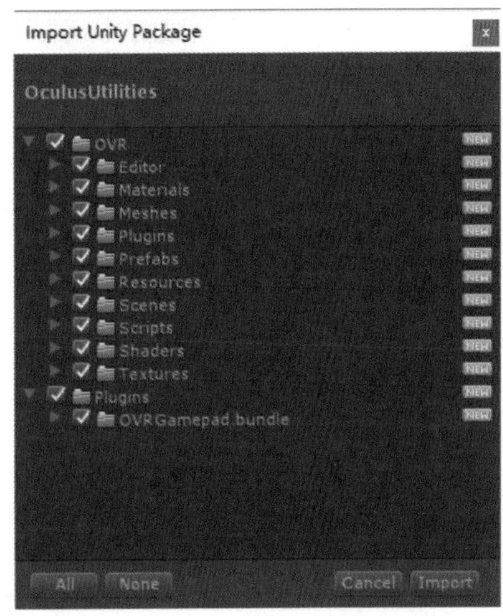

图 16-18 导入 Oculus Utilities 插件

对于不同的 Oculus Utilities 版本，在使用之前，需要在 Oculus 开发者文档中查看相应适用的 Unity 编辑器版本，如图 16-19 所示。在本章中，我们使用的 Oculus Utilities 版本为 1.21.0，Unity 编辑器版本为 2017.3.1。同时，开发者可以查看 Oculus Utilities 每次版本的发行说明，了解使用的 Unity 编辑器版本，以及了解某些版本可能存在的问题。

Oculus Utilities 下载地址为其官网。读者也可从随书资源关于本章目录下找到该插件进行使用，文件名为 OculusUtilities1.21.unitypackage。

Oculus Utilities 核心组件是 OVR Plugin，该组件对 Oculus Rift、Gear VR、Oculus Go 等产品在一个统一的框架内提供支持。

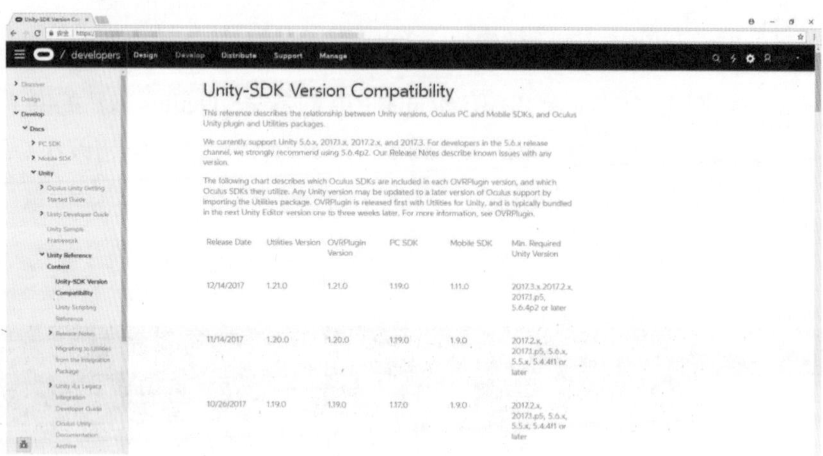

图 16-19　Oculus Utilities 针对 Unity 的版本兼容列表

- OVRCameraRig 预制体

OVR 的 Prefabs 文件夹下包含一系列模块化的预制体，其中比较重要的是 OVRCameraRig。OVRCameraRig 组件对 Camera 进行了自定义，并结合子物体进行了封装，只需将该预制体拖入到场景中即可实现对 VR 场景的自由观察，所以，如果在场景中使用 OVRCameraRig 预制体，需要将新建场景以后自动添加的 Camera 实例删除或禁用。OVRCameraRig 在场景中实例化的结构如图 16-20 所示。

在 OVRCameraRig 上挂载了 OVRCameraRig.cs 和 OVRManager.cs 两个脚本，如图 16-21 所示。

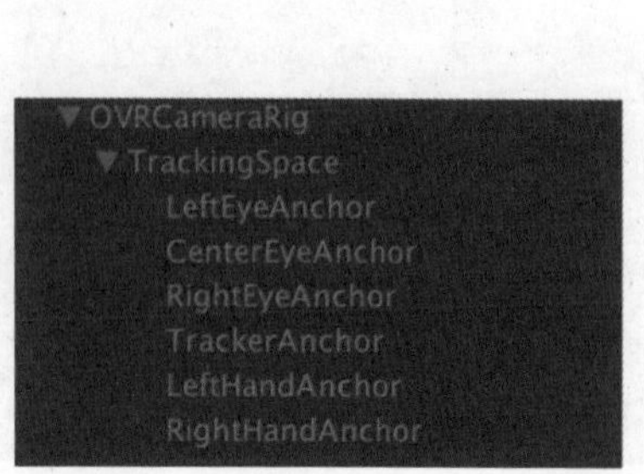

图 16-20　OVRCameraRig 预制体

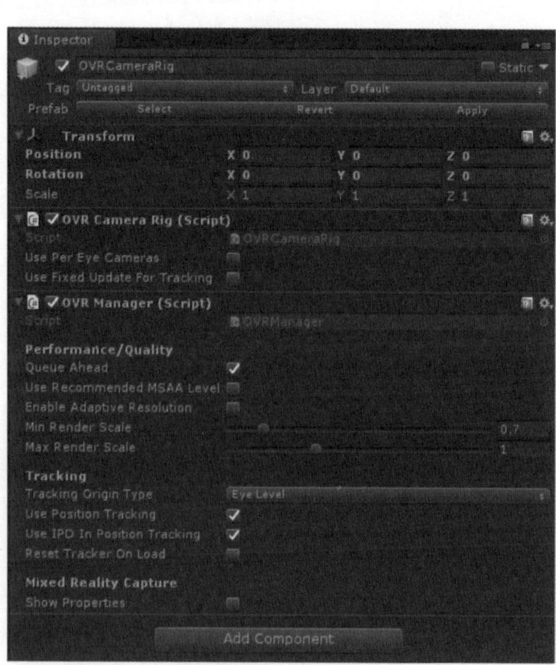

图 16-21　OVRCameraRig 属性面板

其中，OVRCameraRig 实现对场景内容的立体渲染以及对用户的头部跟踪，OVRManager 负责 VR 环境的设置以及与 VR 硬件的通信。

在 CameraRig 实例的子物体中，LeftEyeAnchor、RightEyeAnchor 和 CenterEyeAnchor 上分别挂载了一个 Camera 组件，其中 CenterEyeAnchor 上的 Camera 用来进行场景渲染。

16.3 Gear VR 的输入

在 OVR 中，使用 OVRInput 类提供的一套统一的 API 处理各种交互设备的输入，对于 GearVR，主要是手柄控制器（Gear VR Controller）和头显上的触摸板以及按键。要使用 OVRInput，需要在场景中有一个 OVRManager 的实例，一般在 Update ( )、FixedUpdate ( ) 函数中使用。

OVRInput 的主要用途是获取各控制器当前的状态，使用以下三种静态方法：Get ( )、GetDown ( )、GetUp ( )。其中，Get ( ) 获取指定键位的状态，返回 True 代表此时被按下；GetDown ( ) 方法检测指定的键位此时是否被按下；GetUp ( ) 方法检测指定的键位此时是否松开。

16.3.1 手柄输入

Gear VR 的手柄控制器包括 Trigger 键、触摸板、返回键、主页键、音量键。其中不能对主页键和两个音量键进行编程，它们直接与系统通讯。手柄控制器的模型会渲染在离头显左侧或右侧的一个相对位置，由于手柄只能提供 3 自由维度的旋转信息，程序运行时会实时对应现实中手柄的旋转朝向，但不会反映其位置。至于手柄出现在头显左边或者右边，取决于用户在手柄配对时对左右手的设定。

以下列出常用获取手柄输入信息的示例代码。

- 获取手柄的引用

使用 OVRInput 类的 GetActiveController ( ) 方法返回一个 OVRInput.Controller 类型的手柄实例引用，代码如下：

```
OVRInput.Controller controller = OVRInput.GetActiveController();
```

- 获取手柄旋转角度

使用 OVRInput 类的 GetLocalControllerRotation ( ) 方法可获取手柄旋转角度，返回一个四元数角度值。

```
Quaternion rotation = OVRInput.GetLocalControllerRotation(OVRInput.
Controller.RTrackedRemote);
```

- 获取手柄控制器触摸板的输入

手柄触摸板接收两种交互操作，一种是触摸而不按下，一种是触摸且按下，对于判断是否发生这两类动作，分别使用如下代码实现。

```
//判断触摸板是否被触摸
bool isTouch = OVRInput.Get(OVRInput.Touch.PrimaryTouchpad);
//判断触摸板是否被按下
bool isClick = OVRInput.Get(OVRInput.Button.PrimaryTouchpad);
```

对于获取触摸或按下时的接触位置，使用如下代码实现，返回一个二元数，分别代表 x、y 轴向上的偏移量数值。

```
Vector2 touchPosition = OVRInput.Get(OVRInput.Axis2D.PrimaryTouchpad);
```

- 手柄按键映射

OVRInput 通过枚举型数据获取各按键的键值，如图 16-22 所示为各按键在 OVRInput 中的键值映射。例如，Trigger 键在 OVRInput 中的键值表示为：OVRInput.Button.PrimaryIndex-Trigger。

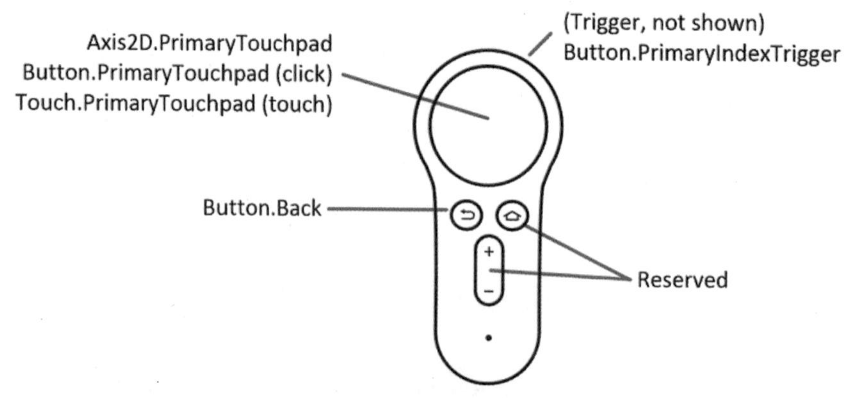

图 16-22　手柄控制器按键映射

其中，由于手柄控制器上的触摸板可以提供两种动作：触摸、点击，所以分别对应为 OVRInput.Touch.PrimaryTouchpad 和 OVRInput.Button.PrimaryTouchpad。

16.3.2　头显输入

Gear VR 头显位置的输入部件包括：主页键、返回键、触摸板，其中主要交互部件为触摸板。

- 获取头显触摸板的输入

不同于手柄控制器的触摸板，头显上的触摸板只能接收一种交互操作，即触摸。使用如下代码判断是否对头显触摸板做出触摸动作：

```
bool isTouch = OVRInput.Get(OVRInput.Touch.PrimaryTouchpad);
```

对于获取触摸发生时的接触位置数据，使用与获取手柄触摸板代码一致。

16.4 第一个 Gear VR 应用

16.4.1 概述

在本节中，我们将介绍如何为 Gear VR 平台开发一款简单应用。此款应用最终实现的效果是使用头显和手柄控制器上的触摸板控制场景中的物体移动，主要涉及 Oculus Utilities for Unity 插件的使用、初始化 VR 环境、获取设备的输入信息、移动平台中的全局光照信息预计算等知识。在进行制作之前，需要对开发环境进行配置，读者可参考 16.2 节中的内容，本节不再赘述。

16.4.2 初始化项目

（1）新建一个 Unity 项目，命名为 GearVRDemo，保存场景为 Main。

（2）导入 Oculus Utilities for Unity 插件。

（3）删除场景中的 Main Camera，在 Project 面板中，找到路径 OVR/Prefabs 下的 OVRCameraRig 预制体，将其拖入到场景中。

（4）在 Project 面板的 OVR/Prefabs 路径下，将 TrackedRemote 预制体拖入到场景中，分别放置在 OVRCameraRig 下的 LeftHandAnchor 与 RightHandAnchor 两个子物体下，作为它们的子物体，如图 16-23 所示。

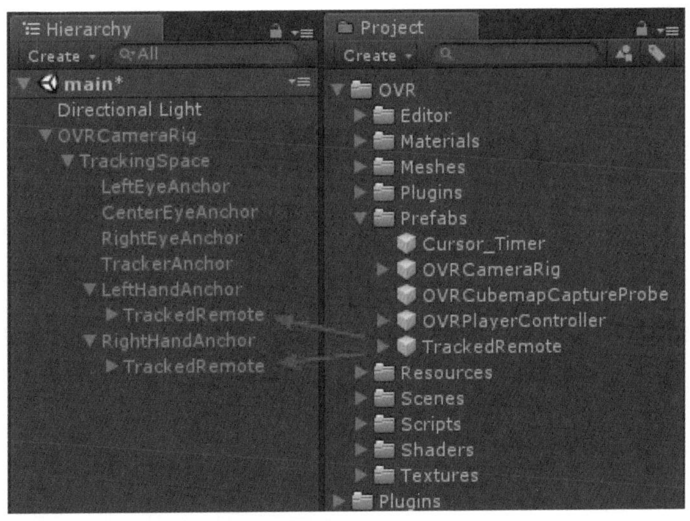

图 16-23 添加 TrackedRemote 预制体

LeftHandAnchor 与 RightHandAnchor 分别代表手柄控制器左右手的位置，在其各自子物体 TrackedRemote 的属性面板中，需要设置其 Controller 属性分别为 L Tracked Remote 和 R Tracked Remote，如图 16-24 所示。这样在程序运行时，会根据系统设定，决定将手柄控制器模型显示在左边还是右边。

图 16-24 设定手柄控制器

TrackedRemote 预制体包含两种手柄控制器的模型——Gear VR Controller 和 Oculus Go Controller，分别在 Gear VR 和 Oculus Go 平台的应用程序中呈现。当程序运行时，会根据具体硬件信息，显示相应的手柄控制器模型。在 OVRTrackedRemote.cs 脚本中实现，如下列代码片段所示。

```
void Start()
{
    m_isOculusGo = (OVRPlugin.productName == "Oculus Go");
}

void Update()
{
    bool controllerConnected = OVRInput.IsControllerConnected(m_
controller);

    if ((controllerConnected != m_prevControllerConnected) || !m_
prevControllerConnectedCached)
    {
        // 如果设备连接，根据设备名称显示控制器模型
        m_modelOculusGoController.SetActive(controllerConnected&&m_
isOculusGo);
        m_modelGearVrController.SetActive(controllerConnected&& !m_
isOculusGo);

        m_prevControllerConnected = controllerConnected;
        m_prevControllerConnectedCached = true;
    }

    if (!controllerConnected)
    {
        return;
    }
}
```

16.4.3 构建场景

接下来对游戏场景进行构建，执行以下步骤。

（1）在菜单栏中选择 GameObject> 3D Object > Plane 命令，重置其位置，重命名为 Floor。

（2）在菜单栏中选择 GameObject> 3D Object > Cube 命令，重命名为 Wall1；在属性面板

中将 X 方向的缩放设置为 10，位置设置为（0，0.5，4.5）。

（3）选择游戏对象 Wall1，使用快捷键 Ctrl+D 创建其副本，重命名为 Wall2，位置设置为（0，0.5，-4.5）。

（4）选择游戏对象 Wall2，使用快捷键 Ctrl+D 创建其副本，重命名为 Wall3，位置设置为（-4.5，0.5，0），旋转角度设置为（0，90，0）。

（5）选择游戏对象 Wall3，使用快捷键 Ctrl+D 创建其副本，重命名为 Wall4，位置设置为（4.5，0.5，0）。

（6）选择游戏对象 OVRCameraRig，设置其位置为（0，3，-3），旋转角度为（20，0，0）。

（7）在菜单栏中选择 GameObject> 3D Object >Sphere，重名为 Player，为其添加 Rigidbody 组件。

（8）由于游戏对象 Player 在程序运行时需要由用户控制，所以该物体为动态物体，为了使其能够获得与墙面、地面相同品质的全局光照效果，需要在场景中使用 Light Probes 为动态物体提供全局光照信息。在菜单栏中选择 GameObject> Light > Light Probe Group，点击属性面板中的编辑按钮，设置光照探头的覆盖范围。在场景中的阴影交界处可适当增加光照探头的数量，当 Player 移入或移出阴影时，可获得更加真实的光照表现，如图 16-25 所示。

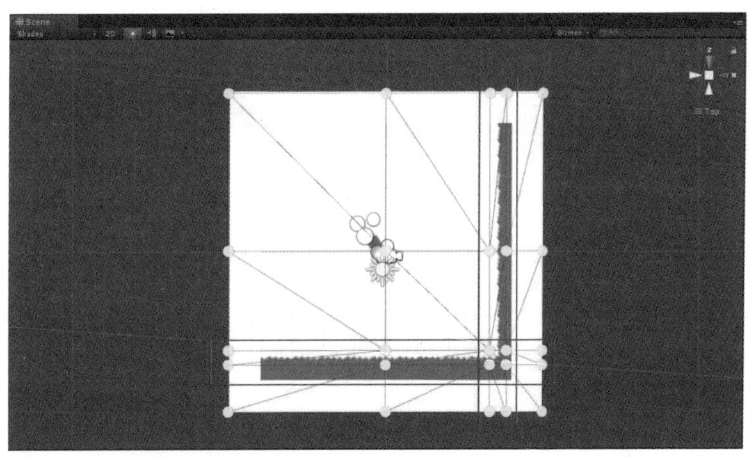

图 16-25 Light Probe 编辑效果（俯视图）

（9）同时选择游戏对象 Floor、Wall1、Wall2、Wall3、Wall4，在属性面板右上角将它们标记为 Lightmap Static，以便进行场景光照信息的预计算。

（10）选择场景中的 Directional Light，将光照强度（Intensity）设为 0.5，将光照模式（Mode）设置为 Mixed，使用混合光照模式构建全局照明信息，静态物体和动态物体均能够获得良好的全局光照效果，同时动态物体能够实时投射阴影。

（11）在菜单栏选择 Window > Lighting >Settings，打开 Lighting 窗口。在 Mixed Lighting 栏中勾选 Baked Global Illumination ，Lighting Mode 选择 Shadowmask；在 Lightmapping Settings 栏中勾选 Ambient Occlusion，在光照贴图中添加 AO 信息。

（12）点击 Lighting 窗口的 Generate Lighting 按钮，进行全局光照预计算。计算完毕后，场景最终效果如图 16-26 所示。

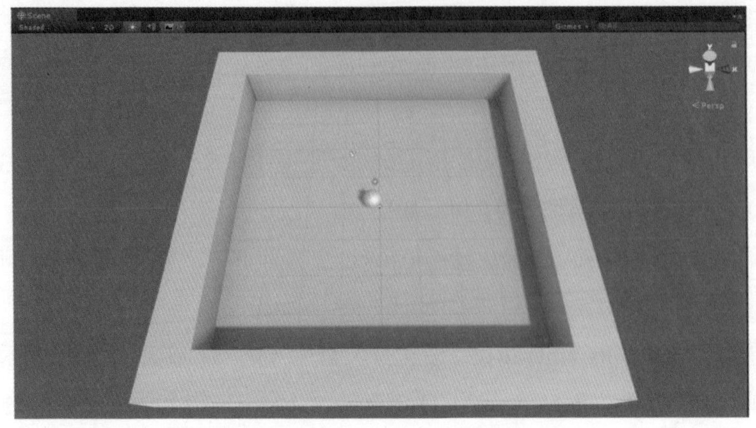

图 16-26　构建场景效果

16.4.4　控制物体移动

在本实例中，我们将通过控制器的 Touchpad 控制小球的移动，当手指在 Touchpad 上下左右滑动时，场景中的小球相应在水平面即 x 轴或 z 轴方向移动。新建 C# 脚本，命名为 PlayerController.cs，编写如下代码：

```
using UnityEngine;

public class PlayerController : MonoBehaviour
{
    // 物体移动速度
    int speed = 3;
    // 水平（X 轴）方向移动参数
    float moveHorizontal;
    // 垂直（Z 轴）方向移动参数
    float moveVertical;
    void Update()
    {
        // 获取头显或手柄触摸板触摸位置坐标，以此决定物体移动距离
        if (OVRInput.Get(OVRInput.Touch.PrimaryTouchpad))
        {
            Vector2 touchPos = OVRInput.Get(OVRInput.Axis2D.PrimaryTouchpad);
            moveHorizontal = touchPos.x;
            moveVertical = touchPos.y;
        }

        // 计算游戏对象 Player 的位置
        Vector3 position = transform.position;
        position.x += moveHorizontal * speed * Time.deltaTime;
        position.z += moveVertical * speed * Time.deltaTime;
        transform.position = position;
    }
}
```

返回场景，将脚本挂载于游戏对象 Player 上。此时可将应用程序部署到 GearVR 进行测试。

16.4.5 发布 Gear VR 项目

使用 Unity 发布 Gear VR 应用，操作过程与使用 Unity 发布 Android 应用相似，可执行以下步骤。

（1）在菜单栏选择 File > Build Settings... 命令，在 Build Settings 窗口中，点击 Add Open Scene 按钮，将当前打开的场景文件添加至场景构建列表中。

（2）确保已经将构建平台设置为 Android，点击 Player Settings... 按钮，在玩家设置窗口的 Other Settings 栏中输入合适的 Package Name，如 com.oculus.GearVR，将 Mininum API Level 设置为 API Level 19。

（3）返回 Build Settings 窗口，如果需要手动将应用程序部署至智能手机，点击 Build 按钮，选择一个保存位置，Unity 将应用程序导出为一个 APK 文件；如果需要将应用程序直接部署至智能手机进行测试，在保持计算机与智能手机使用 USB 线缆连接的情况下，点击 Build And Run 按钮，在构建完毕以后，将智能手机插入 Gear VR 头显即可运行应用程序，如图 16-27 所示。

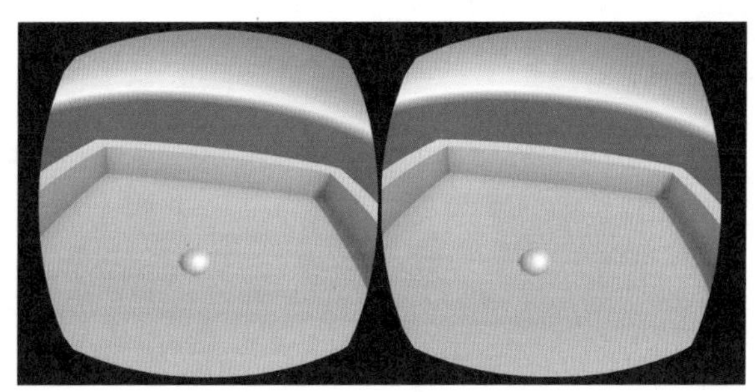

图 16-27　应用程序在 Gear VR 上的运行效果

16.5 Gear VR 开发优化原则

Gear VR 属于移动平台，受限于计算能力，对于应用程序的优化便显得尤为重要，其核心原则是保持稳定的帧率，所以在程序开发过程中，尽可能优化性能，一方面能够给用户带来良好的体验，另一方面能够节约电量，增加移动设备电力续航时间。

以下是开发 Gear VR 应用程序中对于性能要求的一般准则。

- 应用程序稳定保持在每秒 60 帧。
- 三角面或顶点控制在每帧 5 万 ~10 万。
- Draw Call 数量控制在每帧 50~100 个。

针对以上标准，可采取针对性的优化措施。对于减少 Draw Call，可使用批处理、GPU Instancing 等技术；对于帧率的稳定和提高，主要减少系统资源的使用，比如使用纹理压缩来减少内存使用，在场景中避免使用实时全局照明，使用单通道立体渲染（Single-Pass Stereo Rendering）等，以提高 CPU 和 GPU 的性能。

更多 VR 应用程序性能优化技术，读者可在本书第 19 章查看更多详细内容。

第17章

Cardboard 开发

Cardboard 是一种移动 VR 硬件解决方案。相较于价格高昂的 VR 设备，谷歌的 Cardboard 方案使大众能够以非常低廉的价格获取 VR 体验。同时，对于对 VR 开发感兴趣的开发者来说，也是很好的入门 VR 应用程序开发的硬件平台，我们可以将它认为是 VR 开发领域的树莓派。

Cardboard 平台的交互方式相对简单，应用场景多集中在展示 360 度图像或视频，结合谷歌最新发布的 VR180 相机，在 Cardboard 上还可以查看使用其拍摄的 180 度内容，获得与观看传统拍摄内容不一样的 VR 体验。我们在本章的实例中也将介绍如何制作一个查看全景图像的应用。

对于 Cardboard 应用程序的交互设计，谷歌开发了一款基于 Cardboard 的 VR 应用——Cardboard Design Lab，在该应用中，以交互的方式介绍了在使用 Cardboard 进行 VR 交互设计时需要注意的十条原则，这十条原则同样适用于其他平台的 VR 交互设计。

17.1 Cardboard 硬件准备

相较于 Gear VR 平台的硬件要求，对 Cardboard 平台进行应用程序开发所使用的硬件配置相对较低，只需要一台智能手机以及一个 Cardboard 头显即可，其中智能手机要求操作系统为 Android 4.1 及以上，或 iOS 8.0 及以上，如图 17-1 所示。

Cardboard 平台的交互方式多使用凝视效果，即通过场景内跟随眼部的准星与 VR 内容交互，多数类 Cardboard 头显顶部或一侧配有金属或磁铁部件，通过按下或拨动该类部件实现或模拟点击屏幕操作。鉴于移动 VR 平台基于智能手机作为计算单元，所以同样接受外部无线蓝牙控制器进行交互。

图 17-1 Cardboard 头显

17.2 Cardboard 开发环境配置

17.2.1 设置 Player Settings 参数

针对 Cardboard 的开发，首先需要在 Unity 编辑器中设置目标平台为 Android 或 iOS，本章我们将以 Android 平台为例。在 Build Settings 面板中，将目标平台切换至 Android，点击 Player Settings... 按钮，打开关于 Android 平台的玩家设置面板，在 XR Settings 栏中勾选 Virtual Reality Supported，同时在 Virtual Reality SDKs 处点击加号按钮，添加 Cardboard 作为 SDK，如图 17-2 所示。

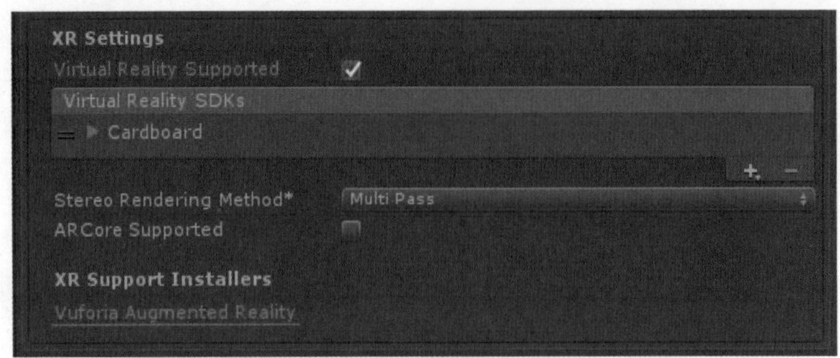

图 17-2 XR Settings

在 Other Settings 栏的 Indentification 分类下，设定 Minimum API Level 属性，在下拉列表中选择 Android 4.4 'Kit Kat'（API level 19）及以上的列表项。

17.2.2 下载并导入 Google VR SDK for Unity

谷歌提供的 Unity 版本的 SDK 开发工具包称为 Google VR SDK for Unity，目前托管在 Github，开发者可通过 Github 官网地址下载到最新版本的工具包，本书使用的版本为 1.130.1，亦可在随书资源中找到该插件。

下载完毕后即可将该插件导入到 Unity 编辑器中，如图 17-3 所示。

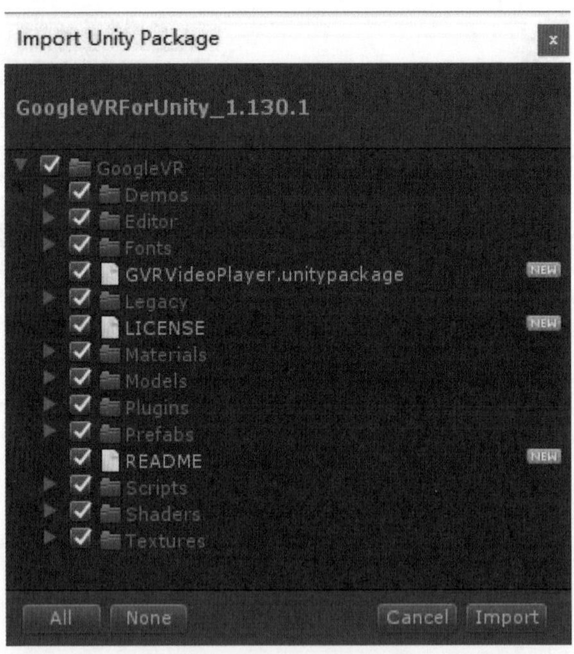

图 17-3 导入 Google VR SDK for Unity 插件

17.2.3 在 Unity 编辑器中预览应用程序

使用 Google VR SDK for Unity 工具包进行应用程序开发，在 Unity 编辑器中可以直接点击 Play 按钮进行预览而不用将应用程序部署到手机，使用鼠标和键盘可以模拟基本的头显输入操作。其中，按下 Alt 键同时移动鼠标，模拟头部旋转查看环境；按下 Control 键同时移动鼠标，模拟头显以人眼方向为轴进行旋转；用鼠标点击 Game 视图任意位置，模拟点击手机屏幕操作。

在 Unity 编辑器的 Project 面板中，路径 GoogleVR/Demos/Scenes 下包含四个示例场景，打开其中任意一个，点击 Play 按钮，即可使用以上介绍的操作方式模拟实际运行时的头显输入。图 17-4 所示为在 Unity 编辑中运行 Hello VR 示例场景。

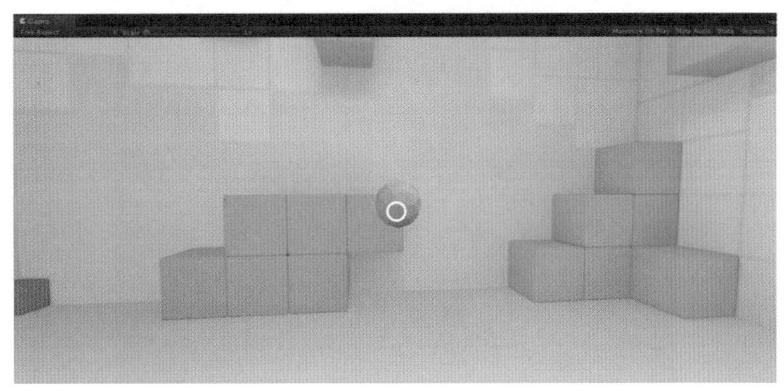

图 17-4　在 Unity 编辑器中运行示例场景

在 Unity 编辑器中的 Project 面板中，只需将 GoogleVR/Prefabs 目录下的 GvrEditorEmulator 预制体拖入到场景中即可实现模拟头显的输入操作。

17.3　第一个 Cardboard 应用

打开随书资源关于本章目录下的 CardboardDemo 项目，在该项目中，已按本章 17.2 节所示的操作对 Unity 编辑器开发环境进行了配置。打开 SceneStart 场景，如图 17-5 所示，本项目最终实现的效果为：在场景中使用准星基于凝视与游戏对象和 UI 的交互，包括指针移入、移出、点击，当点击 3D 游戏对象时，该物体开始旋转，当再次点击时，停止旋转；当点击 Start 按钮时，显示一个全景环境。其中，关于 VR 中 UI 的详细介绍，可以参考第 4 章中的内容，关于全景环境的详细介绍，可以参考第 14 章中的内容。

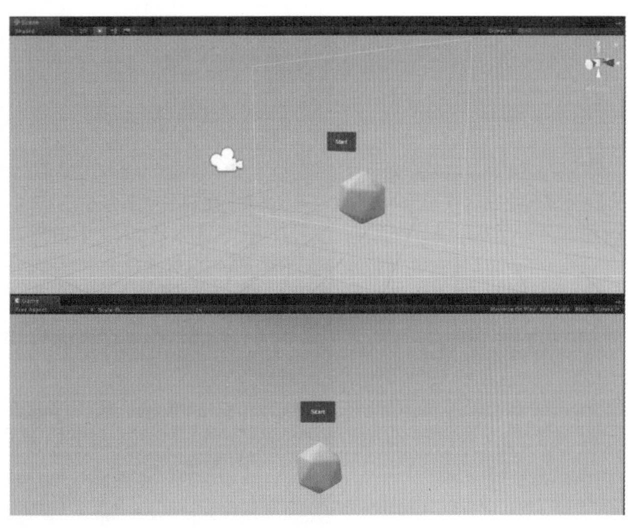

图 17-5　初始场景

在项目中进行以下操作。

（1）添加准星。在 Project 面板中的 GoogleVR/Prefabs/Cardboard 目录下，将预制体 GvrReticlePointer 拖入到场景中，放置在 Main Camera 下，作为其子物体。该预制体挂载

GvrReticlePointer.cs 脚本，如图 17-6 所示，继承自 GvrBasePointer 类，在 Cardboard 应用程序中被认为是 3D 指针，在程序运行时会在摄像机前方显示一个准星，并伴随头部移动，用户通过准星实现基于凝视的交互操作。但此时场景中的物体还不能响应准星的移入、移出及点击操作，这些操作需要进行后续操作来完成。

图 17-6　添加凝视指针

（2）构建 Cardboard 中的 Event System。在路径 GoogleVR/Prefabs/EventSystem/ 下，找到 GvrEventSystem 预制体，将其拖入到场景中。在该预制体上挂载了 GvrPointerInputModule 和 Event System 组件，其中 GvrPointerInputModule 继承自 Unity 的 BaseInputModule 类，该预制体配合上一步的 GvrReticlePointer，负责向 Event System 发送相应的交互事件，如指针移入、移出、点击等，如图 17-7 所示。

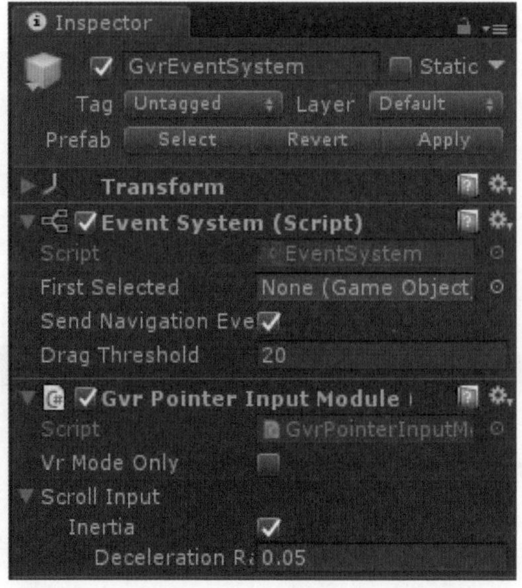

图 17-7　Cardboard 中的 Event System

（3）添加 Physics Raycaster。就像 Unity 中 PhysicsRaycaster 与 Standalone Input Module 的关系，为实现在 Cardboard 应用中指针与 3D 游戏对象的交互，需要添加 Cardboard 中的 Physics Raycaster 组件，即 GvrPointerPhysicsRaycaster。选择场景中的 Main Camera，添加 Gvr Pointer Physics Raycaster 组件，如图 17-8 所示。

图 17-8　添加 Gvr Pointer Physics Raycaster 组件

（4）添加 Graphic Raycaster。为实现在 Cardboard 应用中指针与 UI 元素的交互，需要添加 Cardboard 中的 Graphic Raycaster，即 GvrPointerGraphicRaycaster。选择场景中的 MenuCanvas，添加 Gvr Pointer Graphic Raycaster 组件，如图 17-9 所示。

图 17-9　添加 Gvr Pointer Graphic Raycaster 组件

（5）设置 3D 游戏对象 Icosahedron（图 17-10）。由于指针与游戏对象交互事件的发生是基于射线的碰撞原理，故每个响应指针的 3D 物体必须具有 Collider 类型的组件。选择 Icosahedron 的子物体 Icosahedron_GEO，为其添加 Mesh Collider 组件。同时，在 Icosahedron_GEO 上添加 Event Trigger 组件。

图 17-10 设置 3D 游戏对象

（6）添加模拟头显输入模块。在路径 GoogleVR/Prefabs/ 下，将预制体 GvrEditorEmulator 拖入到场景中，实现在程序运行时使用键盘 / 鼠标模拟头显输入操作。点击 Play 进行初步测试，当准星移入 UI 区域时，按钮做出类似鼠标悬停的高亮显示效果，同时准星做逐渐放大的缓动效果，同时，当准星移到 3D 物体上时，亦能做出相同的反应。

（7）为 3D 游戏对象添加响应指针移入、移出事件处理方法。选择 Icosahedron_GEO，点击 Event Trigger 组件下的 Add New Event Type，在弹出的列表中选择 PointerEnter，即指针移入事件。点击右侧加号按钮，为事件处理列表添加一项。将 Icosahedron_GEO 拖入到图 17-11 中 1 处的卡槽内，点击其右侧列表控件，如图 17-11 中 2 处所示，显示该游戏对象上挂载的脚本，选择 MeshRenderer > Material material，将路径 GoogleVR/Demos/Materials/HelloVR 下的材质 IcosahedronPink 拖入其中。此时完成 Icosahedron_GEO 游戏对象对指针移入事件的处理，即当指针移入时，材质切换为 IcosahedronPink。

图 17-11 为游戏对象添加 PointerEnter 事件处理

使用同样的操作方式，添加 Pointer Exit 事件处理方法——当指针移出时，Icosahedron_GEO 切换回原来材质，即 IcosahedronBlue，如图 17-12 所示。

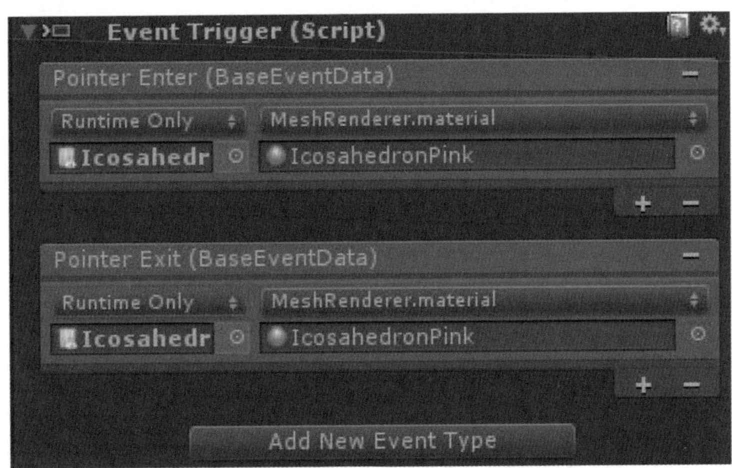

图 17-12　为游戏对象添加 PointerExit 事件处理

（8）编写 3D 游戏对象指针点击处理函数，当做出点击动作时，Icosahedron_GEO 开始旋转，当再次点击时，停止旋转。在 Project 面板中右键选择 Create > C# Script，新建 C# 脚本 ObjectControl.cs。双击使用默认代码编辑器打开，编写如下脚本：

```
using System.Collections;
using System.Collections.Generic;
using UnityEngine;

public class ObjectControl : MonoBehaviour
{
    //布尔型标志位，标记此时游戏对象是否正在旋转
    private bool isRotating = false;
    //旋转增量
    private Vector3 deltaRotation;
    void Start()
    {
        //设置旋转增量，只绕 Y 轴旋转
        deltaRotation = newVector3(0, 1, 0);
    }

    /// <summary>
    /// 设置状态标志位 isRotationg，供外部调用
    /// </summary>
    public void setRotation()
    {
        //将标志位设置为相反数
        isRotating = !isRotating;
    }

    void Update()
    {
```

```
        if (isRotating)
            //如果标记为 ture，则使物体开始旋转
            transform.Rotate(deltaRotation);
        else
            //如果标记为 false，则返回，不执行任何操作，即停止旋转
            return;
    }
}
```

（9）为 3D 游戏对象添加指针点击处理函数。返回场景，将上一步编写的脚本挂载到 Icosahedron_GEO 上，同时在该游戏对象的 Event Trigger 组件中为其添加 PointerClick 事件，如图 17-13 所示，将 Icosahedron_GEO 拖入到 1 处，在 2 处的脚本列表中选择 ObjectControl > SetRotation。

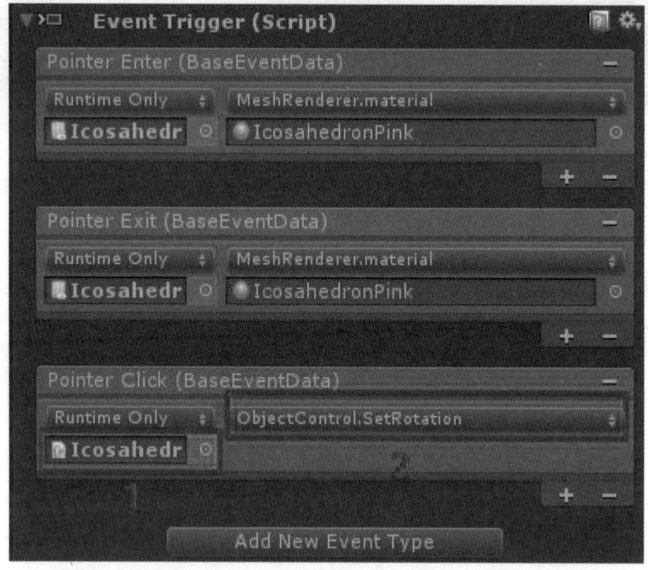

图 17-13　为 3D 游戏对象添加 PointerClick 事件处理函数

（10）为实现按钮点击效果，制作一个全景环境。在 Project 面板中右键选择 Create > Material，新建材质，命名为 Skybox。在材质的属性面板中设定 Shader 为 Skybox/Panoramic，在 _Texture 文件夹下将 tablemountain_1_4k 赋予给该 Shader 的 Spherical 属性，如图 17-14 所示。

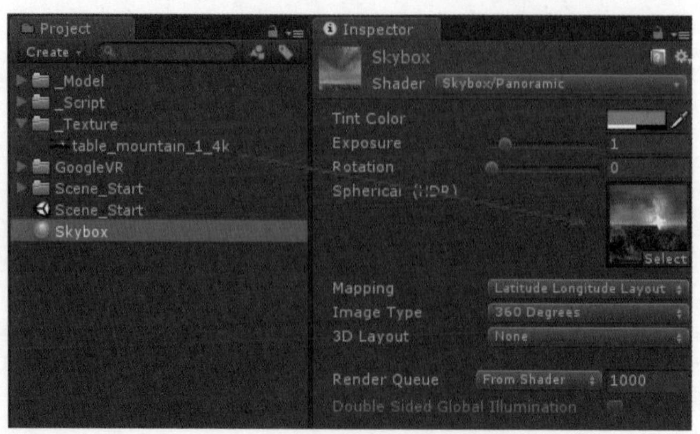

图 17-14　制作天空盒材质

（11）选择 Window > Lighting > Settings 命令，打开 Lighting 面板，将 Skybox 材质赋予给 Environment 栏下的 Skybox Material 属性，如图 17-15 所示。此时在场景中由于游戏对象 MazeBg 的遮挡，还不能看到应用以后的效果，需要在接下来的交互设置中将其隐藏。

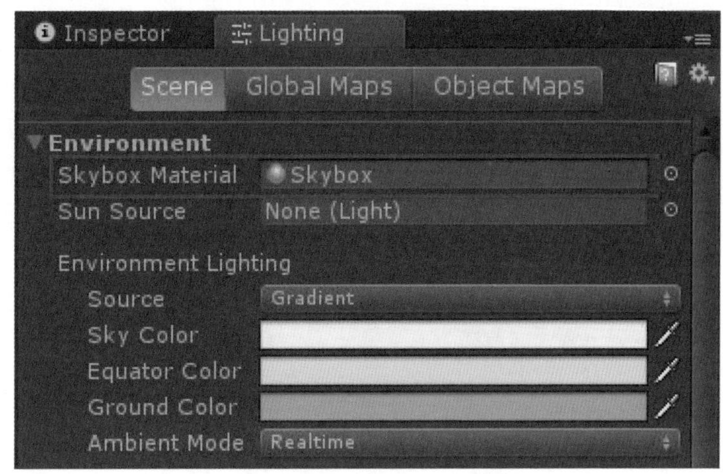

图 17-15 设置天空盒

（12）为按钮添加点击处理方法。选择场景中的 StartBtn 按钮，在其 Button 组件的 On Click 事件中，点击两次右侧加号按钮，为其添加两个事件处理方法，如图 17-16 所示，将 MazeBg、StartBtn 分别拖到图中 1 处和 2 处，同时在其对应的右侧脚本列表中选择 GameObject > SetActive。

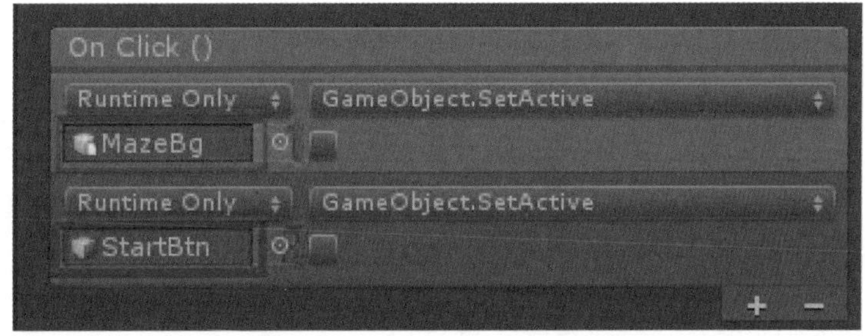

图 17-16 为 StartBtn 添加点击处理方法

点击 Play 按钮，测试项目，完成实例功能。读者可以在该环境中自行添加其他游戏对象和交互效果，以制作出更加丰富的 VR 内容。

第18章

VR 社交

18.1 Unity 网络引擎

18.1.1 概述

人类本身具有社交天性，在虚拟世界中会本能地与伙伴分享内容，虚拟现实技术能够提供更好的社交体验，例如社交媒体 Facebook 推出的 Oculus Go 一体机主打的社交功能，体验者可以在虚拟世界中与好友一起互动，共同玩游戏、看电影等，如图 18-1 所示。

图 18-1 在 Oculus Room 中，可以与好友一起分享游戏体验

18.1.2 High Level API

Unity 网络引擎提供的 High Level API（以下简称 HLAPI）是一个为 Unity 应用程序创建多人联网功能的系统，它建立在较低级别的实时通信传输层之上，用于处理多人联网应用程序所需的常见任务。开发者可以使用这套系统非常高效地构建多人联网应用程序。要使用 HLAPI 提供的命令集合，需要在脚本中引用命名空间 UnityEngine.Networking。同时，对应编写的类需要继承自 NetworkBehaviour。

18.1.3 Unity Multiplayer 服务

除 HLAPI 外，Unity 同时还提供互联网服务——Multiplayer，供发布后的多人联网应用程序使用。包括创建房间并进行匹配，通过互联网实现多人联网功能同时不依赖专用服务器，在同一房间内传递信息，如图 18-2 所示。

要使用 Unity Multiplayer 服务，需要拥有一个 Unity 账户，在 Unity 编辑器中选择 Window > Unity Services，或点击编辑器中的按钮，打开 Unity 服务列表面板，选择 Multiplayer 即可转入 Multiplayer 服务界面。点击 Go go Dashboard 按钮将通过浏览器进入服务管理后台进行配置。若初次配置当前项目的服务，需要为房间设置最大用户数，Unity Personal 版本允许最多 20 个在线用户同时使用，并且是免费的。设置完毕点击 Save 按钮即可查看当前项目关于 Multiplayer 服务的使用情况，如图 18-3 所示，其中 CCU 表示并发用户数。

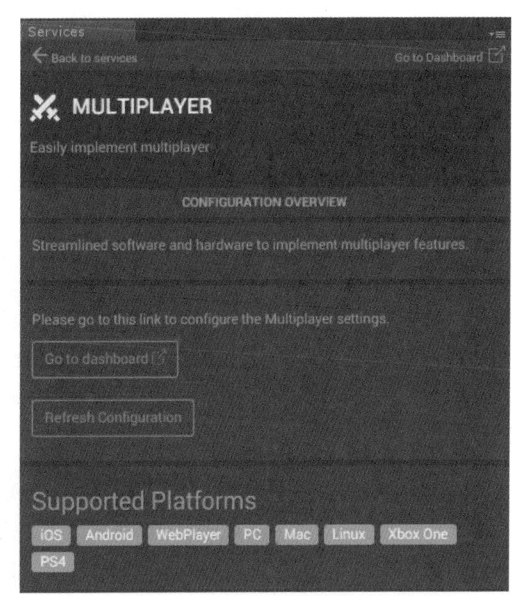

图 18-2 Unity Multiplayer 服务

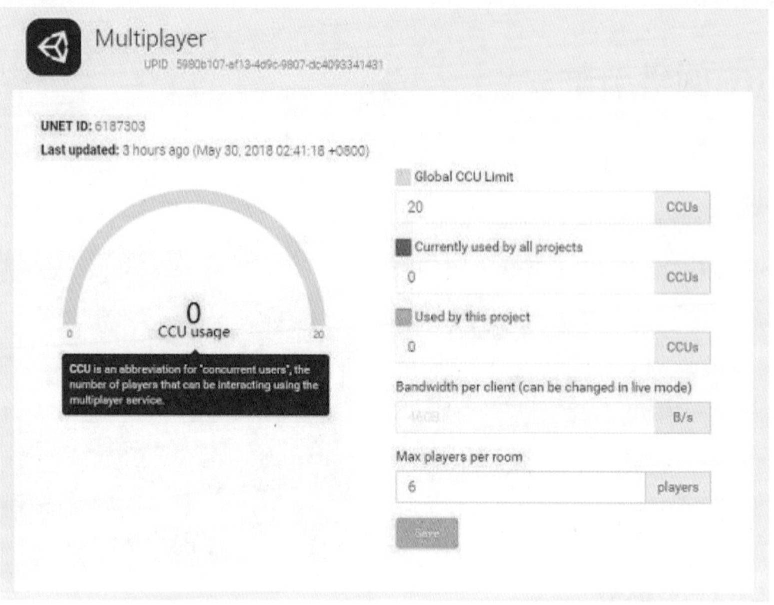

图 18-3 Unity Multiplayer 服务管理后台

返回点击 Unity 编辑器，Multiplayer 服务窗口的 Refresh Configuration 按钮亦可在 Unity 编辑器中查看服务信息，如图 18-4 所示。

此时便可在当前应用程序项目中以 Matchmaker 模式使用 Unity Multiplayer 服务，更多内容可参考下节关于 Network Manager HUD 组件的使用。

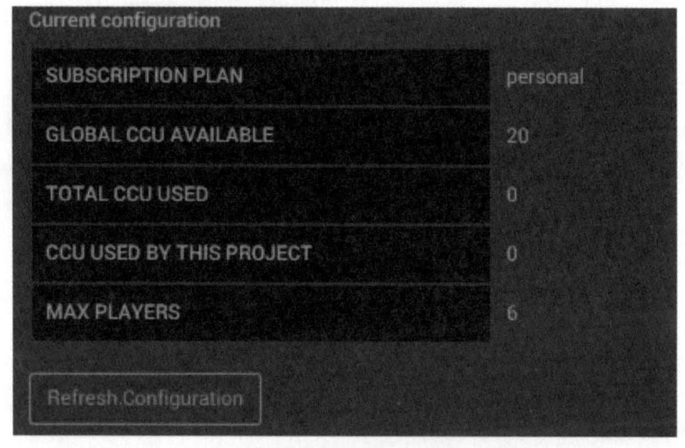

图 18-4 当前项目的 Multiplayer 服务信息

18.1.4 HLAPI 组件

- Network Manager

Network Manager 组件用于在多人联网应用程序中进行网络管理，包括状态管理、网络对象创建、场景管理、网络信息调试等，是 HLAPI 的核心控制组件，如图 18-5 所示。

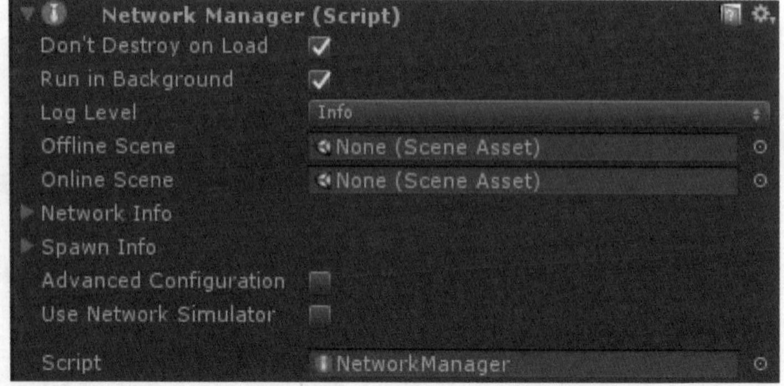

图 18-5 Network Manager 组件

要使用 Network Manager 组件，可在 Unity 场景中新建一个空游戏对象，为其添加 Network Manager 组件即可。同时，该组件在应用程序的场景中以单例形式存在，可使用 NetworkManager.singleton 取得对象的引用。

多人联网应用程序可以以三种模式运行，分别为客户端（Client）、服务器（Server）、主机（Host），关于三者的关系，如图 18-6 所示。

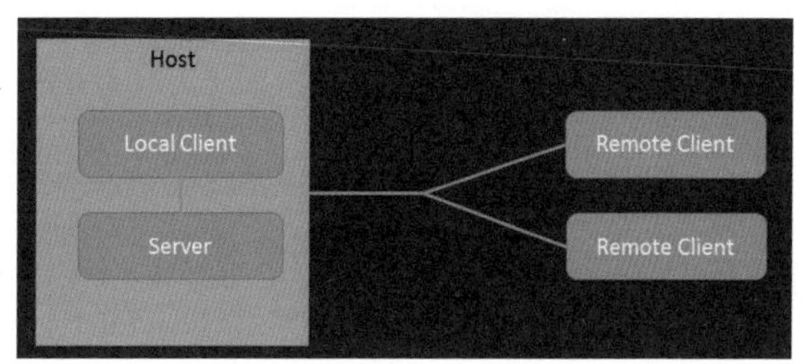

图 18-6　主机、服务器、客户端三者的关系

客户端：是连接到服务器的实例。

服务器：是多人联网应用中其他所有用户所连接的游戏实例。服务器经常管理应用的各个方面，例如保持数据，并将该数据更新到客户端。

主机：是应用程序中的单一实例，同时充当服务器和客户端的角色。主机使用特殊类型的内部客户端进行本地客户端（Local Client）通信，而其他客户端则被认为是远程客户端（Remote Client）。由于处在相同的进程中，本地客户端通过直接调用函数和消息队列的形式与服务器进行通信，同时与服务器共享场景。远程客户端则通过常规网络连接与服务器进行通信，当使用 Unity 的 HLAPI 进行多人联网应用开发时，Unity 会自动处理这些差异。

使用 Network Manager 开启以上三种模式分别对应：StartClient ( )、StartServer ( )、StartHost ( ) 方法。

在多人联网应用中，多数情况下都有一个游戏对象用来代表用户，在 Network Manager 组件中提供了对应的属性——Spawn Info，用于指定代表用户的预制体。当用户进入应用程序后，Network Manager 会根据该属性指定的预制体，自动为用户生成代表用户的游戏对象。需要注意的是，必须为该预制体添加 Network Identity 组件以标记其网络身份，如图 18-7 所示。

图 18-7　Network Manager 组件的 Spawn Info 属性

对于非用户相关的游戏对象，若需要在程序运行时通过网络生成并共享状态，如游戏中的敌人、NPC 等，需要在 Registered Spawnable Prefabs 中对预制体进行注册，然后使用 Network Server 组件的 Spawn ( ) 方法将其生成，同样，这些预制体也需要使用 Network Identity 组件标记它们的网络身份。

Network Manager 提供了丰富的回调接口以供使用，开发者可以通过创建继承自 NetworkManager 的派生类来开发自定义行为，如下代码所示：

```
public override void OnStartHost()
{
    base.OnStartHost();
    Debug.Log( “开启一个主机实例” );
}
```

```
public override void OnStartServer()
{
    base.OnStartServer();
    Debug.Log("开启一个服务器实例");
}

public override void OnStartClient(NetworkClient client)
{
    base.OnStartClient(client);
    Debug.Log("开启一个客户端实例");
}
```

- Network Manager HUD

通过 Network Manager HUD 组件提供的用户界面，可以帮助开发者在尚未实现多人联网逻辑时，快速实现网络的创建、连接、加入等功能以进行测试。但是并不建议将其展示在完成的应用中，因为该组件提供的用户界面只是在程序测试阶段的临时方案。我们也将在稍后的章节中介绍通过 HLAPI 实现局域网多人互联的功能，如图 18-8 所示。

在该用户界面中，提供了两种模式 LAN（局域网）模式和 Matchmaker（匹配）模式。其中，LAN 模式用于创建或加入基于局域网（即连接到同一网络的多台计算机）的应用，Matchmaker 模式用于在互联网（多台计算机连接到指定网络）上创建、查找和加入应用。

若点击 LAN Host（H）按钮，则当前用户将作为一个主机实例运行；若点击 LAN Client（C）按钮，则当前用户作为一个客户端实例运行；若点击 LAN Server Only（S）按钮，则当前用户将仅作为一个服务器实例运行。以上命令亦可通过脚本实现，它们分别对应 Network Manager 类的三个方法：NetworkManager.StartHost ( )、NetworkManager.StartClient ( )、NetworkManager.StartServer ( )。

在 Matchmaker 模式下，可使用 Unity Multiplayer 服务。点击 Enable Match Maker（M）按钮，显示如图 18-9 所示界面。

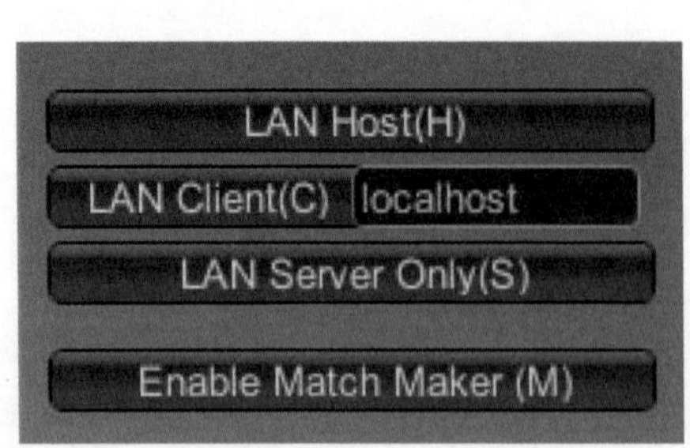

图 18-8　Network Manager HUD 组件在运行时的 UI

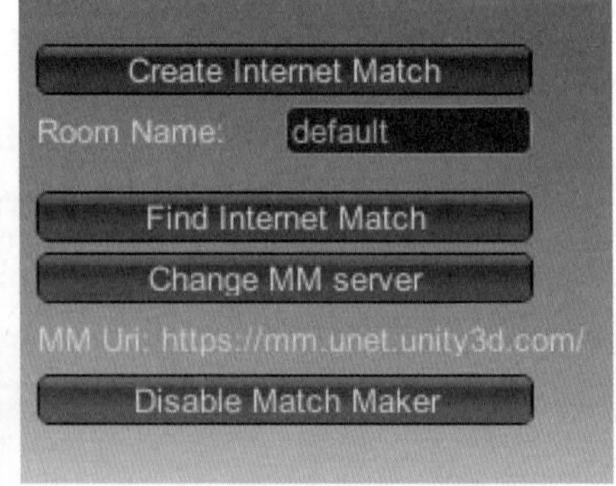

图 18-9　使用 Network Manager HUD 启动 Matchmaker 模式

用户可以在 Room Name 字段中输入房间名称，点击 Create Internet Match 按钮创建一个互联网匹配房间，新加入的用户可以通过点击 Find Internet Match 按钮找到可用的房间并加入。

Network Manager HUD 组件同时提供程序运行时的网络信息，在该组件的属性面板中显示应用程序状态和生成的游戏对象的相关信息，在预览窗口则显示注册的回调函数信息，如图 18-10 所示。

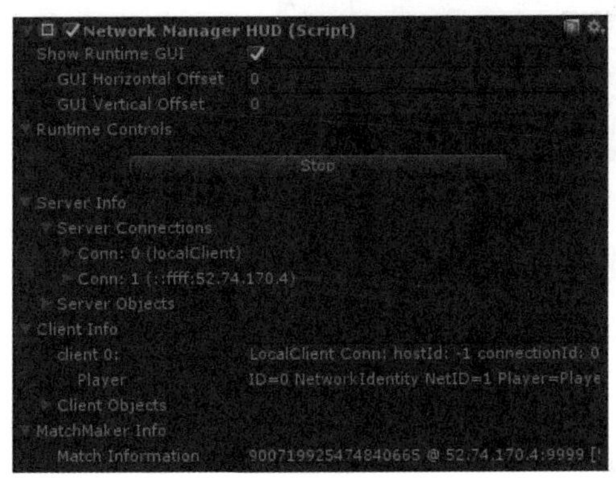

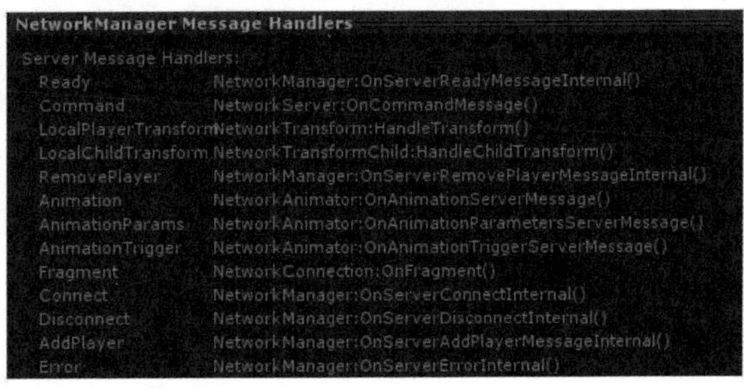

图 18-10 Network Manager HUD 组件显示的网络信息

- Network Identity

Network Identity 组件用于标记游戏对象在网络上的唯一身份，网络系统通过此身份识别该游戏对象，如图 18-11 所示。

图 18-11 Network Identity 组件

Network Identity 组件只有两个属性，并互为相斥属性。若选择属性 Server Only，则被标记的游戏对象只能在服务器端生成，而在客户端不可见；若选择属性 Local Player Authority，则该游戏对象可在所有客户端生成，同时客户端用户对其拥有权限。

通过网络生成的游戏对象，均需要在其对应的预制体上挂载此组件，网络系统在程序运行时会为该预制体生成的对象实例分配一个网络 ID，如图 18-12 所示。

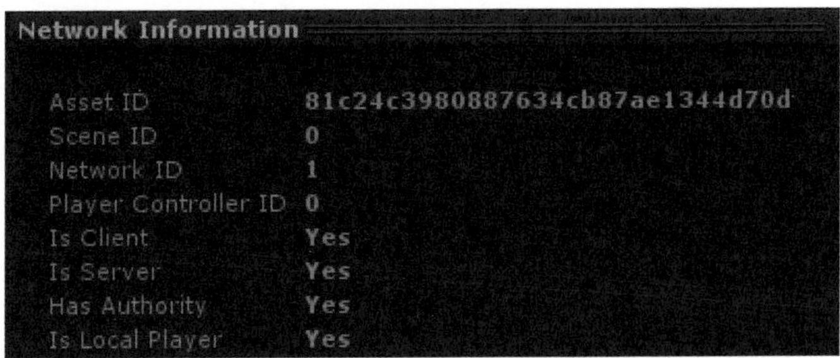

图 18-12 使用 Network Identity 组件标记的游戏对象在程序运行时的网络追踪信息

- Network Transform

使用 Network Transform 组件能够通过网络同步游戏对象的运动信息，包括位置、旋转、缩放等，如图 18-13 所示。

图 18-13 Network Transform 组件

需要注意的是，该组件只能同步通过网络生成的游戏对象的运动信息。若当前游戏对象的子物体也需要同步运行信息，可使用 Network Transform Child 组件，将该组件挂载于当前游戏对象，将 Target 属性指定为该游戏对象的子物体即可。

- Network Discovery

Network Discovery 组件能够使处在同一局域网内的用户发现其他在线用户，故该组件仅在局域网模式中使用，如图 18-14 所示。

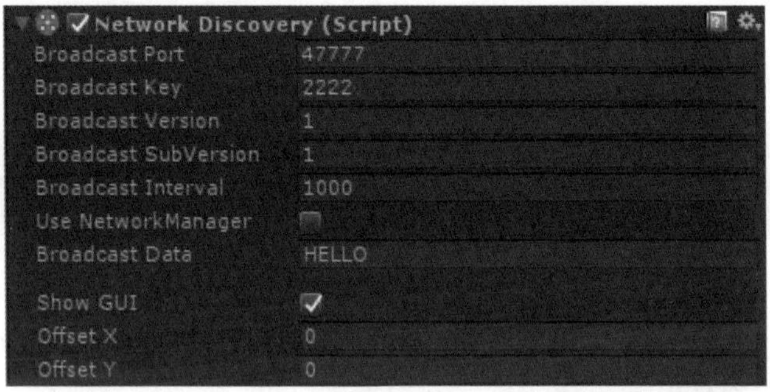

图 18-14 Network Discovery 组件

Network Discovery 组件使用网络传输层的 UDP 方式，在本地局域网内发送和接收广播。在服务器模式时，向本地网络上其他计算机发送广播；在客户端模式时，监听来自服务器的广播，可通过重写继承自该类的 OnReceivedBroadcast ( ) 方法实现接收到广播后的自定义行为。

18.2 多人联网 VR 开发（基于 Cardboard 平台）

18.2.1 概述

使用语音输入在 VR 环境中不失为一种有效的文字输入手段。本节我们将以 Cardboard 平台为例，实现在局域网中用户互相通信的功能。

18.2.2 初始化环境

鉴于本实例基于 Cardboard 平台进行开发，故在开始之前，需要在 Unity 中进行相关的准备设置。

- 配置 Unity 开发环境设置

（1）新建一个 Unity 项目，命名为 SocialVR。

（2）选择 File > Build Settings... 命令，打开 Build Settings 面板。

（3）在 Platform 栏中选择 Android，点击 Switch Platform，切换至 Android 平台。

（4）点击 Build Settings... 按钮，打开 Settings for Android 面板。

（5）在 XR Settings 标签页中，勾选 Virtual Reality Supported，点击 SDK 列表右下角的"+"按钮，选择添加 Cardboard 作为支持的 VR SDK。

（6）在 Other Settings 标签页中，设置 Package Name 属性，在当前实例中，将其设置为 com.unity.SocialVR；设置 Minimun API Levels 为 Android 4.4 'Kit Kat'（API level 19）。

（7）关闭 Build Settings 窗口，返回 Unity。

- 场景设置

（1）导入 Google VR SDK。可在随书资源中找到 GoogleVRForUnity_1.130.1.unitypackage 文件将其导入。保存场景，并命名为 Main。

（2）在 Project 面板中，路径 GoogleVR/Demos/Environment/ 下，将预制体 CubeRoom 拖入场景中，重置其位置，作为本实例的环境模型，如图 18-15 所示。

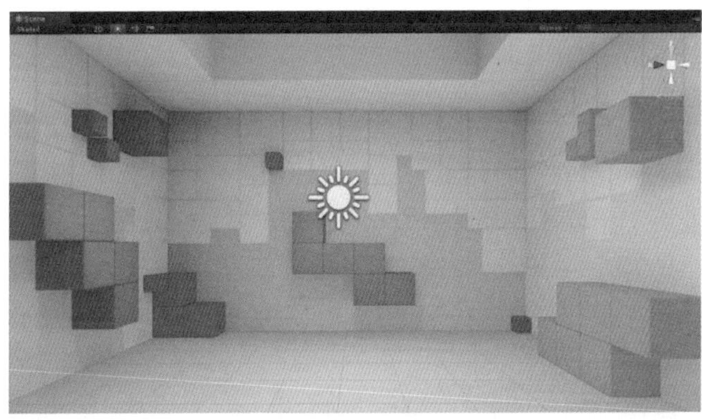

图 18-15 初始场景

（3）在 Project 面板中，路径 GoogleVR/Prefabs/Cardboard 下，将预制体 GvrReticlePointer 拖入到场景中，作为 Main Camera 的子物体。

（4）将路径 GoogleVR/Prefabs/EventSystem 下的预制体 GvrEventSystem 拖入到场景中，建立在 Cardboard 中的事件系统。

（5）将 GoogleVR/Prefabs 下的预制体 GvrEditorEmulator 拖入到场景中，以便在本机模拟 Cardboard 的指针输入。

此时运行程序，可以在本机实现 Cardboard 的指针输入，最终场景层级设置如图 18-16 所示。

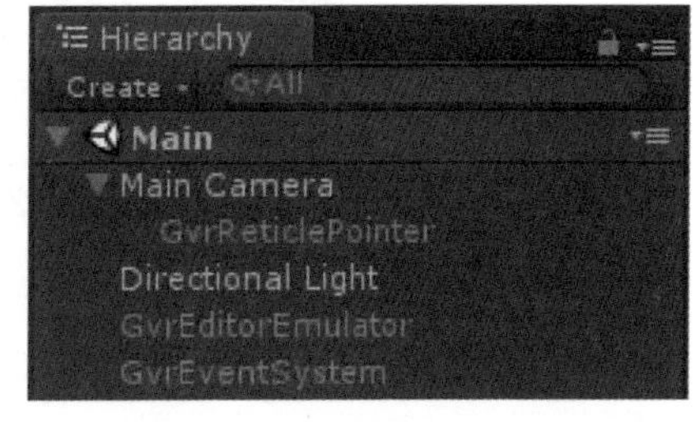

图 18-16 最终场景层级设置

18.2.3 添加网络管理组件

本节中我们将为应用添加网络管理组件。

（1）新建一个空游戏对象，重命名为 Network Manager。

（2）选择游戏对象 Network Manager，点击 Add Component 按钮，选择 Network > NetworkManager，为其添加 Network Manager 组件。

（3）为方便调试，可在游戏对象 Network Manager 上添加 Network Manager HUD 组件，点击 Add Component 按钮，选择 Network > NetworkManagerHUD 即可添加。

在本例中，我们将基于 LAN（局域网）模式进行多用户联网。

对于 Network Manager 组件，我们首先需要设置的是对于用户生成信息的相关设置。

18.2.4 制作玩家预制体并注册

- 制作玩家预制体

（1）新建一个空游戏对象，命名为 Player。

（2）将 Main Camera 拖入到 Player 下，作为 Player 的子物体，并重置其位置。

（3）导入随书资源中的 Cardboard.unitypackage 文件，将预制体 Cardboard 拖入场景，作为 Main Camera 的子物体，重置其位置。

（4）将 Player 拖入 Project 面板，将该游戏对象转换为一个预制体。

（5）删除场景中的游戏对象 Player，保存场景。

- 在 Network Manager 中注册玩家预制体

注册玩家预制体以后，创建了网络连接，用户即可通过 Network Manager 自动生成。

（1）选择 Project 面板中的预制体 Player，为其添加 Network Identity 组件，并勾选 Local Player Authority，允许客户端用户控制该 Player 的运动。

（2）选择场景中的游戏对象 Network Manager，在 Network Manager 组件中，展开 Spawn Info 栏，将预制体 Player 拖入至该组件的 Player Prefab 属性栏中，如图 18-17 所示。

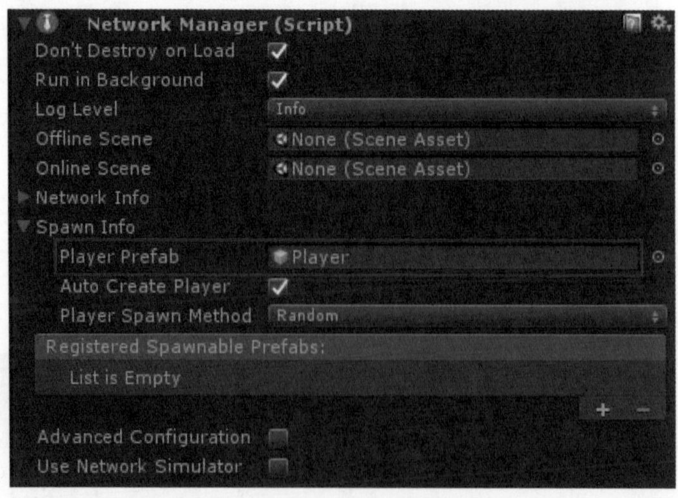

图 18-17 注册玩家预制体

此时保存场景，运行程序。在 Network Manager HUD 提供的用户界面中，点击 LAN Host（H）按钮，开启一个主机实例，此时用户被添加进应用中，并生成一个名为 Player（Clone）

的游戏对象，如图 18-18 所示。用户可通过鼠标键盘正常模拟 Cardboard 的交互行为，同时代表用户头显的 Cardboard 模型亦可同步跟随摄像机进行旋转。

- 设定出生点

通过运行程序观察，用户的位置并不是我们希望其所出现的位置，使用 Network Start Position 组件可使 Network Manager 为新生成用户指定其初始位置和方向。

（1）在场景中新建四个空游戏对象，分别命名为 Spawn Point 1、Spawn Point 2、Spawn Point 3、Spawn Point 4，为方便调节位置，可为其添加可视化的图标。

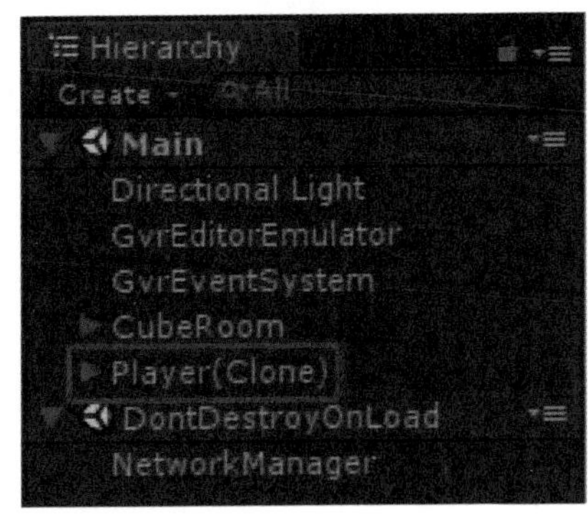

图 18-18　启动一个主机实例，Network Manager 自动创建一个代表用户的游戏对象

（2）设置四个出生点的位置和方向，我们希望所有用户在进入游戏后随机放置在距离场景中心 2 米的位置上，高度都为 1.6 米，同时都面向场景中心，故四个出生点位置可分别为（2，1.6，0）、（-2，1.6，0）、（0，1.6，2）、（0，1.6，-2），四个出生点旋转角度分别为（0，-90，0）、（0，90，0）、（0，180，0）、（0，0，0）。

（3）同时选中四个出生点，点击 Add Component 按钮，选择 Network > NetworkStartPosition，添加 Network Start Position 组件。

（4）选择游戏对象 Network Manager，在 Network Manager 组件中，将 Player Spawn Method 设置为 Round Robin，即循环检查可用的出生点，以防多个用户进入游戏时发生位置的重叠。

保存场景，运行程序。通过多次点击 Network Manager HUD 中的 LAN Host（H）按钮，代表用户的游戏对象被随机放置在了四个出生点中的任意一个，同时用户在每个位置上均朝向场景中心点，如图 18-19 所示。

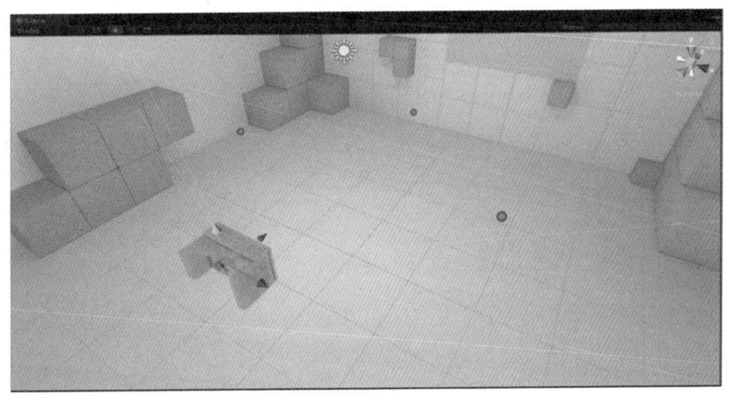

图 18-19　作为主机实例的用户在场景中的位置

18.2.5　自定义网络连接逻辑

当第一个用户进入应用程序时，将其作为主机实例，其后进入的用户作为客户端实例。

新建一个 C# 脚本，命名为 MyNetworkDiscovery.cs，使其继承自 NetworkDiscovery 类，

如下代码所示：

```
using System.Collections;
using UnityEngine;
using UnityEngine.Networking;

public class MyNetworkDiscovery : NetworkDiscovery
{
    int timeout = 2;
    private void Awake()
    {
        StartCoroutine(CheckUsers());
    }

    IEnumerator CheckUsers()
    {
        base.Initialize();
        base.StartAsClient();
        yield return new WaitForSeconds(timeout);

        if (base.broadcastsReceived.Count == 0)
        {
            StopBroadcast();
            NetworkManager.singleton.StartHost();
            StartAsServer();
        }
    }

     public override void OnReceivedBroadcast(string fromAddress, string
data)
    {
        base.OnReceivedBroadcast(fromAddress, data);
        StopCoroutine(CheckUsers());
        StopBroadcast();
        NetworkManager.singleton.networkAddress = fromAddress;
        NetworkManager.singleton.StartClient();
    }
}
```

保存脚本，返回 Unity，选择游戏对象 Network Manager，为其添加该脚本，移除 Network Manager HUD 组件，此时我们将不再需要该组件实现网络连接的功能。

为了测试多人联网的功能，我们需要运行两个应用程序的实例。在 Unity 中使用命令 File > Build Settings...，点击弹出窗口中的 Add Open Scenes 按钮，将当前场景添加至构建场景列表，点击 Build 按钮，将应用程序发布至手机端。

在 Unity 编辑器中点击 Play 按钮运行程序，启动一个主机实例，确保手机与计算机处于同一局域网的情况下，运行手机端的应用程序，此时客户端实例被创建，用户加入应用。在 Unity 编辑器场景中可以看到两个生成的 Player 游戏对象，如图 18-20 所示。

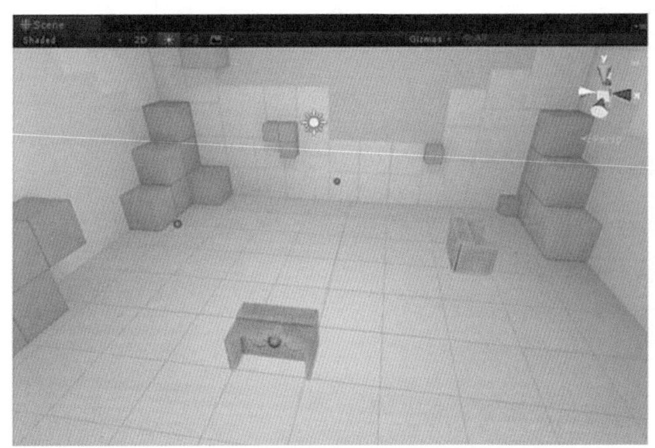
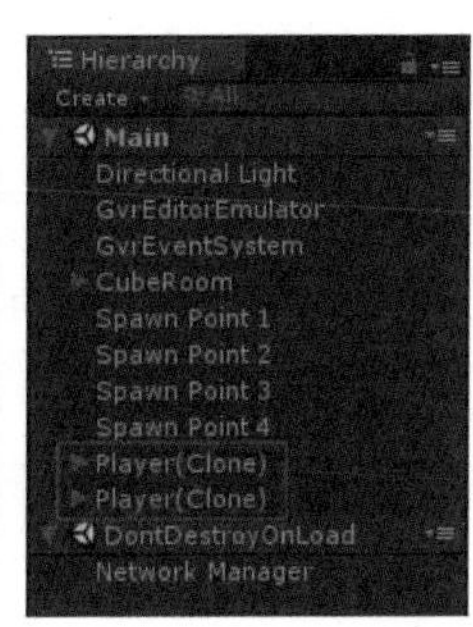

图 18-20　加入应用的两个实例

在测试过程过程中，为了保证应用程序能够顺利连接，须确保用户设备没有防火墙阻挡需要通信的端口。

通过测试发现，在任一用户设备上的应用程序中，其他用户的游戏对象 Player 亦响应设备的输入，这是因为控制用户输入并做出反应的脚本并不区分用户的网络角色，生成的游戏对象均带有相同的脚本处理相同的输入。

18.2.6　处理用户输入

对于上节中出现的问题，我们需要做的是确保只有本地用户可以控制本地用户的游戏对象，对于非本地用户，则禁用其处理输入的脚本即可。通过对预制体 Player 的观察发现，处理用户输入的脚本为子物体 GvrReticlePointer 上的 Gvr Reticle Pointer 组件，所以在初始状态下，将该组件禁用，只有当本地用户创建时才将其启用。同时，我们并不希望场景中因为有对方的摄像机组件参与渲染而影响性能，故也将其禁用。

新建一个 C# 脚本，命名为 PlayerController.cs，双击使用默认代码编辑器打开，编写代码。本地用户创建的事件依赖网络行为，所以需要引用 UnityEngine.Networking 命名空间，并继承 NetworkBehaviour 类，重写其本地用户创建方法，即 OnStartLocalPlayer ( )。代码清单如下：

```
using UnityEngine;
using UnityEngine.Networking;

public class PlayerController : NetworkBehaviour
{
    public Camera VRCamera;
    public GvrReticlePointer pointer;
    public GameObject Avatar;

    private void Awake()
    {
        VRCamera.enabled = false;
```

```
        pointer.enabled = false;
    }

    public override void OnStartLocalPlayer()
    {
        VRCamera.enabled = true;
        pointer.enabled = true;
        Avatar.SetActive(false);
    }
}
```

将预制体拖入场景中，为其挂载该脚本，同时为其赋予相关属性，如图 18-21 所示。设置完毕后，点击属性面板上的 Apply 按钮，将该游戏对象删除。

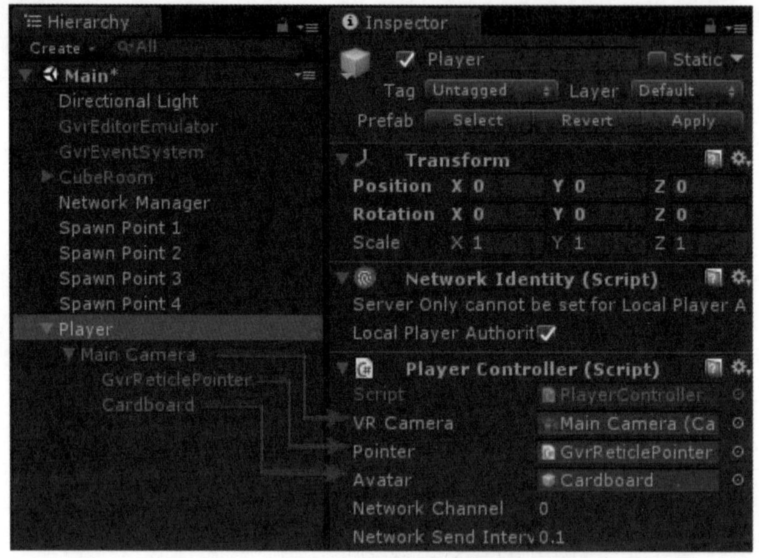

图 18-21　设置 Player Controller 组件

保存场景，导出应用程序至手机端。返回 Unity 编辑器，点击 Play 按钮，创建一个主机实例，启动手机端创建一个客户端实例，此时，本机用户均能单独控制属于自己的游戏对象 Player 而不影响其他用户。

18.2.7　同步用户状态

通过上节的实例观察到，本机用户虽然能够控制属于它的游戏对象 Player，但是游戏对象的运动信息并不会在其他用户的程序中更新，即输入行为只能影响本机用户的游戏对象，而其他用户并不能观察到该用户的输入行为。此时我们需要使用 Network Transform 组件同步游戏对象的运动状态。

（1）选择预制体 Player，点击 Add Component 按钮，选择 Network > Network Transform，添加 Network Transform 组件。在此实例中，并没有用户的移动行为，故设置该组件的 Transform Sync Mode 属性为 Sync None，以减少网络数据传输量，仅同步旋转信息。

（2）由于实际表现用户输入的对象为 Main Camera 及其子物体 Cardboard，故需要使用 Network Transform Child 组件来同步 Player 的子物体状态。保持选中预制体 Player，点击 Add Component，选择 Network > Network Transform Child，同时将 Main Camera 拖入该组件的 Target 属性栏中。

保存场景，导出应用程序至手机端。返回 Unity 编辑器点击 Play 按钮，创建一个主机实例，启动手机端创建一个客户端实例，此时，本机用户能够观察到其他用户的输入行为。

18.2.8 使用百度语音接口实现语音转文字功能

百度语音开发平台封装了 Java、Python、PHP、C#、NodeJs、C++ 共 6 种开发语言的 SDK 供开发者使用，同时提供通用的 HTTP 接口，通过 REST API 的方式进行服务的调用。在本实例中，我们也将通过使用 Unity 的 WWW 对象发送 HTTP 请求的方式调用 REST API，实现语音转文字的输入功能。

- 设置预制体 Player

我们要实现的交互效果为：当用户按下语音按钮，开始录制语音；当松开按钮时，结束录制。调用语音转文字服务，当成功接收到转换后的文字时，将文字展示在用户上方的文本框中。我们需要在用户游戏对象 Player 上添加用于录制语音的按钮，以及展示对话内容的文本。

（1）将预制体 Player 拖入场景，新建一个 UI 容器 Canvas，重命名为 MessageUI，作为游戏对象 Player 的子物体。设置其 Canvas 组件的 Render Mode 为 World Space，Dynamic Pixels Per Unit 值为 3；设置其 Rect Transform 组件的 Scale 值为（0.003，0.003，0.003），Position 为（0，0.5，0），Width 和 Height 值分别为 800 和 200，Rotation 值为（0，180，0）。

（2）在 MessageUI 下新建一个 UI 元素 Text，重命名为 MessageTxt，设置其 Rect Transform 的 Witdh 和 Height 值为 600 和 180，设置其 Text 组件的 Font Size 值为 50，对齐方式为水平垂直皆居中。

（3）新建一个 UI 容器 Canvas，重命名为 VoiceUI，作为游戏对象 Player 的子物体，设置其 Canvas 组件的 Render Mode 为 World Space，设置其 Cavans Scaler 组件的 Dynamic Pixels Per Unit 值为 3；设置其 Rect Transform 组件的 Scale 值为（0.003，0.003，0.003），Position 为（0，0.5，0），Width 和 Height 值分别为 200 和 100，Rotation 值为（20，0，0）。

（4）在 VoiceUI 下新建一个 UI 元素 Button，重命名为 VoiceBtn，设置其 Rect Transform 组件的 Width 和 Height 值为 160 和 50，设置其下子物体 Text 的显示内容为：按下发送语音...。

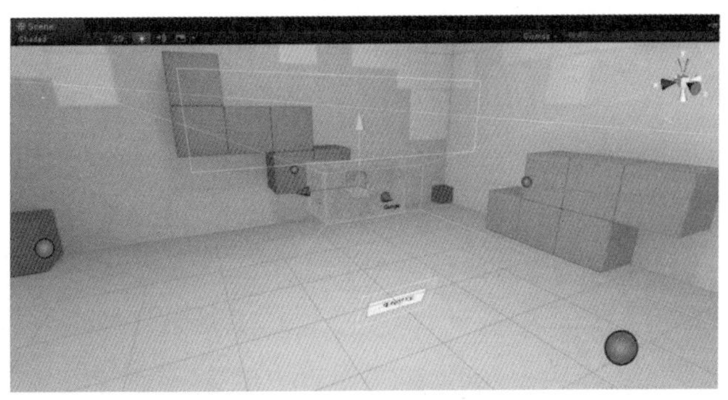

图 18-22 为 Player 添加 UI 元素

最终效果如图 18-22 所示。

选择游戏对象 Player，点击属性面板中的 Apply 按钮，完成对预制体的设置。

- 创建百度语音应用

（1）进入百度 AI 开发平台（http://ai.baidu.com/）页面，注册开发者账号，将鼠标移至控制台按钮，选择语音技术。首次登录将会进入开发者认证页面，通过认证即可使用百度语音开放平台。

（2）登录成功后，选择需要开通的 AI 相关服务模块，此处仅选择百度语音模块，开通成功后，需要创建应用才可正式使用语音识别功能，点击创建应用按钮即可进入应用创建界面，如图 18-23 所示。填写相关信息后点击立即创建按钮，完成应用的创建。

图 18-23　创建百度语音应用

（3）应用创建完毕后，可从应用列表进入查看创建的应用详情，平台会分配给开发者此应用的相关凭证，主要为 AppID、API Key、Secret Key，以供后续程序调用时进行授权，如图 18-24 所示。

应用详情

编辑　查看文档　下载SDK　查看教学视频

应用名称	AppID	API Key	Secret Key	包名
SocialVR	11266057	AyZxSqBgGWPTfxTQw4jQ3UyZ	****** 显示	百度语音 不需要

图 18-24　应用相关的授权信息

- 在 Unity 中调用百度语音接口

新建 C# 脚本，命名为 SpeechToText，双击使用默认代码编辑器打开，编写代码。

（1）使用 HTTP API 调用语音服务接口，首先要取得服务器的认证。开放平台使用 OAuth2.0 授权调用开放 API，调用 API 时需要传送获取的 accesss_token 参数。读者可参考官方文档详细了解需要传递的参数。声明授权需要使用的变量：

```
// 请求开放平台授权获取到的开发者 access_token
string access_token = “” ;
```

```
// 必须参数，固定为client_credentials
string grant_Type = "client_credentials";
// 百度云中开通对应服务应用的 API Key
string client_ID = "此处填写所创建的API Key";
// 百度云中开通对应服务应用的 Secret Key
string client_Secret = "此处填写所创建应用的Secret Key";
// 授权服务地址
string authHost = "https://aip.baidubce.com/oauth/2.0/token";
```

编写方法 AccessToken ( )，发送授权请求。由于接口返回 Json 数据信息，故使用 Unity 的 JsonUtility 类对其进行解析，此时需要预先引用命名空间，在方法声明前需要预先定义数据类型 TokenResult 以存储解析出的数据。

```
// 授权返回数据类
public class TokenResult
{
    public string access_token;
    public string expires_in;
}

private IEnumerator AccessToken()
{
    WWWForm wwwForm = new WWWForm();
    wwwForm.AddField("grant_type", grant_Type);
    wwwForm.AddField("client_id", client_ID);
    wwwForm.AddField("client_secret", client_Secret);

    WWW request = new WWW(authHost, wwwForm);
    yield return request;

    if (request.isDone)
    {
        if (request.error == null)
        {
            // 获取到token，以供后续请求接口时使用
                access_token = JsonUtility.FromJson<TokenResult>(request.
text).access_token;
        }
        else
        {
            Debug.Log(request.error);
        }
    }
}
```

在对象初始化时调用以上方法，请求授权接口：

```
void Awake()
{
    StartCoroutine(AccessToken());
```

```
}
```

（2）在取得授权后，即可通过麦克风设备获取语音数据。在此实例中，发送语音的交互方式为：按下按钮时，录制语音；松开按钮时，结束录制，故声明有两个方法：StartRecord ( ) 和 StopRecord ( )。其中，StartRecord ( ) 方法用于录制音频，同时将语音数据存储于 AudioClip 对象 clip 中；StopRecord ( ) 方法用于停止录制语音，由于接口规定上传的语音数据为二进制语音数据，故通过 getClipData ( ) 方法进行数据格式转换。声明变量并编写方法，由于涉及转码，需要引用命名空间 System.Text，涉及到 UI 元素的操作，同时需要引用 UnityEngine.UI。

```
using using System.Text;
using UnityEngine.UI;
```

编写如下代码：

```
// 音频采样率
int rate = 16000;
// 本地语音文件的字节数
int len;
// 音频字节
byte[] clipByte;
// 经过 Base64 编码的二进制语音数据
private string speech;

// 录制音频
public void StartRecord()
{
    talkStr = "正在输入";
    if (Microphone.devices.Length == 0) return;
    clip = Microphone.Start(Microphone.devices[0], false, 60, rate);
}

// 停止录制
public void StopRecord()
{
    if (Microphone.devices.Length == 0) return;
    Microphone.End(Microphone.devices[0]);
    // 将语音数据转换为二进制格式
    clipByte = getClipData();
    len = clipByte.Length;
    // 根据接口文档要求，将数据进行 Base64 编码
    speech = Convert.ToBase64String(clipByte);
}

// 将音频转化为字节数组
private byte[] getClipData()
{
    if (clip == null)
        return null;
```

```
    float[] samples = new float[clip.samples];
    clip.GetData(samples, 0);
    byte[] outData = new byte[samples.Length * 2];
    int rescaleFactor = 32767;

    for (int i = 0; i < samples.Length; i++)
    {
        short temshort = (short)(samples[i] * rescaleFactor);
        byte[] temdata = System.BitConverter.GetBytes(temshort);
        outData[i * 2] = temdata[0];
        outData[i * 2 + 1] = temdata[1];
    }
    if (outData == null || outData.Length <= 0)
        return null;

    return outData;
}
```

（3）获得语音数据后，即可请求语音服务接口，将录制的语音转换为文字。需要预先定义上传数据的格式和返回数据的格式，对应文档规定的参数，各参数详情可参考官方文档。声明变量并编写方法，代码清单如下：

```
// 成功解析后的文字
string talkStr;
// 语音识别服务接口地址
string APIHost = “http://vop.baidu.com/server_api”;
// 上传数据类
public class PostData
{
    public string format;
    public string rate;
    public string channel;
    public string token;
    public string cuid;
    public int dev_pid;
    public int len;
    public string speech;
}
// 识别返回数据
public class RecognizeData
{
    public string err_no;
    public string err_msg;
    public string sn;
    public string[] result;
}

// 提交数据进行语音识别
```

```
private IEnumerator Recognize()
{
    PostData data = new PostData();
    data.format = format;
    data.rate = rate.ToString();
    data.channel = channel.ToString();
    data.cuid = cuid;
    data.len = len;
    data.token = token;
    data.dev_pid = dev_pid;
    data.speech = speech;

    WWW request = new WWW(APIHost, Encoding.Default.GetBytes(JsonUtility.
ToJson(data)));
    yield return request;

    if (request.isDone)
    {
        if (request.error == null)
        {
            RecognizeData result = JsonUtility.FromJson<RecognizeData>
(request.text);
            if (result.err_msg == "success.")
            {
                // 根据文档规定的返回数据格式，获取转换的文字
                talkStr = result.result[0];
            }
        }
        else
        {
            Debug.Log(request.error);
        }
    }
}
```

在 StopRecord ( ) 方法末尾通过协程调用 Recognize ( ) 方法：

```
StartCoroutine(Recognize());
```

- 同步服务器与客户端状态

至此，我们实现了使用百度语音服务将语音转换为文字的功能，一般情况下，将获取的文字内容指定给 Player 的文本框呈现即可，但是作为多人联网应用，还需要将文本框的内容同步给在网络中的其他用户。此时我们需要使用 [Command] 和 [ClientRpc] 属性来同步服务器与客户端的状态，这两个属性用于标记脚本中的方法，所不同的是，被 [Command] 标记的方法，在客户端实例中调用，在服务器实例中的执行，而被 [ClientRpc] 标记的方法在服务器实例中被调用，在客户端实例中执行。需要注意的是，被 [Command] 属性标记的方法在声明时需要使用 Cmd 作为前缀，被 [ClientRpc] 属性标记的方法在声明时需要使用 Rpc 作为前缀。在

本实例中，客户端将转换的文字作为参数传递给服务器，由服务器实例调用各客户端的方法更新指定文本框的内容，从而实现状态同步。此时需要使用网络行为，故需引用命名空间：

```
using UnityEngine.Networking;
```

同时将当前类改为继承 NetworkBehaviour 类：

```
public class SpeechToText : NetworkBehaviour
```

代码清单如下所示：

```
[Command]
private void CmdSetTxt(string txt)
{
    RpcSetTxt(txt);
}

[ClientRpc]
private void RpcSetTxt(string txt)
{
    MessageTxt.text = txt;
}
```

在脚本中涉及到变量 talkStr 赋值的位置添加 CmdSetTxt ( ) 方法的调用，并将 talkStr 作为参数传递，两处位置分别在代码 talkStr = result.result[0]; 和 talkStr = "正在输入"；后，如下列代码所示：

```
CmdSetTxt(talkStr);
```

- 关联脚本并优化用户体验

保存脚本，返回 Unity 编辑器。我们需要将脚本与预制体进行关联，并设置语音按钮的按下和松开事件的处理方法。

（1）选择场景中的游戏对象 Player，为其挂载该脚本，同时将该脚本的 MessageTxt 属性指定为 Player 下的 UI 元素 MessageTxt。

（2）选择 Player 下的 UI 元素 VoiceBtn，在属性面板中点击 Add Component 按钮，选择 Event > Event Trigger，点击 Event Trigger 组件的 Add New Event Type 按钮，分别添加 Pointer Down 和 Pointer Up 事件类型。对于 Pointer Down 事件类型，为其指定 SpeechToText 类的 StartRecord ( ) 方法；对于 Pointer Up 事件类型，为其指定 SpeechToText 类的 StopRecord ( ) 方法。

（3）为了不使其他设备看到本机用户的语音按钮，修改 PlayerController.cs 脚本，声明对语音按钮的引用：

```
public GameObject VoiceUI;
```

初始化时隐藏该按钮，在 Awake ( ) 方法中添加如下代码：

```
VoiceUI.SetActive(false);
```

开启本地用户时将按钮显示，在 OnStartLocalPlayer ( ) 添加如下代码：

```
VoiceUI.SetActive(true);
```

（4）优化用户体验，使展示的文字信息与头显朝向保持一致，以便对方用户观察。还是在 PlayerController.cs 脚本中，声明对 MessageUI 的引用：

```
public RectTransform MessageUI;
```

在 Update ( ) 方法中设置其 Y 轴旋转角度与摄像机 Y 轴旋转角度一致：

```
private void Update()
{
    MessageUI.localRotation = Quaternion.Euler(0, VRCamera.transform.
eulerAngles.y, 0);
}
```

（5）保存脚本，返回 Unity 编辑器，在游戏对象 Player 上关联脚本的 VoiceUI 和 MessageUI 属性。设定完毕后，选择游戏对象 Player，点击属性面板中的 Apply 按钮，在场景中将其删除。

此时将程序发布至手机端，在 Unity 编辑器中运行程序，创建服务器端实例，在手机端运行程序，创建客户端实例，在任意用户设备中按下按钮，录制一段语音，松开按钮后，在其他设备上均能看到该用户发出的信息，如图 18-25 所示。需要注意的是，在手机端进行调试时，需要确定应用取得使用麦克风权限。

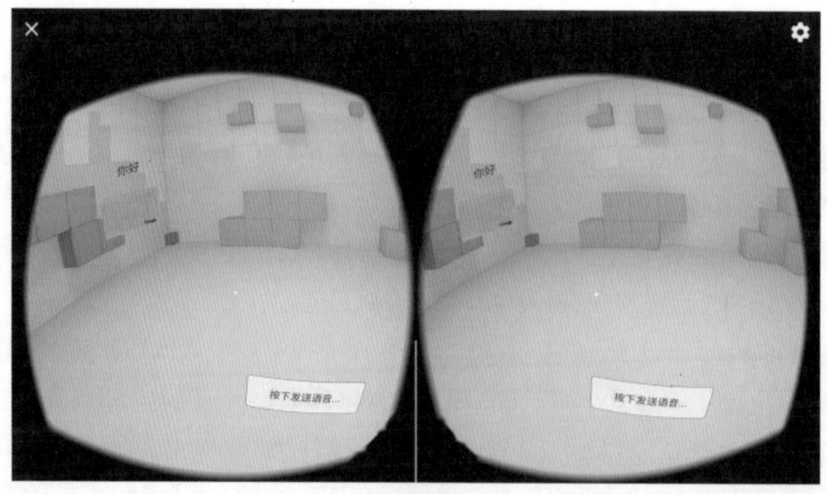

图 18-25　应用程序在手机端运行效果

第 19 章

VR 项目性能优化

19.1 VR 性能优化最佳实践

19.1.1 概述

对 VR 应用程序的性能优化，以保持流畅帧率为原则。对于显卡方面，要求巨大的渲染数据吞吐量，模型网格、着色器、纹理等资源在输出到头显屏幕的过程中需要占用大量的 GPU 带宽；对于 CPU 方面，则需要快速的数据计算和响应速度。例如在 HTC VIVE 推荐的 PC 配置中，CPU 要求与 Intel Core i5-4590、AMD FX 8350 同等或更高配置，显卡要与 NVIDIA GeForce GTX 1060、AMD Radeon RX 480 同等或更高配置，对于移动 VR 设备（包括智能手机 VR 方案和一体机 VR 方案）来说，性能普遍低于主机 VR 设备，所以性能优化显得更为重要。

以下是影响 VR 应用程序性能的主要因素。

• 场景中的光影渲染，如阴影、反射等。

• 顶点缓存对象（Vertex Buffer Objects）。

• 带透明通道的材质、多通道着色器、逐像素光照（per-pixel lighting）等需要大量像素填充的特效。

• 材质纹理对内存的占用。

• 蒙皮动画（Skinned Animation）。

• 垃圾回收。

在资源准备和开发阶段，要尽量减少以上因素对于性能的影响。

19.1.2 Unity VR 性能优化建议

以下是基于当前 VR 硬件水平的基本优化原则。

● 模型相关

◦ 对于每帧 Draw Call 数量的控制，主机 VR 平台中，建议控制在 500~1000 之间；移动 VR 平台中，建议控制在 50~100 之间。

◦ 对于每帧模型三角面数的控制，主机 VR 平台中，建议控制在 1 百万 ~2 百万之间；移动 VR 平台中，建议控制在 5 万 ~10 万个之间。

◦ 尽量保持模型简洁，可借助法线贴图在低面数模型上展示高面数模型的细节。

● 材质贴图相关

◦ 尽可能将多张贴图合并在一张图集中，以减少绘制调用。

◦ 控制材质贴图的数量，尽可能为贴图制作 Mipmap，同时尽可能在保持贴图品质的情况下对其进行压缩。

● 光照渲染相关

◦ 尽量使用静态烘焙，尤其对移动 VR 平台。在场景中预先烘焙光影，能够减少实时计算带来的处理器压力。

◦ 对灯光组件设置合理的剔除遮罩（Culling Mask）。灯光组件可以筛选受其影响的游戏对象，使用 Culling Mask 可以有选择地排除不受光照影响的物体，如图 19-1 所示。通过剔除不必要的层，能够减少灯光渲染的性能消耗。

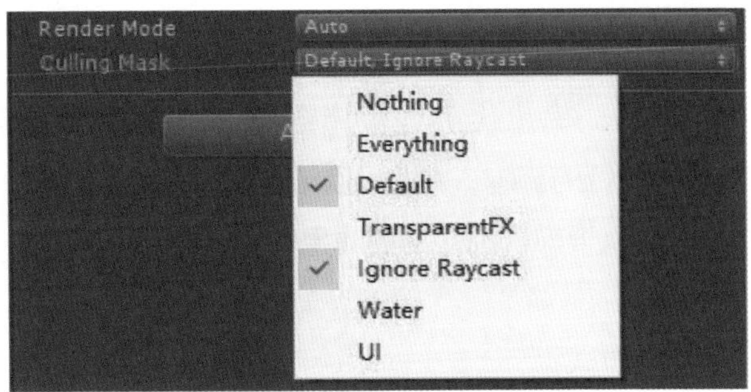

图 19-1　灯光组件的 Culling Mask 属性

◦ 减少实时灯光的数量。

◦ 减少后期屏幕特效的使用，因为屏幕特效基于全画面实时计算。

● 物理引擎相关

◦ 调整时间步长（Fixed Timestep）。对于非 VR 应用程序，增加时间步长能够减少物理引擎的更新频次，从而减少对资源的使用；但是在 VR 应用程序中，需要减小时间步长以保持良好的帧率。选择 Edit > Project Settings > Time，在时间管理面板中修改 Fixed Timestep 和 Maximum Allowed Timestep 两个属性值即可（图 19-2）。对于要求刷新率在 60Hz 的平台（例如 Gear VR），建议修改为 0.0166666 ，即每秒更新 60 次。

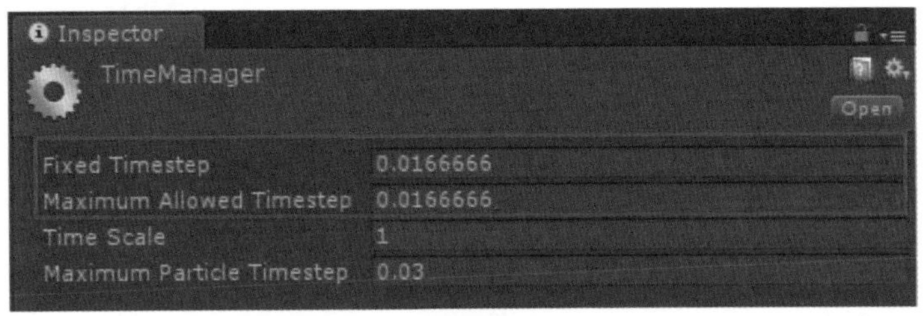

图 19-2　修改时间步长

◦ 管理层和碰撞矩阵。默认情况下，在 Unity 中创建的游戏对象均被分配在 Default 层上，同时各层中的游戏对象均互相进行碰撞检测，这样便导致了物理引擎的效率降低。可以将参与碰撞的游戏对象分配至特定层中，通过碰撞矩阵管理互相检测碰撞的层，从而避免不必要的碰撞检测，如图 19-3 所示。在菜单栏选择 Edit > Project Settings > Physics，在 Layer Collision Matrix 栏的层级矩阵中，

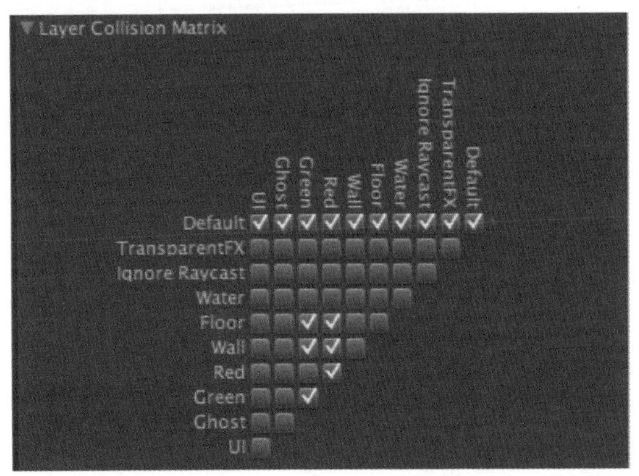

图 19-3　管理碰撞矩阵

复选框用于设置哪些层可以互相碰撞，取消勾选某个复选框即可设置与此相关的两个层不需要进行碰撞检测。

◦ 避免使用 Mesh Collider 组件参与碰撞，对于碰撞精度不高的物体，可使用简单碰撞体代替，如 Box Collider、Sphere Collider 等。

● 脚本相关

◦ 控制代码执行时间，优化代码逻辑，合理安排脚本执行逻辑。对于在 Update ( )、LateUpdate ( ) 等函数中执行的脚本，尽量避免在内部编写需要分配内存空间代码，对于没有必要频繁使用的方法，可以提前声明对返回对象的引用，而不必在 Update ( ) 函数中进行，例如 GetComponent ( ) 等方法。

以下是不建议使用的方式：

```
using UnityEngine;

public class MoveCube : MonoBehaviour {

    void Update () {
      Vector3 tempPos = transform.position;
      tempPos.x++;
      transform.position = tempPos;
    }
}
```

建议使用如下方式：

```
using UnityEngine;

public class MoveCube : MonoBehaviour {

   private Transform myTransform;
   private Vector3 tempPos;

   void Start()
   {
      myTransform = GetComponent<Transform>();
      tempPos = myTransform.position;
   }

   void Update () {
      tempPos.x++;
      transform.position = tempPos;
    }
}
```

◦ 尽量避免使用 Find ( ) 和 SendMessage ( ) 方法，因为这两种方法在调用时需要遍历场景中的每个游戏对象，调用使用的时间与场景复杂度呈正相关，SendMessage ( ) 方法比简单的函数调用慢大约 2000 倍。

◦ 对于可以复用的游戏对象，例如子弹、敌人等，可以使用对象池（Object Pooling）技术来避免重复的内存分配。在初始化时预先生成一定数量的实例，当需要使用其中的对象时，将其显示；当不需要时，仅对其隐藏而不是销毁。

• 移动 VR 相关

◦ 禁用程序天空盒以及所有基于天空盒的照明。

◦ 禁用实时全局照明。

◦ 尽可能避免使用透明或半透明材质。

◦ 对于发光材质尽量使用静态烘焙。

◦ 光照贴图分辨率最高为 4096 ×4096。

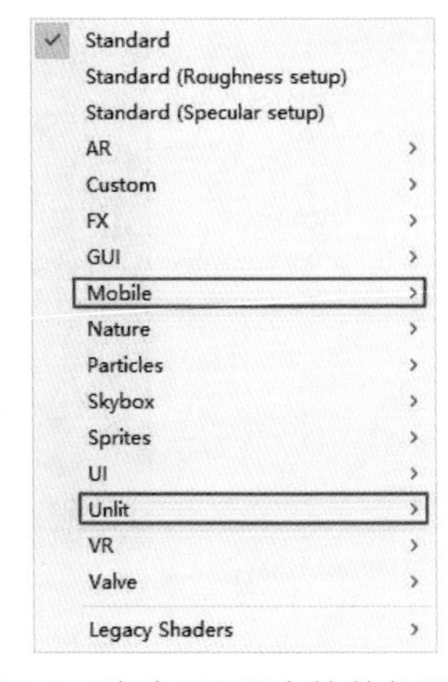

图 19-4 移动 VR 平台的着色器推荐

◦ 优先使用 Unlit 和 Mobile 分类下的着色器，如图 19-4 所示。

● 策略相关

◦ 在程序设计和资源准备时便兼顾优化原则，要强于在制作完毕以后再进行优化。

◦ 使用普通着色器和相对面数较少的模型同样能够提供很好的沉浸感，性能的优先级高于品质的优先级——高品质但低帧率的 VR 应用程序，不如一般品质但运行流畅的 VR 应用程序。

◦ 每次只对一个指标进行性能优化测试，例如贴图尺寸、材质数量等，以保证准确定位性能瓶颈所在。

19.1.3 Unity VR 性能优化技术

● LOD（Level of Detail）渲染技术

LOD 渲染技术通过模型与相机的距离动态展示不同细节的模型，在此过程中，用户并不会感觉到模型的差异，但是能够减轻硬件渲染负担并提高程序性能。当摄像机（在 VR 中为头显）距离该物体较远时，展示面数较少的模型（如图 19-5 左侧所示模型）；当摄像机距离该物体较近时，展示面数较多的模型（如图 19-5 右侧所示模型）。

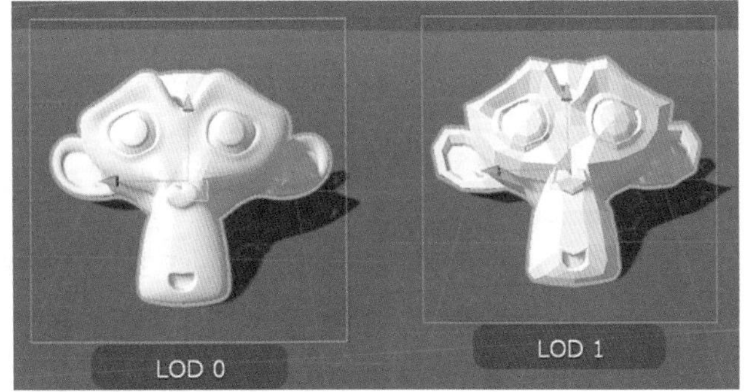

图 19-5 LOD 渲染技术

在 Unity 中使用 LOD Group 组件对游戏对象的 LOD 进行管理，如图 19-6 所示。在该组件中，选择不同的 LOD 级别（点击代表不同 LOD 级别的色块），点击 Renderers 栏中的 Add 按钮，即可指定在该级别下要展示的模型。拖动色条上的摄像机图标，可以动态查看摄像机在对应 LOD 级别时所呈现的模型效果。

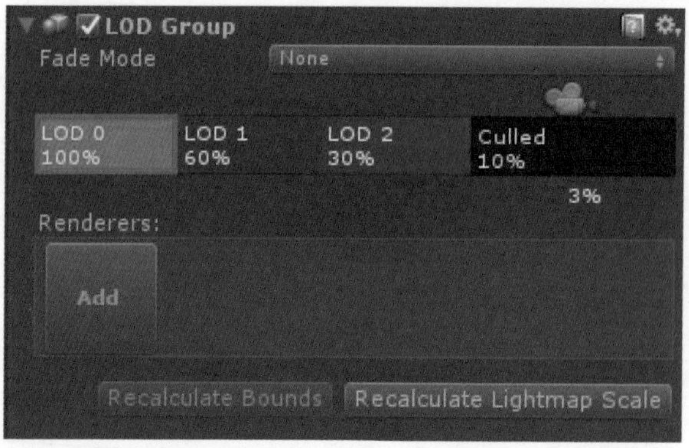

图 19-6　LOD Group 组件

- 单通道立体渲染（Single-Pass Stereo rendering）

Unity 渲染场景的原理，是将 3D 立体场景渲染在 2D 图像上，继而呈现于屏幕。对于 VR 场景的立体渲染方法（Stereo Rendering Method），Unity 提供了两种，分别是 Multi Pass 和 Single Pass，如图 19-7 所示。

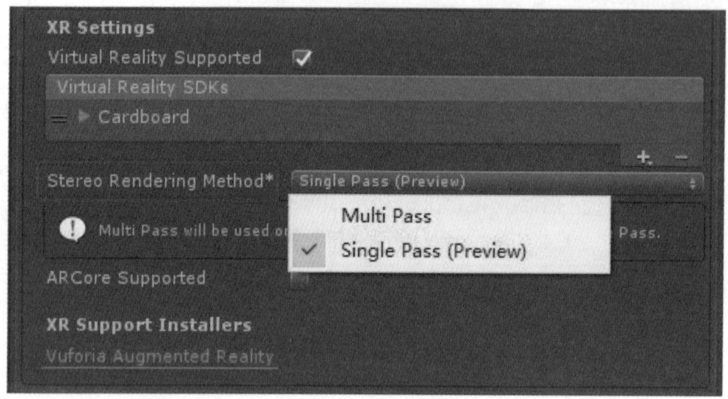

图 19-7　立体渲染方法

使用 Multi Pass 方式，场景被渲染为两张图像，分别呈现给对应左眼和右眼的屏幕，即对于每一帧，场景需要被渲染两次。在此模式下，系统资源占用较大，GPU 需要绘制双倍的材质，这主要体现在绘制调用（Draw Call）的加倍，同时 CPU 的工作也会加倍，这无疑会增加系统资源的计算负担。使用 Single Pass 模式，场景被渲染到一张双倍宽度的图像上，相当于将两张图像拼合为一张，如图 19-8 所示。

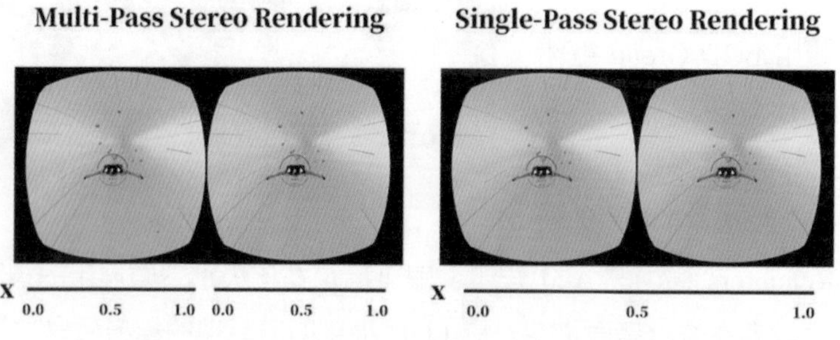

图 19-8　Multi-Pass Stereo Rendering 与 Single-Pass Stereo Rendering 对比

Unity 中的单通道立体渲染技术目前尚处于预览阶段，虽然能够带来性能提升，但是也有其限制。某些屏幕特效（Post-Processing）和 Shader，并不支持单通道立体渲染。因此在使用这些特效尤其是第三方插件提供的特效之前，需要确认它们是否支持这项技术，以便进行取舍，如图 19-9 所示。

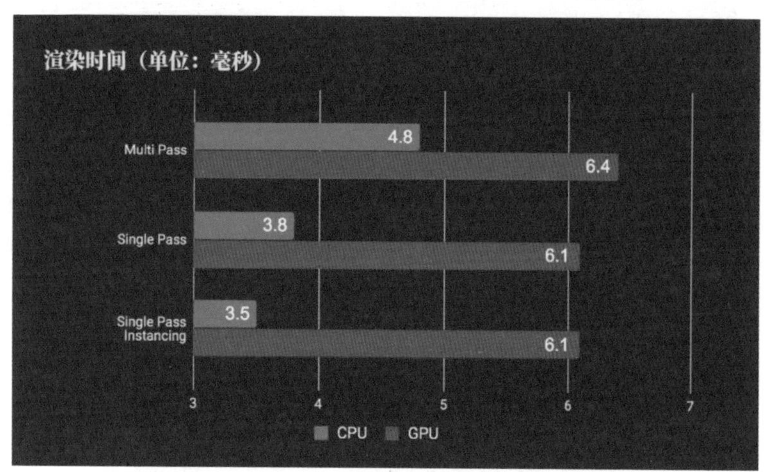

图 19-9　使用 Single Pass 技术带来的性能提升（图片来源：Unite Austin 2017）

- 绘制调用和批处理技术

Unity 引擎要将场景内容渲染到头显屏幕上，需要通过调用图形驱动程序的接口（API）来完成，这个过程被称为绘制调用（Draw Call），调用次数即是发送绘制调用请求的次数，即 Draw Call 数量。每次绘制调用均产生 CPU 性能消耗，所以保持尽可能低的 Draw Call 数量对于降低带宽并维持应用程序性能稳定至关重要。可通过点击 Profiler 窗口中的 Rendering 栏查看应用程序的 Draw Call 数量，如图 19-24 所示。

Unity 提供了一个内置的批处理系统，分为动态批处理和静态批处理，可以将符合条件的多个绘制请求合并为一个进行调用。对于面数较少的模型和使用了相同材质的模型，Unity 使用动态批处理技术将这些网格进行合并，作为一次绘制调用；对于在应用程序运行时不在场景中移动的游戏对象，使用静态批处理将它们合并为一些较大的网格以进行快速渲染。使用静态批处理，需要将游戏对象设置为静态。

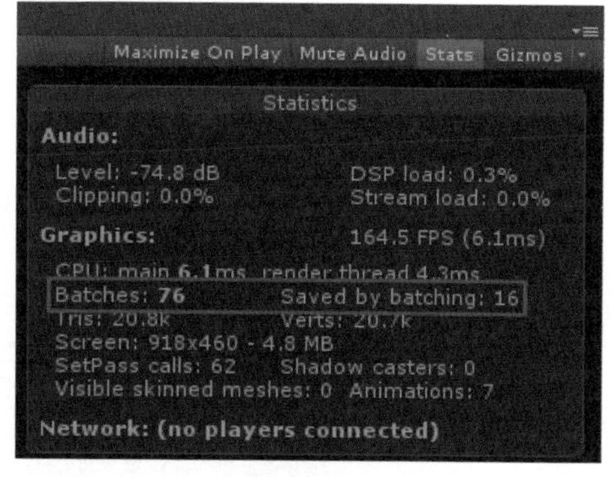

图 19-10　查看应用程序状态

可在 Game 视图中点击右上角的 Stats 按钮打开状态信息面板查看应用程序中批处理情况，如图 19-10 所示。其中，Batches 数值为 Unity 进行的批处理次数；Saved by batching 为合并的批处理。

在材质制作方面，可使用纹理图集的方式来减少材质的数量，从而减少 Draw Call 数量，如图 19-11 所示。

图 19-11　使用同一个图集的模型材质

另外，对于场景中存在大量使用相同网格的实例，例如大规模场景中的草、树叶、雪花等，可以开启材质的 GPU Instancing 属性以减少 Draw Call 数量。要开启材质的 GPU Instancing 功能，在游戏对象所使用的材质的属性面板中勾选 Enable GPU Instancing 即可，如图 19-12 所示。

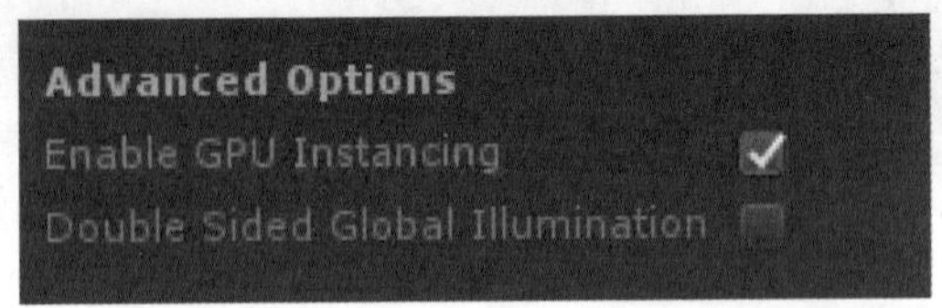

图 19-12　开启 GPU Instancing

如图 19-13 所示，场景中存在 2000 个使用相同网格的游戏对象，窗口右侧为关闭和开启 GPU Instancing 时的应用程序性能对比，由图中可见，在开启 GPU Instancing 以后，帧率有了明显提升。

图 19-13　使用 GPU Instancing 前后的性能对比

需要注意的是，并不是所有着色器均支持 GPU Instancing，在 Unity 中，支持该属性的着色器为标准着色器（包括 Standard、Standard Specular）和表面着色器（Surface Shader）。

- 遮挡剔除（Occlusion Culling）技术

遮挡剔除技术能够使场景中的物体在摄像机看不到的时候不进行渲染，从而减少绘制调用的次数。如图 19-14 所示，在初始场景中，有 8×8 个蓝色立方体阵列，在使用了遮挡剔除技术以后，不在摄像机范围内的立方体不再被渲染出来。

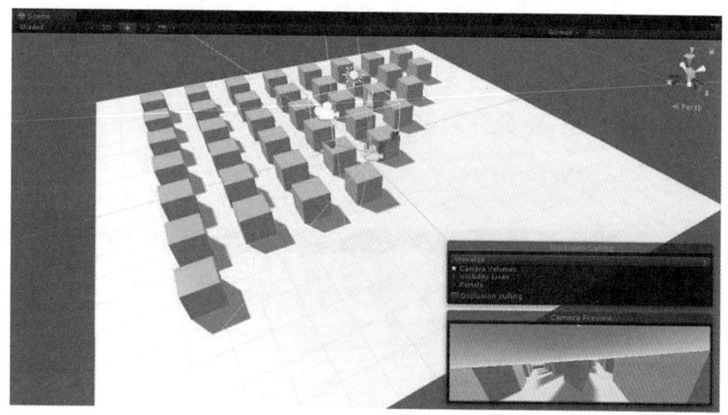

图 19-14　使用遮挡剔除技术

在 Unity 中使用遮挡剔除技术，首先需要对参与遮挡剔除渲染的游戏对象进行标记，在其属性面板右上角，点击 Static 右侧的箭头按钮，在下拉列表中分别选择 Occluder Static 和 Occludee Static，如图 19-15 所示。

设置完毕以后，选择 Window > Occlusion Culling 命令，打开 Occlusion 面板（图 19-16）。遮挡剔除数据需要根据被标记的游戏对象进行预先计算，点击 Bake 标签，设置相关参数，多数情况下保持默认即可，点击 Bake 按钮，对遮挡剔除数据进行计算。

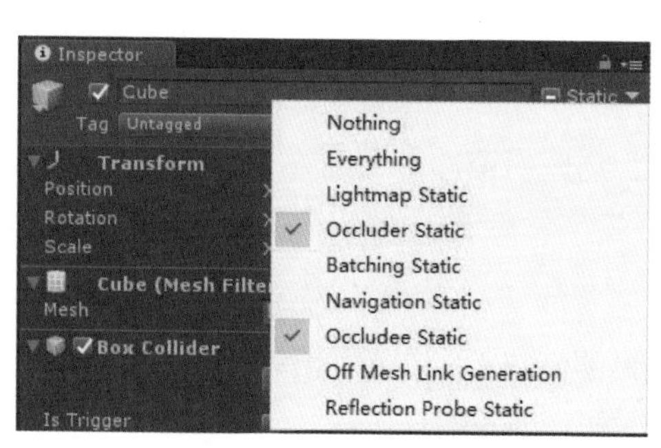

图 19-15　设置参与遮挡剔除渲染的游戏对象

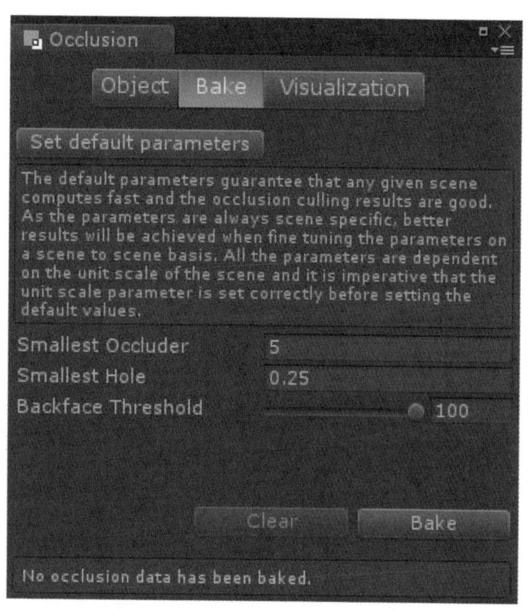

图 19-16　Occlusion 窗口

对于在应用程序运行时需要移动的物体，此时便不能对其进行相关静态设置，在这种情况下使用遮挡剔除技术，就需要借助 Occlusion Area 组件实现。在场景中新建一个空游戏对象，为其添加 Occlusion Area 组件，如图 19-17 所示。其中勾选 Is View Volume 属性，可以保证处于 Occlusion Area 区域内的静态物体能够被遮挡剔除。

Occlusion Area

Size	X 1	Y 1	Z 1
Center	X 0	Y 0	Z 0
Is View Volume	✓		

图 19-17 Occlusion Area 组件

Occlusion Area 在场景中的外观类似 Relection Probe ，通过拖拽其六个面上的手柄，覆盖移动的物体所在区域，如图 19-18 所示。

图 19-18 编辑 Occlusion Area

设置完毕后，点击 Occlusion 窗口中的 Bake 按钮进行遮挡剔除计算即可。

需要注意的是，遮挡剔除技术需要将计算数据存储在磁盘空间中，所以在进行遮挡剔除计算前要确保场景被保存。

19.2 Unity 性能分析工具

19.2.1 Profiler

Profiler 工具内置于 Unity 编辑器本身，该工具能够在应用程序运行期间生成关于多种资源使用情况的统计信息，从而实现快速定位性能瓶颈的功能。这些信息包括 CPU 使用情况、渲染及 GPU 状态、内存使用状态、音频系统性能、物理引擎性能、网络通信和操作、视频播放对资源的使用情况、全局照明统计。

- 使用 Profiler 工具

选择 Window > Profiler 命令，打开 Profiler 工具窗口，运行当前程序，点击窗口顶端控制区域中的 Record 按钮即可开启或关闭分析工作，如图 19-19 所示。

图 19-19 Profiler 开关按钮

Profiler 窗口上半部分为时间轴视图，展示每一帧上对应系统资源的使用情况，左侧标签代表各种类型的系统资源，可以点击每个标签右上角的按钮将其关闭，也可通过点击 Add Profiler 下拉列表。选择要分析的系统资源类型；窗口下半部分为分析视图，点击不同的时间轴，分析视图将呈现对应系统资源类型的使用信息，如图 19-20 所示。当遇到性能瓶颈时，开发者可以选择时间轴上峰值较高的帧，分别查看不同系统资源的使用情况，从而定位导致资源占用较高的问题所在。

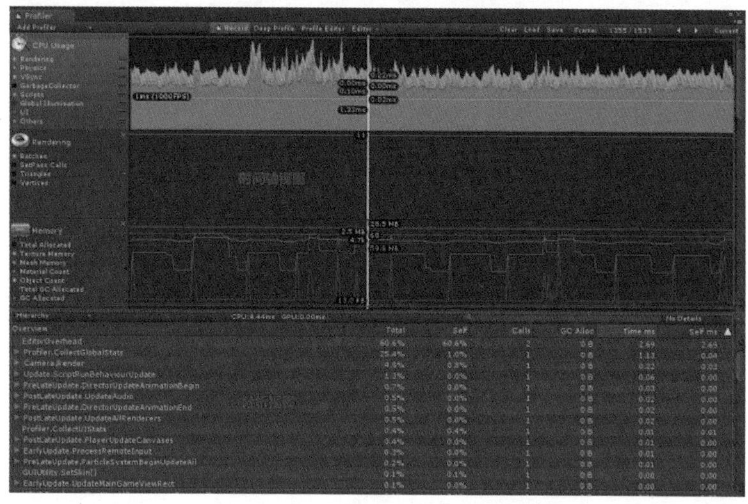

图 19-20　Unity Profile 窗口

- CPU 使用分析

点击时间轴视图中的 CPU Useage 一栏，即可查看每一帧的 CPU 使用情况，如图 19-21 所示。此时分析视图显示 Unity 各组件及其相关进程（如 Camera 组件、物理系统等）在 CPU 上的执行时间。默认使用树形列表形式展示各任务执行情况，点击各任务左侧箭头可展开查看子任务的执行情况。其中，Time ms 列表示各任务的执行时间，包括子任务；Self ms 列表示单独执行该任务使用的时间，不包含子任务。

Hierarchy　CPU:13.30ms　GPU:0.00ms　No Details

Overview	Total	Self	Calls	GC Alloc	Time ms	Self ms
FrameEvents.XRBeginFrame	36.9%	0.1%	1	0 B	4.91	0.02
EditorOverhead	33.9%	33.9%	2	0 B	4.52	4.52
Camera.Render	11.3%	0.8%	2	0 B	1.50	0.10
Profiler.CollectGlobalStats	6.7%	0.5%	1	0 B	0.89	0.07
FixedUpdate.AudioFixedUpdate	2.6%	0.0%	1	2.1 KB	0.35	0.00
Update.ScriptRunBehaviourUpdate	2.4%	0.0%	1	0 B	0.33	0.00
PostLateUpdate.UpdateAudio	1.5%	0.0%	1	2.1 KB	0.20	0.00
PlayerEndOfFrame	1.2%	0.0%	1	0 B	0.16	0.00
FrameEvents.OnBeforeRenderCallb	0.3%	0.0%	1	0 B	0.05	0.00
EarlyUpdate.XRUpdate	0.3%	0.3%	1	0 B	0.04	0.04
XR.MirrorToGameView	0.1%	0.0%	1	0 B	0.02	0.00
Initialization.XREarlyUpdate	0.1%	0.0%	1	0 B	0.02	0.00
PreUpdate.SendMouseEvents	0.1%	0.0%	1	0 B	0.01	0.00
PostLateUpdate.UpdateAllRenderer:	0.1%	0.1%	1	0 B	0.01	0.01
Camera.FindStacks	0.1%	0.1%	2	0 B	0.01	0.01
EarlyUpdate.UpdateMainGameView	0.0%	0.0%	1	0 B	0.01	0.00

图 19-21　CPU 使用情况统计信息

点击分析窗口右上角的下拉列表，选择 Show Related Object，可以显示场景中与选中任务相关的对象，点击对象列表中的成员，在层级面板中会同时高亮显示该对象，如图 19-22 所示。通常使用这种方法能够发现在当前帧中不需要参与任务执行的游戏对象。

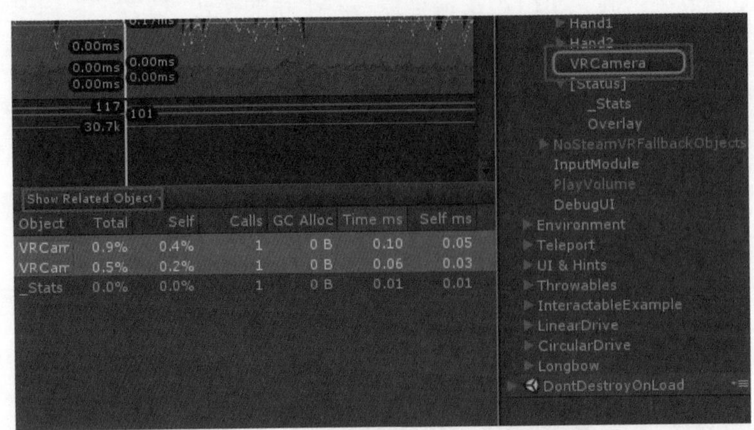

图 19-22　显示与选中任务相关的对象

除以树形结构显示统计信息外，可以点击分析视图左上角的下拉列表，选择 Timeline，切换为时间轴显示模式，在该模式下能够比较直观地看到各任务在当前帧中的执行顺序以及执行时间，如图 19-23 所示。

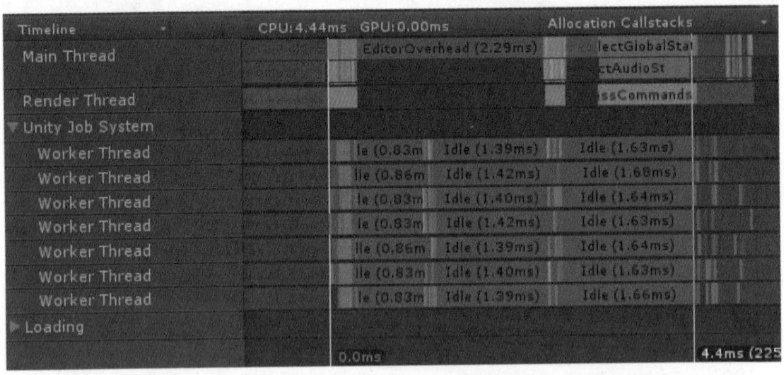

图 19-23　以 Timeline 形式呈现的 CPU 使用情况

- 渲染情况分析

点击时间轴视图的 Rendering 栏，即可在分析视图中查看每一帧的场景渲染信息，如图 19-24 所示。这些信息包括绘制调用次数、三角面数、顶点数、批处理次数、材质纹理占用内存情况等。

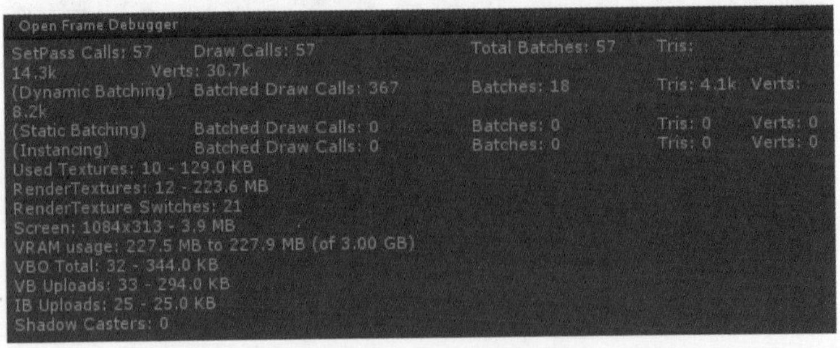

图 19-24　渲染分析数据

点击分析视图左上角的 Open Frame Debugger，就可以打开 Frame Debugger 工具配合进行渲染分析，关于 Frame Debugger 工具，我们将在下一节进行详细介绍。

- 内存使用分析

点击时间轴视图的 Memory 栏，即可在分析视图中查看每一帧的内存使用情况，如图 19-25 所示。内存统计信息展示 Unity 常见的资源在内存中的使用情况，包括贴图、多边形网格、材质、动画片段、音频片段等。

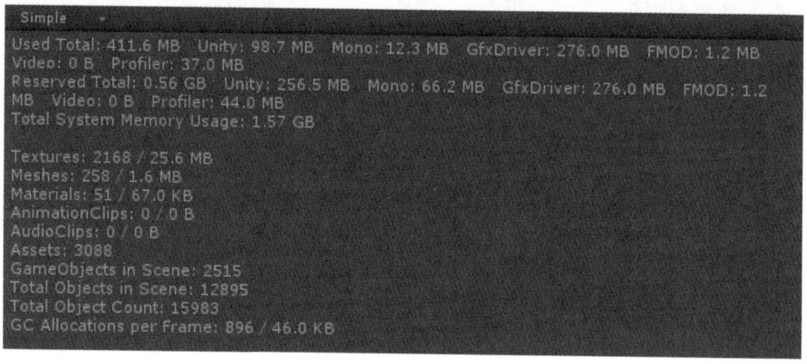

图 19-25 内存分析数据

- 音频使用分析

点击时间轴视图的 Audio 栏，即可在分析视图中查看每一帧的音频系统性能指标，包括声音源的数量、音频片段的数量等。点击分析视图顶部的 Channels、Groups 或 Channels and groups 按钮，可以查看更加详细的音频使用信息，如图 19-26 所示。

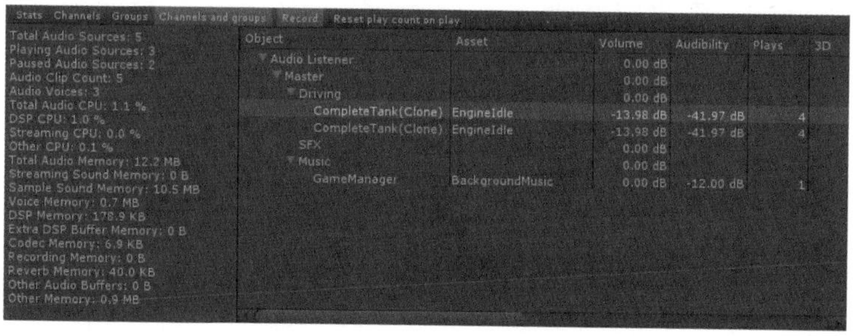

图 19-26 音频分析数据

需要注意的是，使用 Profiler 工具同样会占用一部分系统资源，所以工具开启前后的性能表现也会存在差异。

19.2.2 Frame Debugger

在 Unity 中，将每一帧画面渲染到屏幕上是一个线性过程，Frame Debugger 工具能够使开发者逐步查看每帧图像的构建过程以及相关渲染信息，例如着色器使用情况、绘制调用的顺序等，这些信息有助于开发者理解应用程序如何呈现场景内容，以及在哪些方面提高性能。

要使用 Frame Debugger，在启动应用程序以后，选择 Window > Frame Debugger 命令，打开 Frame Debugger 窗口，点击顶部的 Enable 按钮，此时应用程序暂停，窗口显示当前帧的绘制调用信息，如图 19-27 所示。

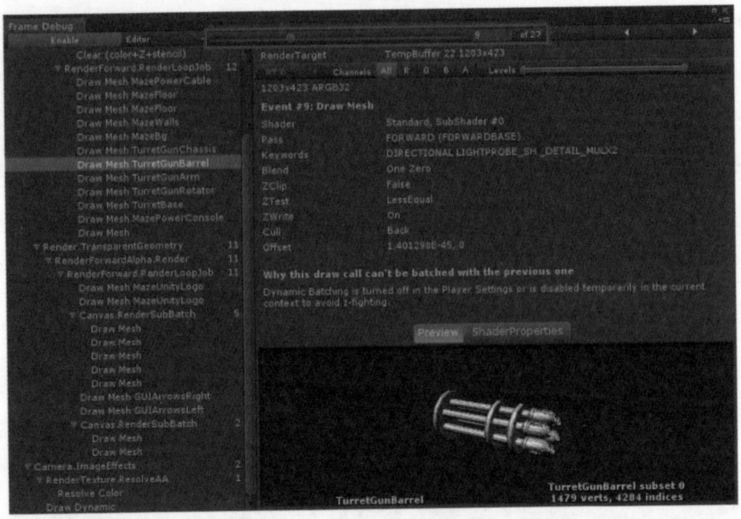

图 19-27　Frame Debugger 窗口

左侧列表以树形结构形式呈现绘制当前帧所包含的工作序列，选择列表中的节点，右侧视图对应显示该任务的相关信息，包括网格详情、着色器使用情况等。该列表中比较重要的信息是 Camera.Render 下的 Drawing 节点，每一个节点代表一次完整的绘制调用，单击任意节点，即可在 Game 视图中呈现此次绘制调用所绘制的内容，据此可以查看哪些网格通过批处理组合在一起作为一次绘制调用输出。对于与网格绘制相关的工作任务，当被选择时，可在右侧视图中点击 Preview 按钮对绘制对象进行预览，同时在 Hierarchy 面板中将其高亮显示。窗口顶端的滑块控件对列表中的工作序列进行导航，可由左至右拖动，在 Game 视图中查看 Unity 逐步绘制出当前帧的过程，亦可点击其右侧左右箭头按钮单步查看。

19.2.3　Memory Profiler

内存消耗也是衡量应用程序性能的关键指标，对于内存资源有限的平台（例如移动 VR 设备）尤其重要。除使用 Unity 内置的 Profiler 工具进行内存分析以外，Unity 还提供了专门进行内存诊断分析的工具——Memory Profiler，该工具可以借助 Unity 提供的底层内存分析 API 对应用程序的内存使用进行分析，定位影响性能的问题，如图 19-28 所示。

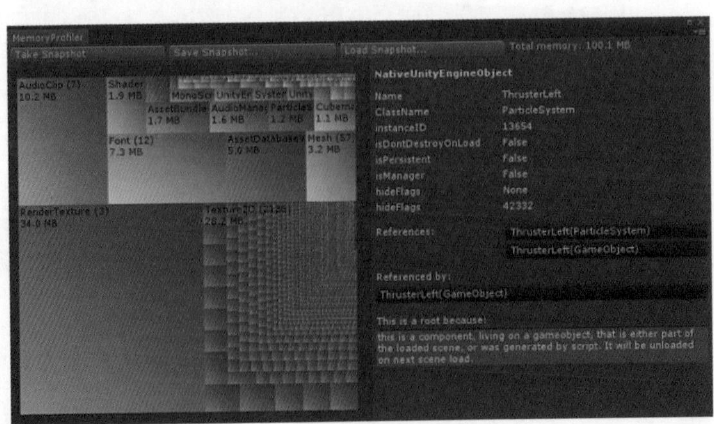

图 19-28　Memory Profiler 工具

- 使用 Memory Profiler

Memory Profiler 工具是一个开源项目，被托管在开源社区 bitbucket 中，点击页面中的 Download 按钮即可进行下载。将下载的压缩包解压后，将 Editor 文件夹复制到需要进行内存分析的项目中，或直接将其拖入 Unity 编辑器的 Project 面板中。待脚本编译完毕之后，在 Unity 编辑器中选择命令 Window > Memory Profiler，打开 Memory Profiler 窗口。运行程序，点击 Memory Profiler 窗口的 Take Snapshot 命令，此时应用程序会出现短时间暂停，Memory Profiler 工具在此期间进行数据的收集，等待时间视应用程序对内存的使用情况而定，待收集工作结束后，分析数据以色块形式进行可视化展示，使用鼠标滚轮可以对视图进行缩放查看，点击任意色块可以在窗口右侧查看详细信息，如名称、被引用情况等。

- 分析数据

在呈现的图表中，每一个色块左上角均有文字提示，标识当前色块所代表的资源类型以及占用内存空间大小，而色块大小代表该类资源占整体内存的比例，开发者可以据此采取相关措施，以减少的资源占用。大小相同的色块代表相同资源的可能性较大，在色块详细信息中，若 Name 字段相同，而 InstanceID 字段不同，可以认定这是内存中两个相同资源的不同实例。

19.3 其他 VR 硬件平台调试工具

- RenderDoc（适用于 PC 和 Android 上的 VR 应用程序）

RenderDoc 是一个免费开源的图形调试工具，能够对应用程序进行快速的单帧捕获并提供详细的调试信息，该工具可以在 Window、Linux、Android 系统上运行，调试基于 Vulkan、D3D11、OpenGL、OpenGL ES 驱动的应用程序，所以可适用于调试在 PC 和 Android 平台运行的 VR 应用程序。

- Oculus Debug Tool（适用于 PC 上的 Oculus 应用程序）

Oculus Debug Tool 能够在 PC 上查看 Oculus Rift 应用程序的性能和调试信息，如图 19-29 所示，通过调节相关参数，开发者能够使用该工具切换异步空间扭曲（Asynchronous Spacewarp，见第 1 章内容）、更改视野范围（FOV），使 VR 内容以更舒适的方式呈现在体验者面前。

图 19-29 Oculus Debug Tool

- SteamVR Frame Timings（适用于 SteamVR 应用程序）

使用 SteamVR Frame Timings 工具可以查看 VR 应用程序运行时与 SteamVR 相关的 CPU 和 GPU 的时序，以及占用资源较大的帧。在 SteamVR 运行时中，右键选择设置，在性能（Performance）标签页中，点击显示帧定时（Display Frame Timing）按钮即可启动该工具，如图 19-30 所示。

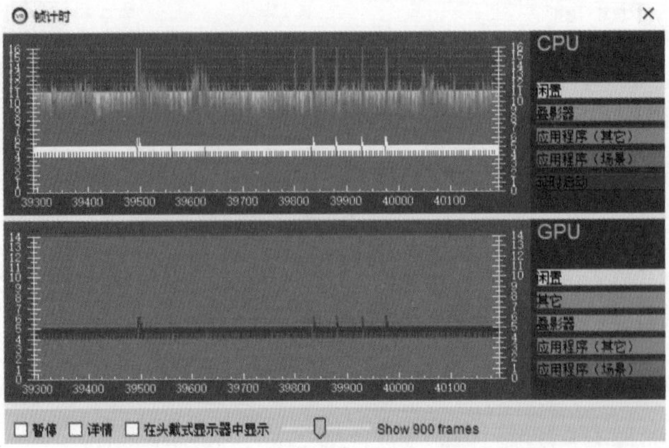

图 19-30 SteamVR Frame Timing

- Oculus Remote Monitor（适用于 GearVR 和 Oculus Go 平台）

Oculus Remote Monitor 可在 Windows 和 Mac OS X 平台运行，可以连接 Gear VR 和 Oculus Go 设备进行远程调试，该工具能够对 VR 设备上与性能相关的数据流进行抓取、存储和分析，如图 19-31 所示。

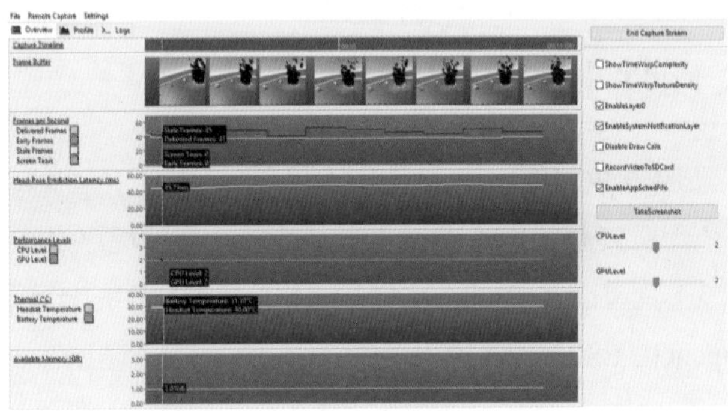

图 19-31 Oculus Remote Monitor

- Daydream Performance HUD（适用于 Daydream 平台）

Daydream Performance HUD 工具可以在基于 Daydream 平台的 VR 设备上实时查看应用程序的性能信息，如图 19-32 所示，包括帧率、异步再投影（Asynchronous Reprojection）、CPU 过热降频保护等 。该工具在使用 Google VR SDK 1.60 以上版本开发的应用程序中可用。

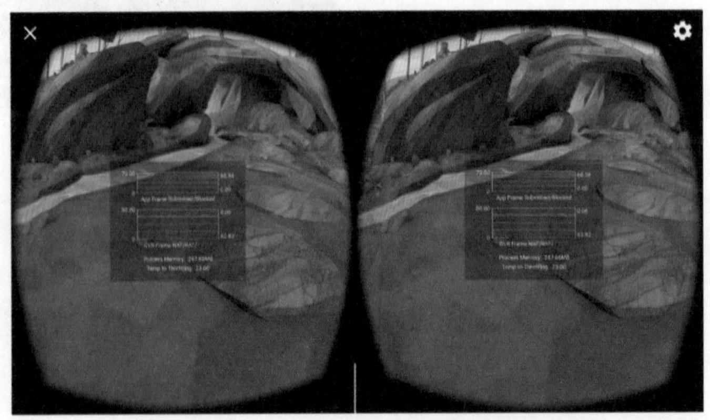

图 19-32 Daydream Performance HUD

第20章

综合项目分析——以地产室内项目为例

20.1 项目简介

房地产项目是目前 VR 技术应用相对较多的领域。在 VR 技术的帮助下，业主可以提前感受到物业建成以后的样子，企业亦可通过设计不同风格的样板间来满足不同年龄段用户的要求，从而节省成本，提高成交率。

本章我们将介绍如何在 VR 地产项目中实现基本的交互，包括控制器及家具提示信息的展示、家具样式的切换、地板材质的切换等功能。

关于本章用到的素材，可在 Asset Store 资源商店搜索 "ArchVizPRO Interior Vol.4"，由于受版权限制，感兴趣的读者可自行购买。

本项目使用 Unity 2017.3.1f1 进行开发。

20.2 初始化 VR 场景设置

新建一个项目，命名为 VRHouse，下载并导入场景素材，在 Project 面板中，在路径 ArchVizPRO Interior Vol.4/3D SCENE 下，找到场景文件 Avp4_VR，双击打开。若此时场景没有光照信息，在 Light 面板中按照素材提供的参数进行光照信息构建即可。需要注意的是，由于素材场景使用静态烘焙光照技术，场景中多数模型设置为 Static（静态），所以在下文介绍的交互开发过程中，需要将参与交互的物体设置为动态。同时，为了使动态物体能够呈现与周围环境相匹配的光照表现，需要在其周围布置一定数量的光照探头，限于篇幅，此处不再赘述。初始场景如图 20-1 所示。

图 20-1 初始场景

参照之前章节的内容，将开发要用到的插件导入项目，包括 Steam VR Plugin 和 VRTK。为快速实现 VRTK 的配置，可使用示例场景中的相关资源。在 Project 面板中，在路径 VRTK / Examples 下找到场景 004_CameraRig_BasicTeleport，将其拖至 Hierarchy 面板中，将 [VRTK_SDKManager] 和 [VRTK_Scripts] 拖入当前场景，如图 20-2 所示。

将示例场景移除后，即完成了项目的 VRTK 配置，此时控制器可实现基本的传送功能。

为配合实现传送，需要在场景中为传送区域添加必要的碰撞体，本项目中将游戏对象 Floor1 设置为传送区域，为其添加 BoxCollider 组件。

为了能够给体验者提供合理的初始位置，在游戏对象 [VRTK_SDKManager] 下，找到 [CameraRig]，将其调整到合适的位置。在本项目中，我们将初始位置置于门口位置，并设置其 Y 轴旋转角度为 -90，所以当程序运行时，体验者默认处于门口且面朝房间内部。

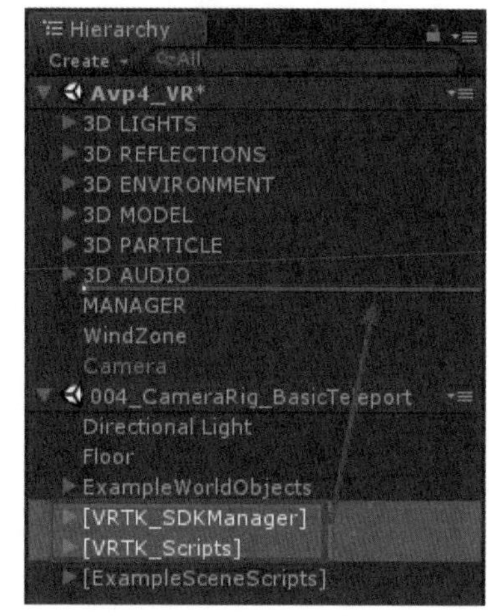

图 20-2　使用示例场景中的 VRTK 配置

此时场景中默认的摄像机将不再使用，删除或隐藏原场景中的游戏对象 Camera。在当前项目中可继续使用 Post-Processing 配置，将其应用到 [CameraRig] 的子物体 Camera (eye) 上。其中，Vive 的 Post-Processing Profile 文件存在于目录 ArchVizPRO Interior Vol.4 / 3D POSTPROCESSING 下，名为 Post-Processing_Vive。

20.3　添加按键提示

在 VR 应用程序开始时，需要提供基本的操作指引。在本项目中，控制器按键实现的操作如下：按下左手控制器的菜单键，弹出户型图；按下任意控制器的 TouchPad 键，实现位置传送；按下任意控制器的 Grip 键，实现室内家具的抓取；按下右手控制器的 Trigger 键对 UI 元素进行选择。我们将使用 VRTK 提供的 ControllerTooltips 预制体来实现。

在 Project 面板中，路径 VRTK / Prefabs 下，将预制体 ControllerTooltips 分别拖入游戏对象 [VRTK_Scripts] 的子物体 LeftController 和 RightController 下。选择 LeftController 下的预制体，在 VRTK_ControllerTooltips 组件的 Button Text Settings 栏中对相应按键提示信息进行设置，将 Grip Text 设置为“抓取”，将 Touchpad Text 设置为“移动”，将 Button Two Text 设置为“户型图”，对于不需要显示提示信息的按键，将相应的按键文字清空即可。使用同样的方式对 RightController 下的预制体进行设置，最终设置效果如图 20-3 所示。

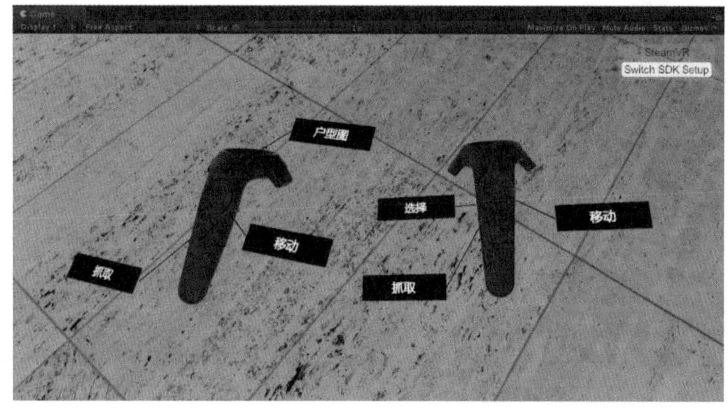

图 20-3　控制器提示信息

在整个体验过程中，我们希望控制器提示仅在应用程序开始时显示，一旦开始交互操作（比如按下 Touchpad 键开始传送），控制器提示便消失，而不是一直显示。

新建 C# 脚本，命名为 ControllerTooltip.cs，编写代码如下所示：

```
using UnityEngine;
using VRTK;

public class ControllerTooltip : MonoBehaviour
{
    public VRTK_ControllerTooltips[] TipsArr;

    void Update()
    {
        // 按下任意键，控制器提示消失
        if (Input.anyKeyDown)
        {
            hideTips();
        }
    }

    private void hideTips()
    {
        foreach (VRTK_ControllerTooltips tip in TipsArr)
        {
            tip.ToggleTips(false);
        }
    }
}
```

保存脚本，返回场景，将脚本挂载到游戏对象 [VRTK_Scripts] 上，设置 Tips Arr 的 Size 为 2，分别将 LeftController 和 RightController 的子物体 ControllerTooltips 指定给数组的两个成员。保存项目，运行程序，当初始运行时，控制器显示对应的按键提示，当按下控制器任意键，控制器提示信息消失。

20.4　显示家具提示信息

选择需要展示信息的游戏对象，在本项目中，我们将展示场景中桌子的相关信息。在 Project 面板中，路径 VRTK/Prefabs 下，将预制体 ObjectTooltip 拖入游戏对象 Desk 下，作为其子物体。调整挂载 Desk 上的 VRTK_Object Tooltip 组件，设置 Font Size、Container Size 等属性，如图 20-4 所示，其中，为了保证在移动过程中

图 20-4　配置组件参数

UI 元素始终朝向体验者的位置，可勾选 Always Face Headset 属性。

调整 ObjectTooltip 的 Transform 组件参数，以达到合适的展示效果。运行效果如图 20-5 所示。

图 20-5 为家具添加提示信息

20.5 查看户型图

当按下左手控制器的 Menu 键时，以缓动形式展开一张户型图，再次按下 Menu 键，户型图收起。新建一个 Canvas，命名为 FloorPlanCanvas，将其作为 [VRTK_Scripts] 下 LeftController 的子物体，户型图展开时，将出现在垂直于 TouchPad 上方一定距离且方向平行于 TouchPad 的位置。按照前述章节中介绍的在 VR 环境中构建 UI 的技术，将 FloorPlanCanvas 转化为世界空间渲染模式，然后对其外观进行设置，相关参数如图 20-6 所示。

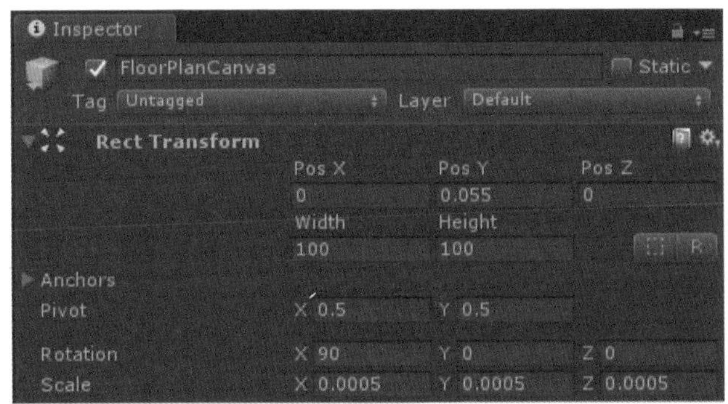

图 20-6 组件设置参数

选择 FloorPlanCanvas，新建 Image 元素，命名为 FloorPlan。将随书资源本章目录下的户型图素材文件 FloorPlan.jpg 导入项目中，将其转换为 Sprite(2D and UI) 类型，然后将此素材指定给 FloorPlan 上 Image 组件的 Source Image 属性，然后点击 Image 组件的 Set Native Size 按钮，使其按照原有比例进行显示，然后调整尺寸，使其符合正常的观看效果。

关于缓动的实现，我们将使用 HOTween 插件来实现。在 Asset Sotre 资源商店搜索“HOTween”，如图 20-7 所示，该插件是一款免费轻量的缓动引擎，开发者使用简洁的代码即可实现复杂优雅的缓动效果，比如移动、缩放、旋转等。

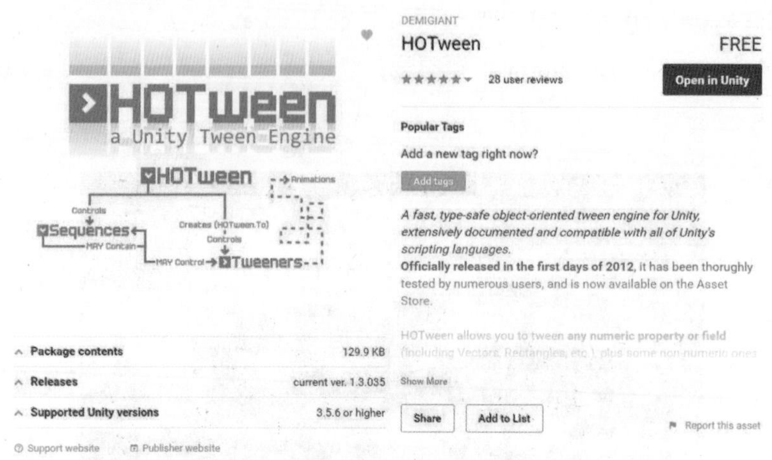

图 20-7　资源商店中的 HOTween 插件

将插件导入项目后，在自动弹出的设置面板中点击 Setup DOTween... 按钮即可完成初始配置。在使用脚本进行开发之前，需要先引用其命名空间：DG.Tweening。基本使用方法如下代码所示：

```
transform.DOMove(new Vector3(1,2,3), 1);
```

缓动多数基于游戏对象的 Transform 对象，根据对象属性选择相应的缓动方式，比如以上的基本使用方法中，DOMove 为关于位置 Position 的缓动。缓动方法一般传递至少两个参数，第一个为缓动最终值，第二个为缓动持续时间。在本项目中，我们将 HOTween 应用于户型图的展开和收起。

新建 C# 脚本，命名为 FloorPlanManager，双击打开，编写如下代码：

```
using UnityEngine;
using VRTK;
using DG.Tweening;

publi cclass FloorPlanManager : MonoBehaviour
{
    public GameObject FloorPlan;
    VRTK_ControllerEvents leftController;
    // 记录当前户型图显示状态
    bool isShow = false;
    // 初始缩放值
    Vector3 originalScale;

    void Start()
    {
        // 获取控制器事件的引用
        leftController = GetComponent<VRTK_ControllerEvents>();
        // 监听控制器菜单按钮点击事件
        leftController.ButtonTwoPressed += OnButtonPressed;
        // 默认户型图不显示
        FloorPlan.SetActive(false);
```

```
        // 记录初始缩放值
        originalScale = FloorPlan.transform.localScale;
    }

    // 按键处理函数，根据状态设定户型图的显示和隐藏
    private void OnButtonPressed(object sender, ControllerInteractionEventArgs e)
    {
        if (isShow)
        {
            hideFloorPlan();
        }
        else
        {
            showFloorPlan();
        }
        isShow = !isShow;
    }

    // 显示户型图
    private void showFloorPlan()
    {
        if (!FloorPlan.activeInHierarchy)
            FloorPlan.SetActive(true);
        FloorPlan.transform.localScale = Vector3.zero;
        // 户型图缩放为原来的倍数，用时 0.3 秒
        FloorPlan.transform.DOScale(originalScale, 0.3f);
    }

    // 隐藏户型图
    private void hideFloorPlan()
    {
        // 户型图缩放为 0，用时 0.3 秒
        FloorPlan.transform.DOScale(Vector3.zero, 0.3f);
    }
}
```

保存脚本，返回 Unity 编辑器，将脚本挂载至游戏对象 LeftController 上，然后将其下子物体 FloorPlanCanvas 指定给脚本中的 FloorPlan 属性。保存场景，运行程序，最终展示效果如图 20-8 所示。

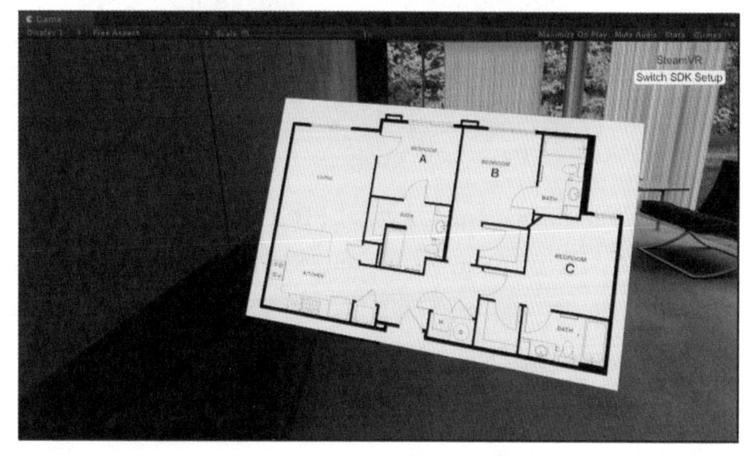

图 20-8　户型图最终展示效果

20.6 切换家具

对于家具的选择，我们将使用 VRTK 提供的 RadialMenu 组件来实现。当控制器与设定的感应区域接触时，弹出关于此处可以选择的家具样式，通过环形菜单进行家具的选择。

将随书资源本章目录下的家具素材包 Furnitures.unitypackage 导入项目，新建空游戏对象，命名为 FurnitureGroup，放置在如图 20-9 所示位置。

图 20-9 设置家具容器位置

将素材包中的预制体 Armchair 和 Febo 拖入场景中，连同原来在此位置的家具 Barcelona，作为 FurnitureGroup 的子物体。调整它们的位置和旋转角度，使其符合各自单独显示时的展示外观，如图 20-10 所示。

图 20-10 设置三件家具的位置和朝向

选择 FurnitureGroup，为其添加 BoxCollider 组件并调整大小，使组件完全覆盖家具的展示区域。同时需要为 FurnitureGroup 添加 VRTKInteractableObject 组件，使其响应控制器的交互动作，同时需要确保组件的 Is Usable 属性被勾选；在控制器端，则分别为 LeftController 和 RightController 添加 VRTKInteractTouch 和 VRTK_InteractUse 组件。此时物体和控制器之间能够发生 Touch 和 Use 交互，即当控制器接触设定的碰撞体时，弹出环形菜单，按下 Trigger 键时进行菜单项的选择。

在 Project 面板中，在路径 VRTK / Prefabs 下，将预制体 RadialMenu 拖入场景中，作为 FurnitureGroup 的子物体，调整位置和朝向，同时为了符合实际观察效果，需要调整 RadialMenu 的缩放比例，此处将 Scale 设置为 12。RadialMenu 可以放置在控制器上，作为呈现关于 TouchPad 键相关命令的视觉元素，也可以放置在场景中的游戏对象中，使用控制器对相关命令进行选择。在默认情况下，RadialMenu 实现前者的效果，在其子物体 Panel 上挂载了 VRTKRadialMenuController 组件，启动运行时会查找 VRTKControllerEvens 组件，当放置在家具中进行呈现时，会因找不到该组件而报错，所以需要手动移除 VRTKRadialMenuController 组件，转而挂载 VRTKIndependentRadialMenuController 组件。

新建 C# 脚本，命名为 Furniture.cs，编写代码如下所示：

```
using UnityEngine;

public class Furniture : MonoBehaviour
{
    // 家具数组
    public GameObject[] FurnitureList;
    // 当前显示的数组元素序号
    private int curIndex = 0;

    void Start()
    {
        // 遍历数组，将所有家具隐藏
        foreach (GameObject furniture in FurnitureList)
            furniture.SetActive(false);
        // 只显示第一个家具
        FurnitureList[0].SetActive(true);
    }

    public void ShowFurniture(int index)
    {
        if (curIndex != index)
        {
            // 首先将当前家具隐藏
            FurnitureList[curIndex].SetActive(false);
            // 显示参数 index 指定的数组元素
            FurnitureList[index].SetActive(true);
            // 记录当前显示的数组序号为 index
            curIndex = index;
        }
    }
}
```

保存脚本，返回 Unity 编辑器，将其挂载到游戏对象 FurnitureGroup 上，设置组件属性 FurnitureList 的 Size（大小）为 3，先后将子物体 Barcelona、Febo、Armchair 指定给数组的各个成员。

接下来对环形菜单进行设置，使其能够响应我们撰写的脚本逻辑。选择 RadialMenu 下的子物体 Panel，在其 VRTK_RadialMenu 组件中，将 Buttons 数组的 Size（大小）设置为 3。展开所有数组成员，分别指定 On Click 事件处理函数为 FurnitureGroup 上挂载脚本 Furniture 的 ShowFurniture（ ）函数，同时为其传递整型参数，依次为 FurnitureList 数组中各成员对应的序号，同时将家具素材包中 UI 目录下的缩略图按照名称指定给对应元素的 Button Icon 属性，用于呈现环形菜单中各选项的按钮图标，如图 20-11 所示。

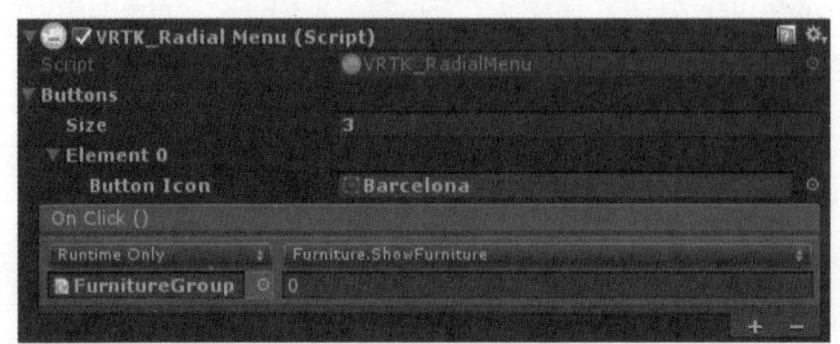

图 20-11 设置环形菜单各选项的按钮的功能及外观

保存项目并运行程序，当控制器位于感应范围内时，弹出环形菜单；当控制器悬停于某个菜单项并按下 Trigger 键时，切换为选定的家具，如图 20-12 所示。

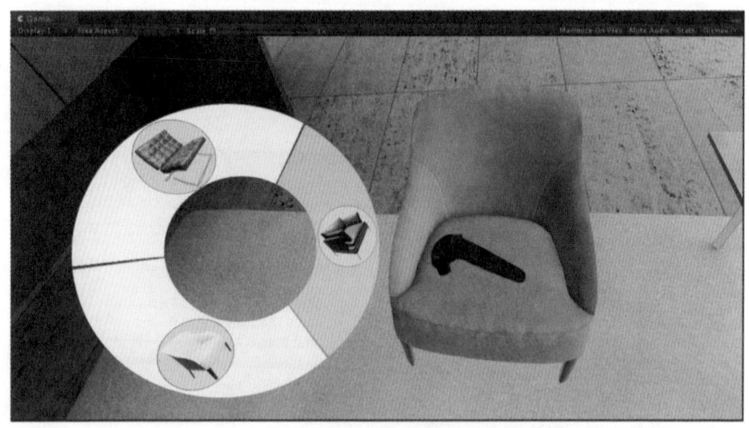

图 20-12 选择家具功能最终的呈现效果

20.7 切换地面材质

我们将使用 5 种 Substance 材质，通过材质列表的形式实现切换场景中地板材质的功能。

由于本项目使用 Unity 2017.3.1f1 进行开发，Substance 材质能够被 Unity 编辑器内置支持，若使用 Unity 2018 版本，为了保证导入的材质能够正常显示，需要使用 Allegorithmic 官方提供的插件，可在 Asset Store 资源商店搜索“Substance in Unity”下载并导入项目中。

将随书资源本章目录下的地板材质包 FloorMaterials.unitypackage 导入项目中，该素材包含有 5 种 Substance 材质以及材质对应的缩略图。

新建 Canvas 游戏对象，命名为 MatHUDCanvas。按照前述章节的介绍，将其设置为世界空间（World Space）渲染模式。调整对象朝向及位置，由于材质列表要呈现在场景地面上，所以

MatHUDCanvas 朝向为 *Z* 轴向下，位置贴近地面，尺寸参考值 Width 为 215，Height 为 48。

在 MatHUDCanvas 下新建按钮，命名为 MatListButton，用于响应控制器点击，显示或隐藏材质列表。删除按钮文本内容，调整位置和大小。将材质素材包中的 ButtonIcon 指定给按钮的 Image 组件，点击 Set Native Size 按钮，使其按照原始比例呈现，调整 RectTransform 组件的长宽均为 16。

在 MatHUDCanvas 下新建一个 Panel，命名为 MatList，用于呈现所有材质选项。为使排列有序，添加 Horizontal Layout Group 组件，设置其 Padding 属性，上下左右缩进均为 10，元素间隔 Spacing 为 10。

UI 模块的最终位置和组织结构如图 20-13 所示。

图 20-13　材质列表的最终组织结构和位置

在 MatList 中，我们将根据提供的材质数据，动态生成设置相应材质的按钮元素。准备动态生成预制体对象时，选择 MatList，新建一个 Button，命名为 MatBtnPrefab，删除文字内容，设置长宽均为 32。将 MatBtnPrefab 拖入 Project 面板中，将其转换为预制体，删除场景中的 MatBtnPrefab。

对于提供的材质数据，我们需要定义关于材质的数据类型，用于指定具体材质以及对应在列表中展示的缩略图。新建 C# 脚本，命名为 FloorMatData.cs，仅在类中声明两个变量，撰写脚本如下所示：

```
using UnityEngine;

[System.Serializable]
public class FloorMatData
{
    // 地板材质
    public Material floorMat;
    // 材质缩略图
    public Sprite matThumb;
}
```

需要注意的是，该类不必继承自 MonoBehaviour，在类声明前加入 [Serializable] 标签是为了能够将参数显示在属性面板上，以便进行手动配置数据。

以上工作完成后，即可开始撰写材质选择逻辑：定义成员类型为 FloorMatData 的数组，根据此数据实例化相应数量的按钮预制体实例，完成材质列表的初始化；点击列表呈现按钮 MatListButton 时，使用 HOTween 插件实现列表元素的依次显示；点击任意列表元素，根据对应的序号切换地板的材质。新建 C# 脚本，将其命名为 FloorMatList.cs，撰写脚本如下所示：

```
using UnityEngine;
using DG.Tweening;
using UnityEngine.UI;

public class FloorMatList : MonoBehaviour
{
    // 材质切换对象
    public GameObject floor;
    // 材质数据
    public FloorMatData[] matDataList;
    // 材质按钮预制体
    public GameObject matButtonPrefab;
    // 记录列表是否打开
    private bool isOpen = false;
    // 材质列表 UI 容器
    public Transform MatListUIContainer;
    // 当前材质序号
    private int curMatIndex = 0;

    void Start()
    {
        ini();
    }

    // 初始化
    private void ini()
    {
        int count = matDataList.Length;
        for (int i = 0; i < count; i++)
        {
            // 实例化预制体，将生成的游戏对象作为列表容器的子物体
            GameObject childBtn = Instantiate(matButtonPrefab);
            childBtn.transform.parent = MatListUIContainer;
            RectTransform rect = childBtn.GetComponent<RectTransform>();
            rect.localPosition = Vector3.zero;
            rect.localRotation = Quaternion.Euler(Vector3.zero);
            rect.localScale = Vector3.one;
            // 根据提供的数据，依次设置材质列表按钮元素的缩略图
           childBtn.GetComponent<Image>().sprite = matDataList[i].matThumb;
            // 动态指定按钮的处理函数
            int matID = i;
           childBtn.GetComponent<Button>().onClick.AddListener(()
=>onMatButtonClick(matID));
```

```
            // 默认将所有元素缩放为 0，即不显示
            childBtn.transform.localScale = Vector3.zero;
        }
    }

    // 材质按钮点击处理函数
    private void onMatButtonClick(int matID)
    {
        if (curMatIndex != matID)
        {
            // 根据传递的序号，改变地板材质
            floor.GetComponent<Renderer>().material = matDataList[matID].
floorMat;
            curMatIndex = matID;
        }
    }

    // 显示或关闭材质列表，通过外部配置 OnClick( ) 事件处理调用
    public void SetMatList()
    {
        if (isOpen)
        {
            // 如果此时列表打开，依次收起材质列表元素
            setMatBtnAni(!isOpen);
        }
        else
        {
            // 如果此时列表收起，依次隐藏材质列表元素
            setMatBtnAni(!isOpen);
        }
        isOpen = !isOpen;
    }

    // 依次呈现 / 隐藏材质列表元素
    private void setMatBtnAni(bool show)
    {
        int count = MatListUIContainer.childCount;
        for (int i = 0; i < count; i++)
        {
            Transform childBtn = MatListUIContainer.GetChild(i);
            if (show)
            {
                // 使用 HOTween 插件，在 0.3 秒内将元素缩放设置为 1，
                // 通过不同的延时，实现依次呈现的效果，下同
                childBtn.DOScale(Vector3.one, 0.3f).SetDelay(i *
0.1f + 0.3f);
            }
            else
            {
                childBtn.DOScale(Vector3.zero, 0.3f).SetDelay(i *
```

```
0.1f + 0.3f);
                }
            }
        }
}
```

保存脚本，返回 Unity 编辑器，将脚本挂载到 MatHUDCanvas 上，配置相关参数：将 Mat Data List 的 Size（大小）设置为 5，展开各个数组元素，将材质素材包中的材质和对应的缩略图分别指定给数组的各个元素；将制作的预制体 MatBtnPrefab 指定给 Mat Button Fefab 属性；将 MatHUDCanvas 的子物体 MatList 指定给 Mat List UI Container 属性。选择列表呈现按钮 MatListButton，设置其 Button 组件的 OnClick () 事件处理函数为 FloorMatList 类的 SetMatList() 函数，如图 20-14 所示。

图 20-14 指定按钮点击处理函数，以呈现或隐藏材质列表

最后，设置 UI 及控制器，使 UI 能够在 VR 环境中响应控制器的点击。选择 MatHUDCanvs，为其添加 VRTKUICanvas 组件；选择 LeftController 和 RightController，为其添加 VRTKUIPointer。当按下控制器的 TouchPad 键时，指针指向 UI 元素，按钮将做出类似鼠标悬停和移出的响应效果，此时按下 Trigger 键即可触发各按钮的点击事件。

保存场景，运行程序，地板材质的最终切换效果如图 20-15 和图 20-16 所示。

图 20-15 地板材质的最终切换效果 1

图 20-16 地板材质的最终切换效果 2